WebRTC 技术详解

从 0 到 1 构建多人视频会议系统

栗伟 / 著

WEBRTC ESSENTIALS
Develop Video Conference From Scratch

机械工业出版社
CHINA MACHINE PRESS

图书在版编目（CIP）数据

WebRTC 技术详解：从 0 到 1 构建多人视频会议系统 / 栗伟著 . -- 北京：机械工业出版社，
2021.5（2025.1 重印）
ISBN 978-7-111-67844-1

I. ①W… II. ①栗… III. ①移动终端 - 应用程序 - 程序设计 IV. ①TN929.53

中国版本图书馆 CIP 数据核字（2021）第 055562 号

WebRTC 技术详解：从 0 到 1 构建多人视频会议系统

出版发行：机械工业出版社（北京市西城区百万庄大街 22 号　邮政编码：100037）

责任编辑：韩　蕊　　　　　　　　　　　　责任校对：殷　虹

印　　刷：固安县铭成印刷有限公司　　　　版　　次：2025 年 1 月第 1 版第 4 次印刷

开　　本：186mm×240mm　1/16　　　　　印　　张：20

书　　号：ISBN 978-7-111-67844-1　　　　定　　价：99.00 元

客服电话：(010) 88361066　68326294

栗伟跟我颇有渊源，他在上一家公司带领团队开发的直播产品，被我司采购使用了多年，但我们一直没有直接接触过。几年之后机缘巧合，我们成了同事，也让我对栗伟有了更多的了解。

音视频处理一直是门槛比较高的领域，实时音视频技术尤其如此，栗伟在这个领域深耕多年，打造了音视频方面优秀的商业产品，可谓经验丰富。如今，他把沉淀多年的经验编写成书，同时把自己的项目开源，积极回馈社区，让我十分钦佩。开源社区正是有了千千万万个这样的贡献者，才如此生机勃勃。作为一个享受开源达 20 年之久的互联网技术人，我本人也获益匪浅。希望能有更多人参与到开源社区，希望更多人从本书以及本书介绍的开源项目中获益。

祝本书能够大卖！

正保集团副总裁 林杨

2021 年 2 月

前 言 *Preface*

为什么要写这本书

最早接触 WebRTC 技术是在 2015 年，那时需要在直播产品中增加实时连麦的功能，经过对几种技术进行对比，最终我选择了 WebRTC。当时 WebRTC 技术还不够成熟，相关资料非常少，在产品中使用 WebRTC 技术的难度非常大，往往为了弄清楚某个概念、某个 API 的用法，需要查阅大量的英文资料，而且遇到问题解决起来非常棘手。

从最初的原生 WebRTC，到多点控制单元（MCU），再到各种选择性转发单元（SFU），我在使用 WebRTC 的过程中一直不断学习新的知识，不断解决新的问题，同时也逐步加深了对 WebRTC 技术的理解和认识。

因为踩过许多坑，所以我深刻体会到了 WebRTC 技术的难度和广度。WebRTC 技术包含了音视频编解码技术、传输技术、流媒体服务器技术等，涵盖了音视频处理和传输的方方面面。这些技术中任意一个都能成为独立的课题，都值得花大量时间深入研究。除此之外，理解 WebRTC 相关 API，还必须掌握现代 Web 技术，尤其是 ES6、Promise 等语法知识。可见，学习 WebRTC 技术需要掌握大量的预备知识，这对于初学者来说有一定的门槛。

非常遗憾的是，时至今日仍没有一本中文书能够系统地涵盖 WebRTC 的技术内容，剥离层层技术面纱将 WebRTC 呈现给国内技术人员。

在实时通信产品大爆发的时期，为什么 WebRTC 的中文技术资料如此之少？我想可能有以下几个原因。

❑ WebRTC 技术规范都是英文文档，缺少使用示例，故而读起来晦涩难懂，加大了 WebRTC 的学习难度。

❑ WebRTC 技术较新，专业性较强，能真正理解并掌握其精髓的技术人员较少。

❑ 国内技术人员工作压力大，资深 WebRTC 技术人员忙于项目，没有时间总结经验并分享。

❑ WebRTC 技术覆盖面广，难以讲深、讲透，针对某个技术点的分享容易实现，但要系统讲解技术内幕则非常难。

撰写一本能够降低国内技术人员使用 WebRTC 的门槛，能够帮助研发人员更好地将 WebRTC 技术应用到产品中的书，是我编写本书的出发点。

作为一名较早使用 WebRTC 的技术人员，我一直关注 WebRTC 技术的发展，在日常使用过程中积累了大量学习笔记和经验，这些都为撰写本书提供了素材。

本书对 WebRTC 1.0 规范的内容进行了系统整理，以一种易于理解的形式呈现给读者。书中还给出了我的"踩坑"经验和一些实用的案例，帮助读者全面认识 WebRTC。

WebRTC 降低了实时通信技术的门槛，使得之前只有互联网巨头才能掌握的实时通信技术得以普及，使得我们能够在家远程办公，孩子们能够"停课不停学"。相信在 5G 普及之后，WebRTC 还会迎来更加蓬勃的发展。

可以预见，未来将有更多技术人员学习并应用 WebRTC，希望本书能够帮助大家轻松踏入 WebRTC 的技术殿堂！

读者对象

实时通信产品的售前、售后、研发人员，音视频行业的架构师、CTO 等。

本书特色

❑ 全面涵盖 WebRTC 1.0 规范。
❑ 详细讲解 WebRTC 底层技术。
❑ 结合示例演示 WebRTC API 的使用。
❑ 从零起步实现高效、实时的信令系统。
❑ 使用 WebRTC 技术从 0 到 1 打造开源视频会议系统。

如何阅读本书

本书对 WebRTC 技术进行了全面的介绍，涵盖 WebRTC 1.0 规范全部 API、WebRTC 底层技术、WebRTC 在移动端和服务器端的应用等内容，并提供了具体的示例，力求做到理论结合实践。本书最后使用这些 WebRTC 知识打造了一个真实的视频会议系统，同时对高并发、易扩展的视频会议架构进行了详细讲解。

本书分为 10 章。

第 1 章介绍 WebRTC 的历史、技术架构、兼容性等内容。

第 2 章介绍使用 WebRTC API 获取本地摄像头、话筒、桌面等媒体流的方法，以及媒体流的录制、使用 canvas 操作媒体流的方法和示例。

第 3 章介绍 WebRTC 底层使用的传输技术，如 SDP、ICE、STUN/TURN 等。

第 4 章介绍使用 RTCPeerConnection 管理 WebRTC 连接的方法。

第 5 章介绍 WebRTC 的媒体管理方法，结合示例演示切换编码格式、控制视频码率、替换视频背景的方法。

第 6 章结合示例介绍一种高效、实时的信令系统实现方法，并实现一个可以在生产环境中使用的信令系统。

第 7 章介绍使用 WebRTC 数据通道传输任意数据的方法，结合示例演示基于 P2P 的文字聊天以及文件传输功能的实现。

第 8 章介绍使用 WebRTC 获取媒体流相关统计数据的方法，结合示例演示如何使用 Chart.js 绘图展示实时码率。

第 9 章介绍在 Android、iOS 开发环境中使用 WebRTC 的方法，并实现基于 WebRTC 的视频聊天 App。

第 10 章结合我的开源项目 WiLearning 介绍从 0 到 1 打造视频会议系统的方法。

本书提供的示例代码以及开源项目 WiLearning 可以在 GitHub 上免费获取，地址为 https://github.com/wistingcn。

致谢

感谢我的家人，他们给我提供了最大的支持。在写书期间，我每天早出晚归，没有一个完整的周末，我的爱人承担起了所有的家务。还有我两个可爱的小天使，每天晚上回到家里，她们都会跑过来喊着："欢迎爸爸回来！"这是我一天中最开心的时刻，所有的疲劳和烦恼都一扫而光。

感谢开源社区贡献了 WebRTC 这样一个优秀的实时音视频框架。正是出于回馈开源社区的愿景，我才投入了大量的精力开发 WiLearning。

感谢机械工业出版社的杨福川和各位编辑为我写书提供了指导，并不辞劳苦地修订、校稿。

谨以此书献给我最亲爱的家人以及众多热爱 WebRTC 技术的朋友们！

Contents 目 录

第 1 章　*Chapter 1*

WebRTC 概述

随着网络基础设施日趋完善以及终端计算能力不断提升，实时通信技术已经渗透到各行各业，支撑着人们的日常生活。在 WebRTC 诞生之前，实时通信技术非常复杂，想获得核心的音视频编码及传输技术需要支付昂贵的专利授权费用。此外，将实时通信技术与业务结合也非常困难，并且很耗时，通常只有较大规模的公司才有能力实现。

WebRTC 的出现使实时通信技术得以广泛应用。WebRTC 制定、实现了一套统一且完整的实时通信标准，并将这套标准开源。这套标准包含了实时通信技术涉及的所有内容，使用这套标准，开发人员无须关注音视频编解码、网络连接、传输等底层技术细节，可以专注于构建业务逻辑，且这些底层技术是完全免费的。

WebRTC 统一了各平台的实时通信技术，大部分操作系统及浏览器都支持 WebRTC，无须安装任何插件，就可以在浏览器端发起实时视频通话。

WebRTC 技术最初为 Web 打造，随着 WebRTC 自身的演进，目前已经可以将其应用于各种应用程序。

随着 4G 的普及和 5G 技术的应用，实时音视频技术正在蓬勃发展。在互联网领域，花椒、映客等直播平台吸引了大量的用户；在教育领域，通过实时直播技术搭建的"空中课堂"惠及全球数亿学生；在医疗行业，随着电子处方单纳入医保，互联网看病、复诊正在兴起，地域之间医疗资源不均衡的问题被实时直播技术逐步消除。

WebRTC 1.0 规范发布以来，以 Chrome、Firefox 为代表的浏览器对 WebRTC 提供了全方面的支持，Safari 11 也开始对 WebRTC 提供支持。

1.1　WebRTC 的历史

WebRTC（Web Real-Time Communication）是一个谷歌开源项目，它提供了一套标准

API，使 Web 应用可以直接提供实时音视频通信功能，不再需要借助任何插件。原生通信过程采用 P2P 协议，数据直接在浏览器之间交互，理论上不需要服务器端的参与。

"为浏览器、移动平台、物联网设备提供一套用于开发功能丰富、高质量的实时音视频应用的通用协议"是 WebRTC 的使命。

WebRTC 的发展历史如下。

❑ 2010 年 5 月，谷歌收购视频会议软件公司 GIPS，该公司在 RTC 编码方面有深厚的技术积累。

❑ 2011 年 5 月，谷歌开源 WebRTC 项目。

❑ 2011 年 10 月，W3C 发布第一个 WebRTC 规范草案。

❑ 2014 年 7 月，谷歌发布视频会议产品 Hangouts，该产品使用了 WebRTC 技术。

❑ 2017 年 11 月，WebRTC 进入候选推荐标准（Candidate Recommendation，CR）阶段。

1.2　WebRTC 的技术架构

从技术实现的角度讲，在浏览器之间进行实时通信需要使用很多技术，如音视频编解码、网络连接管理、媒体数据实时传输等，还需要提供一组易用的 API 给开发者使用。这些技术组合在一起，就是 WebRTC 技术架构，如图 1-1 所示。

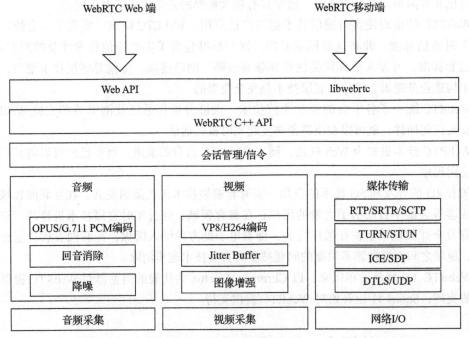

图 1-1　WebRTC 技术架构

WebRTC 技术架构的顶层分为两个部分。一部分是 Web API，一组 JavaScript 接口，由

W3C 维护，开发人员可以使用这些 API 在浏览器中创建实时通信应用程序。另一部分是适用于移动端及桌面开发的 libwebrtc，即使用 WebRTC C++ 源码在 Windows、Android、iOS 等平台编译后的开发包，开发人员可以使用这个开发包打造原生的 WebRTC 应用程序。

第二层是 WebRTC C ++ API，它是 Web API 和 libwebrtc 的底层实现。该层包含了连接管理、连接设置、会话状态和数据传输的 API。基于这些 API，浏览器厂商可以方便地加入对 WebRTC 的支持。

WebRTC 规范里没有包含信令协议，这部分需要研发人员依据业务特点自行实现。

WebRTC 支持的音频编码格式有 OPUS 和 G.711，同时还在音频处理层实现了回音消除及降噪功能。WebRTC 支持的视频编码格式主要有 VP8 和 H264（还有部分浏览器支持 VP9 及 H265 格式），WebRTC 还实现了 Jitter Buffer 防抖动及图像增强等高级功能。

在媒体传输层，WebRTC 在 UDP 之上增加了 3 个协议。

❑ 数据包传输层安全性协议（DTLS）用于加密媒体数据和应用程序数据。

❑ 安全实时传输协议（SRTP）用于传输音频和视频流。

❑ 流控制传输协议（SCTP）用于传输应用程序数据。

WebRTC 借助 ICE 技术在端与端之间建立 P2P 连接，它提供了一系列 API，用于管理连接。WebRTC 还提供了摄像头、话筒、桌面等媒体采集 API，使用这些 API 可以定制媒体流。

我们将在后面的章节详细讨论 WebRTC 架构的主要技术（不包含 C++ 部分），并结合实例展示这些技术的应用。

1.3　WebRTC 的网络拓扑

WebRTC 规范主要介绍了使用 ICE 技术建立 P2P 的网络连接，即 Mesh 网络结构。在 WebRTC 技术的实际应用中，衍生出了媒体服务器的用法。

使用媒体服务器的场景，通常是因为 P2P 连接不可控，而使用媒体服务器可以对媒体流进行修改、分析、记录等 P2P 无法完成的操作。实际上，如果我们把媒体服务器看作 WebRTC 连接的另外一端，就很容易理解媒体服务器的工作原理了。媒体服务器是 WebRTC 在服务器端的实现，起到了桥梁的作用，用于连接多个 WebRTC 客户端，并增加了额外的媒体处理功能。通常根据提供的功能，将媒体服务器区分成 MCU 和 SFU。

1. Mesh 网络结构

Mesh 是 WebRTC 多方会话最简单的网络结构。在这种结构中，每个参与者都向其他所有参与者发送媒体流，同时接收其他所有参与者发送的媒体流。说这是最简单的网络结构，是因为它是 WebRTC 原生支持的，无须媒体服务器的参与。Mesh 网络结构如图 1-2 所示。

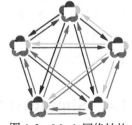

图 1-2　Mesh 网络结构

在 Mesh 网络结构中，每个参与者都以 P2P 的方式相互连接，数据交换基本不经过中央服务器（部分无法使用 P2P 的场景，会经过 TURN 服务器）。由于每个参与者都要为其他参与者提供独立的媒体流，因此需要 $N-1$ 个上行链路和 $N-1$ 个下行链路。众多上行和下行链路限制了参与人数，参与人过多会导致明显卡顿，通常只能支持 6 人以下的实时互动场景。

由于没有媒体服务器的参与，Mesh 网络结构难以对视频做额外的处理，不支持视频录制、视频转码、视频合流等操作。

2. MCU 网络结构

MCU（Multipoint Control Unit）是一种传统的中心化网络结构，参与者仅与中心的 MCU 媒体服务器连接。MCU 媒体服务器合并所有参与者的视频流，生成一个包含所有参与者画面的视频流，参与者只需要拉取合流画面，MCU 网络结构如图 1-3 所示。

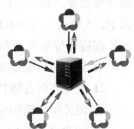

这种场景下，每个参与者只需要 1 个上行链路和 1 个下行链路。与 Mesh 网络结构相比，参与者所在的终端压力要小很多，可以支持更多人同时在线进行音视频通信，比较适合多人实时互动场景。但是 MCU 服务器负责所有视频编码、转码、解码、合流等复杂操作，服务器端压力较大，需要较高的配置。同时由于合流画面固定，界面布局也不够灵活。

图 1-3 MCU 网络结构

3. SFU 网络结构

在 SFU（Selective Forwarding Unit）网络结构中，仍然有中心节点媒体服务器，但是中心节点只负责转发，不做合流、转码等资源开销较大的媒体处理工作，所以服务器的压力会小很多，服务器配置也不像 MCU 的要求那么高。每个参与者需要 1 个上行链路和 $N-1$ 个下行链路，带宽消耗低于 Mesh，但是高于 MCU。

我们可以将 SFU 服务器视为一个 WebRTC 参与方，它与其他所有参与方进行 1 对 1 的建立连接，并在其中起到桥梁的作用，同时转发各个参与者的媒体数据。SFU 服务器具备复制媒体数据的能力，能够将一个参与者的数据转发给多个参与者。SFU 服务器与 TURN 服务器不同，TURN 服务器仅仅是为 WebRTC 客户端提供的一种辅助数据转发通道，在无法使用 P2P 的情况下进行透明的数据转发，TURN 服务器不具备复制、转发媒体数据的能力。

SFU 对参与实时互动的人数也有一定的限制，适用于在线教学、大型会议等场景，其网络结构如图 1-4 所示。

图 1-4 SFU 网络结构

1.4 Simulcast 联播

在进行 WebRTC 多方视频会话时，参与人数较多，硬件设施、网络环境均有差异，这种情况下如何确保会话质量呢？使用 MCU 时，这个问题相对简单一些。MCU 可以根据参与者的网络质量和设备能力，提供不同的清晰度和码率。但是随之而来的问题是服务器资源压力较大，难以支撑大规模并发，同时也显著增加了使用成本。

多人会话场景选择 SFU 网络结构是目前通用的做法。早期的 SFU 只是将媒体流从发送端转发给接收端，无法独立为不同参与者调整视频码率，其结果是发送者需要自行调整码率，以适应接收条件最差的参与者。而那些网络环境较好的参与者只能接收相同质量的媒体流，别无选择。

Simulcast 技术对 SFU 进行了优化，发送端可以同时发送多个不同质量的媒体流给接收端。SFU 能够依据参与者的网络质量，决定转发给参与者哪种质量的媒体流。

因为发送者需要发送多个不同质量的媒体流，所以会显著增加发送设备的载荷，同时占用发送者上行带宽资源。

1.5　可伸缩视频编码

可伸缩视频编码（Scalable Video Coding，SVC）是 Simulcast 的改进技术。它使用分层编码技术，发送端只需要发送一个独立的视频流给 SFU，SFU 根据不同的层，解码出不同质量的视频流，并发送给不同接收条件的参与者。

SVC 中多个层次的媒体流相互依赖，较高质量的媒体数据需要较低质量的媒体数据解码。SFU 接收到 SVC 编码的内容后，根据客户端的接收条件选择不同的编码层次，从而获得不同质量的媒体流。

如果媒体流包括多个不同分辨率的层，则称该编码具有空间可伸缩性；如果媒体流包含多个不同帧率的层，则称该编码具有时间可伸缩性；如果媒体流包含多个不同码率的层，则称该编码具有质量可伸缩性。

在编码空间、时间、质量均可伸缩的情况下，SFU 可以生成不同的视频流，以适应不同客户端的接收条件。

1.6　WebRTC 的兼容性

据 caniuse.com 统计，大部分浏览器都实现了对 WebRTC 的支持，各浏览器支持情况如下。

❑ Firefox 版本 22+
❑ Chrome 版本 23+
❑ Safari 版本 11+
❑ iOS Safari 版本 11+
❑ Edge 版本 15+

- ❑ Opera 版本 18+
- ❑ Android Browser 版本 81+
- ❑ Chrome for Android 版本 84+
- ❑ Firefox for Android 版本 68+
- ❑ IE 不支持

Android 和 iOS 原生应用都支持 WebRTC，可以使用原生 SDK 开发跨平台的 WebRTC 应用。

Android WebView 自 36 版本之后，提供了对 WebRTC 的支持，这意味可以使用 WebRTC API 开发 Android 混合 App。注意，一些手机厂商对部分 Android 版本里的 WebView 进行了裁剪，导致不能使用 WebRTC，这时候下载并安装最新的 WebView 即可。

iOS WebView 目前还不支持 WebRTC，但是可以使用 cordova 的插件 cordova-plugin-iosrtc 在混合 App 中使用 WebRTC。

WebRTC 目前处于活跃开发阶段，各个浏览器的实现程度不一样。为了解决兼容性的问题，谷歌提供了 adapter.js 库。

在 GitHub 上可以下载最新版本的 adapter.js 库，地址如下所示。

```
https://github.com/webrtc/adapter/tree/master/release
```

将下载的文件放到 Web 服务器根目录，在 Web 应用中引用。

```
<script src="adapter.js"></script>
```

1.7 其他直播技术

在 WebRTC 流行之前，低延迟的直播技术就已经普及了。这些技术一般包括用于互联网直播的 RTMP 协议、用于监控领域的 RTSP 协议，还有一些较新的协议，如 SRT 和 QUIC。WebRTC 由多个传输协议构成，实际上是一套实时通信技术的解决方案，而其他直播技术则大多以单独协议的形成存在。

1. 实时消息传输协议

实时消息传输协议（Real Time Messaging Protocol，RTMP）基于 TCP，最初由 Macromedia 公司开发，并于 2005 年被 Adobe 收购。它包括 RTMP 基本协议及 RTMPT、RTMPS、RTMPE 等多个变种。RTMP 是一种实时数据通信网络协议，主要用来在 Flash/AIR 平台和支持 RTMP 协议的流媒体 / 服务器之间进行音视频和数据通信。RTMP 与 HTTP 一样，都属于 TCP/IP 四层模型的应用层。

RTMP 协议的应用非常广泛，至今仍是最常用的直播传输协议之一，大多数流媒体平台和软件都支持 RTMP 协议。

传统的 RTMP 延迟较高，通常延迟 5～20s，经过优化，延迟可以降低到 2～3s。如果想再进一步降低延迟时间，则需要改造 RTMP 协议，将其底层 TCP 协议改为 UDP，如微信小程序使用了基于 UDP 协议的 RTMP，其延迟可以降低到毫秒级。

RTMP 协议的优点如下。

❑ 主流的 CDN 厂商都支持 RTMP 协议。

❑ 协议简单，在各平台均可实现。

这些优势使得基于 RTMP 协议的应用程序可以获得良好的基础设施支撑，而且开发及使用成本可控。

RTMP 协议的缺点如下。

❑ 基于 TCP 导致传输延迟高，在弱网环境下问题尤为明显。

❑ 由于 Flash 技术即将被浏览器淘汰，主流浏览器都不支持推送 RTMP 协议。

2. RTSP 实时流协议

实时流协议（Real Time Streaming Protocol，RTSP）是 TCP/IP 协议体系中的一个应用层协议。该协议定义了一对多应用程序该如何有效地通过 IP 网络传送多媒体数据。RTSP 的协议层次位于 RTP 和 RTCP 之上，支持使用 TCP 或 UDP 传输数据。

RTSP 中所有的操作都是通过服务器和客户端的消息应答机制完成的，其中消息包括请求和应答两种。RTSP 是对称的协议，客户端和服务器都可以发送和回应请求。RTSP 是一个基于文本的协议，它使用 UTF -8 编码（RFC2279）和 ISO10646 字符序列，采用 RFC882 定义通用消息的格式，每行语句以 CRLF 结束。

RTSP 建立并控制一个或多个与时间同步的连续流媒体，负责定义具体的媒体控制信息、操作方法、状态码以及描述与 RTP 之间的交互操作，如播放、录制、暂停等。

RTSP 不负责数据传输，这部分工作由 RTP/RTCP 协议完成。从这个层面来看，RTSP 和 WebRTC 是类似的，都使用了 RTP/RTCP 协议完成媒体数据传输，但是 WebRTC 的功能更为丰富，技术栈也更为完善。

3. 安全可靠传输

安全可靠传输（Secure Reliable Transport，SRT）是流媒体前沿的后起之秀，支持在各种网络环境下进行低延迟、高质量的音视频传输。SRT 协议可以为媒体数据提供高达 256 位的高级加密标准（AES）加密。

为了促进 SRT 技术的发展，SRT 开放了源代码，开源社区成立了 SRT 联盟，包括众多行业领导者及开发人员。目前已经集成了 SRT 技术的流行软件有 OBS Studio、GStreamer 和 VLC。

SRT 被称为"卫星替代技术"，其低成本和实时通信能力为直播公司提供了一种替代卫星技术的方案。

SRT 的优势如下。

❑ 可传输低延迟、高质量的视频和音频。

❑ 可在 SRT 源（编码器）和 SRT 目标（解码器）之间轻松穿越防火墙。

❑ 控制延迟以适应不断变化的网络状况。

❑ 使用多达 256 位 AES 加密的安全直播。

SRT 基于 UDP 协议，在 SRT 源（编码器）和 SRT 目标（解码器）之间建立用于控制和恢复数据包的专用通信链路，目标可以是服务器、CDN 或其他 SRT 设备。SRT 使用自己的拥塞控制算法，该算法可以自动适应网络环境，并随着网络波动进行实时调整。

SRT 和 WebRTC 都依赖于增强的 UDP 协议，能够提供实时通信的能力。但是 WebRTC 的优势在于它是一种基于浏览器的协议，可以在任何主流浏览器中使用，无须借助插件或硬件。

4. QUIC 协议

快速 UDP 互联网连接（Quick UDP Internet Connection，QUIC）协议是谷歌制定的一种基于 UDP 的低时延互联网传输层协议。我们知道，TCP/IP 协议簇是互联网的基础协议，其中传输层协议包括 TCP 和 UDP。与 TCP 协议相比，UDP 更为轻量，错误校验要少得多。这意味着虽然 UDP 的传输效率更高，但是传输可靠性不如 TCP。通常游戏、流媒体等应用采用 UDP，而网页、邮件、远程登录等大部分应用采用 TCP。

QUIC 同时具备 TCP 和 UDP 的优势，并弥补了它们的短板，很好地解决了网络连接安全性、可靠性和低延迟的问题。QUIC 基于 UDP 传输，当客户端第一次连接服务器时，QUIC 只需要 1 个往返时间（Round-Trip Time，RTT）的延迟就可以建立安全可靠的连接，相比于 TCP+TLS 建立连接需要 1~3 个 RTT，QUIC 要更加快捷。之后客户端可以在本地缓存加密的认证信息，再次与服务器建立连接时可以实现 0~1 个 RTT 的连接建立延迟。QUIC 借用了 HTTP/2 协议的多路复用功能（Multiplexing），但由于 QUIC 基于 UDP，所以避免了 HTTP/2 线头阻塞（Head-of-Line Blocking）的问题。因为 QUIC 运行在用户域而不是系统内核，所以 QUIC 协议可以快速更新和部署到生产环境中，从而解决了 TCP 协议部署及更新较为困难的问题。

2016 年 11 月，国际互联网工程任务组召开了第一次 QUIC 工作组会议，这意味着 QUIC 开始了它的标准化过程，成为新一代传输层协议。

由于 QUIC 工作在传输层，与 WebRTC 没有竞争关系，所以实际上 WebRTC 也可以使用 QUIC 作为底层传输协议，在新的 WebRTC 规范草案中已经提供了对 QUIC 的支持。

1.8 统一计划与 Plan B

统一计划（Unified Plan）是用于在会话描述协议（SDP）中发送多个媒体源的 IETF 草案。谷歌在 2013 年于 Chrome 浏览器中实施了 Plan B。Plan B 实际上是 Unified Plan 的一个变种。谷歌后续又在 Chrome 浏览器中提供了对 Unified Plan 的支持。作为过渡方案，目前 Chrome 浏览器同时支持 Plan B 和 Unified Plan，将来 Chrome 可能会取消对 Plan B 的支持。

在 Plan B 中，SDP 协议为同一类的媒体使用一个"m ="字段。如果同一类媒体包括多个不同的媒体轨道，比如同时包含摄像头和屏幕共享的媒体轨道，则在 "m ="字段中列出多个 "a = ssrc"信息，以示区分。

而使用 Unified Plan 时，每个媒体轨道都分配单独的 "m ="字段。如果使用多个媒体轨道，则会创建多个 "m ="字段。

由于处理多个媒体轨道的方式不同，如果使用同一媒体类型的多个媒体轨道，则 Unified Plan 和 Plan B 是不兼容的，对于同一媒体类型只有一个轨道的情况，则会保持兼容。

如果 Unified Plan 客户端收到 Plan B 客户端生成的提案（offer），则 Unified Plan 客户端在调用 setRemoteDescription() 时报错。同样，如果 Plan B 客户端收到 Unified Plan 客户端生成的提案，则它只能在第一个媒体轨道触发 ontrack 事件，并丢弃其他相同类型的媒体轨道。

Chrome M69 版本开始支持 Unified Plan，但是默认支持的仍然是 Plan B。Chrome 在 WebRTC 的媒体管理接口 RTCPeerConnection 中添加了一项新的枚举类型 SdpSemantics，用于在两种计划之间进行切换。

```
enum SdpSemantics { "plan-b", "unified-plan" };
partial dictionary RTCConfiguration { SdpSemantics sdpSemantics; }
```

在创建对等连接时，使用如下命令启用 unified-plan。

```
let peer = new RTCPeerConnection ({ sdpSemantics : "unified-plan" });
```

Chrome 从 M72 版本开始改为默认支持 Unified Plan。在上述代码中，将 unified-plan 改为 plan-b 则可以切换回对 Plan B 的支持。

1.9　本章小结

本章对 WebRTC 的背景及技术进行了简单的介绍，希望通过这些内容，读者能够对 WebRTC 有个初步的认识。WebRTC 是独特的，同时也是非常复杂的。可以说，它是目前构建实时通信系统的最佳技术。从第 2 章开始，我们来全面认识 WebRTC 技术，开始一场实时通信技术之旅。

Chapter 2 第2章

本地媒体

一个实时音视频通话过程，通常包括媒体采集、编码、传输、解码、播放等环节，媒体采集是控制会话质量的第一步，决定了媒体源的内容和形式。本章将围绕媒体采集，介绍相关的知识点，为读者展现一个完整的 Web 本地媒体管理流程。

WebRTC 作为 Web 技术的一种，其应用过程离不开与其他 Web 技术的结合，如 WebRTC 结合 canvas 技术能够改变视频源内容、实现虚拟背景的效果；结合媒体录制 API，能够实现实时录制与回放等。本章也会对这些技术进行详细介绍，让视频直播应用呈现更加丰富的内容。

2.1 媒体流

在 WebRTC 的众多技术中，我们首先介绍媒体流（MediaStream），因为媒体流应用在 WebRTC 技术的各个方面，理解了媒体流的相关概念和使用方法，才能更好地展开介绍其他技术。

媒体流是信息的载体，代表了一个媒体设备的内容流。媒体流可以被采集、传输和播放，通常一个媒体流包含多个媒体轨道，如音频轨道、视频轨道。

媒体流使用 MediaStream 接口来管理，通常获取媒体流的方式有如下几种。

- 从摄像头或者话筒获取流对象。
- 从屏幕共享获取流对象。
- 从 canvas（HTMLCanvasElement）内容中获取流对象。
- 从媒体元素（HTMLMediaElement）获取流对象。

上述方法获取的媒体流都可以通过 WebRTC 进行传输，并在多个对等端之间共享。

MediaStream 的定义如代码清单 2-1 所示。

代码清单2-1　MediaStream的定义

```
interface MediaStream : EventTarget {
  constructor();
  constructor(MediaStream stream);
  constructor(sequence<MediaStreamTrack> tracks);
  readonly attribute DOMString id;
  sequence<MediaStreamTrack> getAudioTracks();
  sequence<MediaStreamTrack> getVideoTracks();
  sequence<MediaStreamTrack> getTracks();
  MediaStreamTrack? getTrackById(DOMString trackId);
  void addTrack(MediaStreamTrack track);
  void removeTrack(MediaStreamTrack track);
  MediaStream clone();
  readonly attribute boolean active;
  attribute EventHandler onaddtrack;
  attribute EventHandler onremovetrack;
};
```

我们将在本节详细讨论媒体流的构造函数、属性、方法和事件。

2.1.1　构造媒体流

构造函数 MediaStream() 可以创建并返回一个新的 MediaStream 对象，可以创建一个空的媒体流或者复制现有媒体流，也可以创建包含多个指定轨道的媒体流，命令如下。

```
// 创建一个空媒体流
newStream = new MediaStream();
// 从stream中复制媒体流
newStream = new MediaStream(stream);
// 创建包含多个指定轨道的媒体流
newStream = new MediaStream(tracks[]);
```

2.1.2　MediaStream 属性

1. active 只读

返回 MediaStream 的状态，类型为布尔，true 表示处于活跃状态，false 表示处于不活跃状态。

2. id 只读

返回 MediaStream 的 UUID，类型为字符串，长度为 36 个字符。

2.1.3　MediaStream 方法

1. addTrack() 方法

该方法向媒体流中加入新的媒体轨道。

```
stream.addTrack(track);
```

❑ 参数：Track，媒体轨道，类型为 MediaStreamTrack。

❑ 返回值：无。

2. clone() 方法

返回当前媒体流的副本，副本具有不同且唯一的标识。

```
const newstream = stream.clone();
// sameId为false
const sameId = newstream.id === stream.id? true : false
```

❑ 参数：无。

❑ 返回值：一个新的媒体流对象。

3. getAudioTracks() 方法

返回媒体种类为 audio 的媒体轨道对象数组，数组成员类型为 MediaStreamTrack。
注意，数组的顺序是不确定的，每次调用都可能不同。

```
const mediaStreamTracks = mediaStream.getAudioTracks()
```

❑ 参数：无。

❑ 返回值：mediaStreamTracks，媒体轨道对象数组，如果当前媒体流没有音频轨道，
则返回数组为空。

代码清单 2-2 使用 getUserMedia() 方法获取包含视频及音频轨道的媒体流，如果调用
成功，则将媒体流附加到 <video> 元素，然后设置计时器，5s 后调用 getAudioTracks() 方法
获取所有音频轨道，最后停止播放第一个音频轨道。

代码清单2-2   getAudioTracks()方法示例

```
navigator.mediaDevices.getUserMedia({audio: true, video: true})
.then(mediaStream => {
  document.querySelector('video').srcObject = mediaStream;
  // 5s后，停止播放第一个音频轨道
  setTimeout(() => {
    const tracks = mediaStream.getAudioTracks()
    tracks[0].stop()
  }, 5000)
})
```

4. getVideoTracks() 方法

返回 kind 属性值为 video 的媒体轨道对象数组，媒体轨道对象类型为 MediaStream Track。
注意，对象在数组中的顺序是不确定的，每次调用都可能不同。

```
const mediaStreamTracks = mediaStream.getVideoTracks()
```

❑ 参数：无。

❑ 返回值：mediaStreamTracks 是媒体轨道对象数组。如果当前媒体流没有视频轨道，
　则返回数组为空。

代码清单 2-3 调用 getUserMedia() 方法获取视频流，如果调用成功，则将媒体流附加
到 <video> 元素，之后获取第一个视频轨道并从视频轨道截取图片。

代码清单2-3　getVideoTracks()方法示例

```
navigator.mediaDevices.getUserMedia({video: true})
.then(mediaStream => {
  document.querySelector('video').srcObject = mediaStream;
  const track = mediaStream.getVideoTracks()[0];
  // 截取图片
  const imageCapture = new ImageCapture(track);
  return imageCapture;
})
```

5. getTrackById() 方法

返回指定 ID 的轨道对象。如果未提供参数，或者未匹配 ID 值，则返回 null；如果存
在多个相同 ID 的轨道，该方法返回匹配到的第一个轨道。

```
const track = MediaStream.getTrackById(id);
```

❑ 参数：id，类型为字符串。

❑ 返回值：如果输入参数 id 与 MediaStreamTrack.id 匹配，则返回相应的 MediaStream-
　Track 对象，否则返回 null。

代码清单 2-4 获取指定 ID 的媒体轨道并应用约束，将音量调整到 0.5。

代码清单2-4　getTrackById()方法示例

```
stream.getTrackById("primary-audio-track").applyConstraints({ volume: 0.5 });
```

6. getTracks() 方法

返回所有媒体轨道对象数组，包括所有视频及音频轨道。数组中对象的顺序不确定，
每次调用都有可能不同。

```
const mediaStreamTracks = mediaStream.getTracks()
```

❑ 参数：无。

❑ 返回值：媒体轨道对象数组。

代码清单 2-5 使用 getUserMedia() 方法获取包含视频轨道的流，如果调用成功，则将
流附加到 <video> 元素，然后设置计时器，5s 后获取所有媒体轨道，并停止播放第一个媒
体轨道（即视频轨道）。

代码清单2-5　getTracks()方法示例

```
navigator.mediaDevices.getUserMedia({audio: false, video: true})
```

```
.then(mediaStream => {
  document.querySelector('video').srcObject = mediaStream;
  // 5s后，停止播放第一个媒体轨道
  setTimeout(() => {
    const tracks = mediaStream.getTracks()
    tracks[0].stop()
  }, 5000)
})
```

2.1.4 MediaStream 事件

1. addtrack 事件

当有新的媒体轨道（MediaStreamTrack）加入时触发该事件，对应事件句柄 onaddtrack。

注意，只有在如下情况下，才会触发该事件，主动调用 MediaStream.addTrack() 方法则不会触发。

❏ RTCPeerConnection 重新协商。

❏ HTMLMediaElement.captureStream() 返回新的媒体轨道。

如代码清单 2-6 所示，当有新的媒体轨道添加到媒体流时，显示新增媒体轨道的种类和标签。

代码清单2-6　onaddtrack示例

```
// event类型为MediaStreamTrackEvent
// event.track类型为MediaStreamTrack
stream.onaddtrack = (event) => {
  let trackList = document.getElementById("tracks");
  let label = document.createElement("li");

  label.innerHTML = event.track.kind + ": " + event.track.label;
  trackList.appendChild(label);
};
```

此外，也可以使用 addEventListener() 方法监听事件 addtrack。

2. removetrack 事件

当有媒体轨道被移除时触发该事件，对应事件句柄 onremovetrack。

注意，只有在如下情况下才会触发该事件，主动调用 MediaStream.removeTrack() 方法则不会触发。

❏ RTCPeerConnection 重新协商。

❏ HTMLMediaElement.captureStream() 返回新的媒体轨道。

如代码清单 2-7 所示，当从媒体流中删除媒体轨道时，记录该媒体轨道信息。

代码清单2-7　onremovetrack示例

```
// event类型为MediaStreamTrackEvent
```

```
// event.track类型为MediaStreamTrack
stream.onremovetrack = (event) => {
  let trackList = document.getElementById("tracks");
  let label = document.createElement("li");

  label.innerHTML = "Removed: " + event.track.kind + ": " + event.track.label;
  trackList.appendChild(label);
};
```

此外，也可以使用 addEventListener() 方法监听事件 removetrack。

2.2　媒体轨道

我们已经在多个方法中接触到了媒体轨道，媒体流由媒体轨道构成，而媒体轨道则代表着一个能够提供媒体服务的媒体，如音频、视频等。

媒体轨道使用 MediaStreamTrack 接口管理，MediaStreamTrack 的定义如代码清单 2-8 所示。

代码清单2-8　MediaStreamTrack的定义

```
interface MediaStreamTrack : EventTarget {
  readonly attribute DOMString kind;
  readonly attribute DOMString id;
  readonly attribute DOMString label;
  attribute boolean enabled;
  readonly attribute boolean muted;
  attribute EventHandler onmute;
  attribute EventHandler onunmute;
  readonly attribute MediaStreamTrackState readyState;
  attribute EventHandler onended;
  MediaStreamTrack clone();
  void stop();
  MediaTrackCapabilities getCapabilities();
  MediaTrackConstraints getConstraints();
  MediaTrackSettings getSettings();
  Promise<void> applyConstraints(optional MediaTrackConstraints
    constraints = {});
};
```

2.2.1　MediaStreamTrack 属性

1. enabled

返回 MediaStreamTrack 的有效状态，类型为布尔值，值为 true 表示轨道有效，可以被渲染；值为 false 表示轨道失效，被渲染时将会出现静音或黑屏。如果媒体轨道连接中断，enabled 值仍然可以被改变，但不会生效。

设置 enabled 值为 false 可以实现静音效果，与 mute 方法相同。

代码清单 2-9 实现了按钮的单击事件，在事件处理函数中控制媒体轨道的暂停和播放。

代码清单2-9　enabled示例

```
pauseButton.onclick = function(evt) {
  const newState = !myAudioTrack.enabled;

  pauseButton.innerHTML = newState ? "Pause" : "Play";
  myAudioTrack.enabled = newState;
}
```

2. id 只读

返回 MediaStreamTrack 的 UUID 值，类型为字符串。

```
const id = track.id
```

3. kind 只读

返回 MediaStreamTrack 的内容种类，类型为字符串，返回 audio 表示轨道内容种类是音频，返回 video 表示轨道内容种类是视频。

代码清单 2-10 对 kind 的种类进行判断并使用 console.log 打印。

代码清单2-10　kind示例

```
const type = track.kind;
if ( type === 'video' ) {
  console.log('video track');
} else if ( type === 'audio' ) {
  console.log('audio track');
}
```

4. label 只读

返回 MediaStreamTrack 的标签，类型为字符串，表示媒体轨道的来源，比如 internal microphone。

label 的值可以为空，并且在没有媒体源与媒体轨道连接的情况下会一直为空。当轨道与它的源分离时，label 的值不会改变。

```
const label = track.label
```

5. muted 只读

返回 MediaStreamTrack 是否处于静音状态，类型为布尔，值为 true 表示轨道静音，值为 false 表示轨道未静音。处于静音状态的媒体轨道不能提供媒体数据，当视频轨道处于静音状态时，则会表现为黑屏。

代码清单 2-11 对媒体轨道数组进行遍历，并统计处于静音状态的媒体轨道数目。

代码清单2-11　muted示例

```
let mutedCount = 0;
```

```
trackList.forEach((track) => {
  if (track.muted) {
    mutedCount += 1;
  }
});
```

6. readyState 只读

返回 MediaStreamTrack 的就绪状态，可能的取值如下。

☐ live：表示输入媒体源已经连接，可以正常提供媒体数据。

☐ ended：表示输入媒体源处于结束状态，不能再提供新的媒体数据。

```
const state = track.readyState
```

2.2.2　MediaStreamTrack 方法

1. applyConstraints() 方法

该方法为媒体轨道指定约束条件，如可以指定帧率、分辨率、回音消除等。

可以根据需要使用约束定制媒体流，比如在采集清晰度高的视频时，可以将帧率降低一些，这样就不至于占用太大的网络带宽。

```
const appliedPromise = track.applyConstraints([constraints])
```

☐ 参数：constraints，可选参数，一个类型为 MediaTrackConstraints 的对象，包含了准备应用到媒体轨道里的所有约束需求，未在需求中指定的约束将使用默认值。如果 constraints 为空，则会清除当前轨道所有的自定义效果，全部使用默认值。

☐ 返回值：appliedPromise 是一个 Promise 值，决议失败时返回 MediaStreamError。当指定的约束太严格时，可能会导致该方法调用失败。

如代码清单 2-12 所示，使用 getUserMedia() 方法获取视频流，并针对第一个视频轨道应用约束条件，约束指定了视频的宽、高和宽高比。

代码清单2-12　applyConstraints()方法示例

```
const constraints = {
  width: {min: 640, ideal: 1280},
  height: {min: 480, ideal: 720},
  aspectRatio: { ideal: 1.7777777778 }
};

navigator.mediaDevices.getUserMedia({ video: true })
.then(mediaStream => {
  const track = mediaStream.getVideoTracks()[0];
  track.applyConstraints(constraints)
  .then(() => {
    // 成功应用了约束条件
    console.log('successed!');
```

```
  })
  .catch(e => {
    // 不能满足约束条件
    console.log('applyConstraints error, error name: ' + e.name);
  });
});
```

2. clone() 方法

获取媒体轨道的副本，新的轨道具有不同的 ID 值。

```
const newTrack = track.clone()
```

3. getCapabilities() 方法

获取媒体轨道的能力集。

```
const capabilities = track.getCapabilities()
```

❑ 参数：无。

❑ 返回值：MediaTrackCapabilities 对象，描述了媒体轨道的能力信息。

MediaTrackCapabilities 的定义如代码清单 2-13 所示。

代码清单2-13　MediaTrackCapabilities的定义

```
dictionary MediaTrackCapabilities {
  ULongRange width;
  ULongRange height;
  DoubleRange aspectRatio;
  DoubleRange frameRate;
  sequence<DOMString> facingMode;
  sequence<DOMString> resizeMode;
  ULongRange sampleRate;
  ULongRange sampleSize;
  sequence<boolean> echoCancellation;
  sequence<boolean> autoGainControl;
  sequence<boolean> noiseSuppression;
  DoubleRange latency;
  ULongRange channelCount;
  DOMString deviceId;
  DOMString groupId;
};
```

代码清单 2-14 获取媒体轨道的能力集，并将媒体能力输出到日志。

代码清单2-14　getCapabilities()方法示例

```
const capabilities = track.getCapabilities()
// 遍历capabilities，将媒体能力输出到日志
Object.keys(capabilities).forEach(value => {
  console.log(value + '=>' + capabilities[value]);
})
```

媒体能力、约束、设定值的概念相近，有区别，也有联系，我们将在 2.3 节详细讨论。

4. getConstraints() 方法

获取最近一次调用 applyConstraints() 传入的自定义约束。

```
const constraints = track.getConstraints()
```

❏ 参数：无。

❏ 返回值：MediaTrackConstraints 对象，包含了媒体轨道的约束集。

代码清单 2-15 实现了摄像头的切换。

代码清单2-15　getConstraints()方法示例

```
function switchCameras(track, camera) {
  const constraints = track.getConstraints();
  constraints.facingMode = camera;
  track.applyConstraints(constraints);
}
```

5. getSettings() 方法

获取媒体轨道约束的当前值。

```
const settings = track.getSettings()
```

❏ 输入：无。

❏ 返回值：MediaTrackSettings 对象，包含媒体轨道约束的当前值。

MediaTrackSettings 的定义如代码清单 2-16 所示。

代码清单2-16　MediaTrackSettings的定义

```
dictionary MediaTrackSettings {
  long width;
  long height;
  double aspectRatio;
  double frameRate;
  DOMString facingMode;
  DOMString resizeMode;
  long sampleRate;
  long sampleSize;
  boolean echoCancellation;
  boolean autoGainControl;
  boolean noiseSuppression;
  double latency;
  long channelCount;
  DOMString deviceId;
  DOMString groupId;
};
```

获取当前使用的摄像头，如代码清单 2-17 所示。

代码清单2-17　getSettings()方法示例

```
function whichCamera(track) {
  return track.getSettings().facingMode;
}
```

6. stop() 方法

用于停止播放当前媒体轨道。如果多个媒体轨道与同一个源相连，停止某个轨道不会导致源终止，只有当所有相连媒体轨道都停止时，媒体源才会停止。调用该方法后，属性 readyState 将被设置为 ended。

```
track.stop()
```

❑ 输入：无。

❑ 返回值：无。

代码清单 2-18 从 video 元素的 srcObject 属性获取媒体流，然后调用 getTracks() 方法获取所有媒体轨道，遍历媒体轨道数组并调用 stop() 方法逐一停止播放。

代码清单2-18　stop()方法示例

```
function stopStreamedVideo(videoElem) {
  const stream = videoElem.srcObject;
  const tracks = stream.getTracks();
  tracks.forEach(track => {
    track.stop();
  });
  videoElem.srcObject = null;
}
```

2.2.3　MediaStreamTrack 事件

1. ended 事件

当媒体轨道结束时，触发该事件，此时属性 readyState 取值变为 ended，对应事件句柄 onended。

以下情况会触发该事件。

❑ 媒体源没有更多数据。

❑ 用户注销了相关媒体设备的访问权限。

❑ 媒体源设备被移除。

❑ 当媒体源来自对等端时，意味着对等端永久性终止了数据发送。

代码清单 2-19 使用 addEventListener 监听 ended 事件，并在触发该事件时改变对应的图标。

代码清单2-19　ended事件示例

```
track.addEventListener('ended', () => {
```

```
  let statusElem = document.getElementById("status-icon");
  statusElem.src = "/images/stopped-icon.png";
})
```

为 onended 事件句柄设置处理函数也可以达到同样的目的，如代码清单 2-20 所示。

代码清单2-20　onended事件句柄示例

```
track.onended = () => {
  let statusElem = document.getElementById("status-icon");
  statusElem.src = "/images/stopped-icon.png";
}
```

2. mute 事件

当属性 mute 被设置为 true 时触发该事件，表明媒体轨道暂时不能提供数据，对应事件句柄 onmute。

代码清单 2-21 使用 addEventListener 监听 mute 事件，在事件触发时改变指定 ID 元素的背景色。

代码清单2-21　mute事件示例

```
musicTrack.addEventListener("mute", event => {
  document.getElementById("timeline-widget").style.backgroundColor = "#aaa";
}, false);
```

为 onmute 事件句柄设置处理函数也可以达到同样的目的，如代码清单 2-22 所示。

代码清单2-22　onmute事件句柄示例

```
musicTrack.onmute = (event) => {
  document.getElementById("timeline-widget").style.backgroundColor = "#aaa";
}
```

3. unmute 事件

当取消静音状态时触发该事件，表明媒体轨道可以正常提供数据，对应事件句柄 onunmute。

代码清单 2-23 使用 addEventListener 监听 unmute 事件，在事件触发时改变指定 ID 元素的背景色。

代码清单2-23　unmute事件示例

```
musicTrack.addEventListener("unmute", event => {
  document.getElementById("timeline-widget").style.backgroundColor = "#fff";
}, false);
```

为 onunmute 事件句柄设置处理函数也可以达到同样的目的，如代码清单 2-24 所示。

代码清单2-24　onunmute事件句柄示例

```
musicTrack.onunmute = (event) => {
```

```
document.getElementById("timeline-widget").style.backgroundColor = "#fff";
}
```

2.3　媒体约束

应用媒体约束是较为复杂且灵活的一部分，我们在本节进行详细讨论。

媒体约束、媒体能力、媒体约束设定值理解起来容易混淆。媒体约束是指媒体某一项技术特性，如分辨率、帧率等；媒体能力是当前设备能够支持的某个约束的量化指标，如帧率最高 30；媒体约束设定值是指包含了浏览器默认设定值的所有媒体约束。

通常，我们使用如下方法处理媒体约束、媒体能力和媒体约束设定值。

❑ MediaDevices.getSupportedConstraints()：获取当前浏览器支持的约束数组。

❑ MediaStreamTrack.getCapabilities()：有了支持的约束数组，使用该方法获取这些约束的取值范围。

❑ MediaStreamTrack.applyConstraints()：根据应用程序的需要，调用该方法为约束指定自定义的值。

❑ MediaStreamTrack.getConstraints()：获取上述 applyConstraints() 方法传入的值。

❑ MediaStreamTrack.getSettings()：获取当前轨道上所有约束的实际值。

由于浏览器对约束的支持情况不同，下文介绍的约束并不一定是所有浏览器都支持。所以在使用约束前，需要先使用方法 MediaDevices.getSupportedConstraints() 进行检查。

代码清单 2-25 获取当前浏览器支持的所有约束对象，并检查是否支持 iso 约束。

代码清单2-25　检查iso约束示例

```
let supportedConstraints = navigator.mediaDevices.getSupportedConstraints();
if ( supportedConstraints && supportedConstraints.iso ) {
  // 存在名为iso的约束
}
```

2.3.1　约束类型

媒体约束包括媒体流约束（MediaStreamConstraints）和媒体轨道约束（MediaTrackConstraints）。

MediaStreamConstraints 的定义如代码清单 2-26 所示。

代码清单2-26　MediaStreamConstraints的定义

```
dictionary MediaStreamConstraints {
  (boolean or MediaTrackConstraints) video = false;
  (boolean or MediaTrackConstraints) audio = false;
};
```

MediaStreamConstraints 属性说明如表 2-1 所示。

表 2-1　MediaStreamConstraints 属性说明

约　束	类　型	描　述	说　明
audio	Boolean | MediaTrackConstraints	类型为布尔值（true/false）时，表示是否请求音频；类型为 MediaTrackConstraints 对象时，表示具体的约束参数	如：{audio: false}
video	Boolean | MediaTrackConstraints	类型为布尔值（true/false）时，表示是否请求视频；类型为 MediaTrackConstraints 对象时，表示具体的约束参数	如：{video: true}

MediaTrackConstraints 的定义如代码清单 2-27 所示。

代码清单2-27　MediaTrackConstraints的定义

```
dictionary MediaTrackConstraints : MediaTrackConstraintSet {
  sequence<MediaTrackConstraintSet> advanced;
};

dictionary MediaTrackConstraintSet {
  ConstrainULong width;
  ConstrainULong height;
  ConstrainDouble aspectRatio;
  ConstrainDouble frameRate;
  ConstrainDOMString facingMode;
  ConstrainDOMString resizeMode;
  ConstrainULong sampleRate;
  ConstrainULong sampleSize;
  ConstrainBoolean echoCancellation;
  ConstrainBoolean autoGainControl;
  ConstrainBoolean noiseSuppression;
  ConstrainDouble latency;
  ConstrainULong channelCount;
  ConstrainDOMString deviceId;
  ConstrainDOMString groupId;
};
```

2.3.2　数据类型与用法

通常为约束指定值时，既可以指定具体值也可以指定一个对象，在对象中包含 exact 或 ideal 属性，用来告诉浏览器该约束的确切值和理想值；有的约束还支持在对象中指定最小值（min）或最大值（max）。

以视频 width 为例，其数据类型是 ConstrainULong，代码清单 2-28 中展示了类型为 ConstrainULong 时，为 width 指定约束条件的 3 种方法。

代码清单2-28　为width指定约束条件的3种方法

```
// 方法1：直接指定值
const constraints = {
  width: 1280,
```

```
    height: 720,
    aspectRatio: 3/2
};
// 方法2：指定最小值和理想值
const constraints = {
    frameRate: {min: 20},
    width: {min: 640, ideal: 1280},
    height: {min: 480, ideal: 720},
    aspectRatio: 3/2
};
// 方法3：指定最小值、理想值和最大值
const constraints = {
    width: {min: 320, ideal: 1280, max: 1920},
    height: {min: 240, ideal: 720, max: 1080},
};
```

可以看到，约束的使用非常灵活，每种用法表达的含义不同，而用法与其数据类型又有直接的关系，为了更好地理解约束并掌握约束的用法，我们先介绍约束使用的数据类型，如表 2-2 所示。

表 2-2 约束相关的数据类型

类 型	说 明	示 例
DOMString	UTF-16 编码的字符串，同 String	{cursor: 'always'}
ULongRange	用于描述具有范围的整型值，可指定最大和最小值，包含属性如下：1) max，32 位整型值，指定属性的最大值；2) min，32 位整型值，指定属性的最小值	height: {min: 240, ideal: 720, max: 1080}
DoubleRange	用法与 ULongRange 基本相同，但取值类型为双精度浮点值	
ConstrainDOMString	用于类型为字符串的约束，可取值如下：1) DOMString；2) DOMString 对象数组；3) 包含 exact、ideal 属性的对象，exact 指定了一个确切值，如果浏览器不能精确匹配，则返回错误，而 ideal 指定了理想值，如果浏览器不能精确匹配，将使用最接近的值	facingMode: {exact: 'user'} aspectRatio: { ideal: 1.7777777778 }
ConstrainBoolean	用于类型为布尔值的约束。可取值如下：1) true 或者 false；2) 包含 exact、ideal 属性的对象 exact/ideal 的说明同上	
ConstrainULong	用于类型为整型值的约束。继承自 ULongRange，取值既可以是一个整型值也可以是一个对象。当取值为对象时，支持 exact/ideal 语法	width: {min: 640, ideal: 1280, max: 1920}
ConstrainDouble	用于类型为双精度浮点值的约束。继承自 DoubleRange，取值既可以是一个浮点值也可以是一个对象。当取值为对象时，支持 exact/ideal 语法	

请注意 MediaTrackConstraints 定义中属性的类型，不同的类型意味着不同的使用方法，将数据类型与表 2-2 进行对照，其用法便清晰了。

2.3.3　通用约束

通用约束是能够用于所有媒体轨道的约束，如表 2-3 所示。

表 2-3　通用约束

约　束	类　型	描　述	说　明
deviceId	ConstrainDOMString	设备 ID 或者多个设备 ID 的数组	RTCPeerConnection 关联的流不包含该约束
groupId	ConstrainDOMString	组 ID 或者多个组 ID 的数组	

2.3.4　视频约束

视频约束是仅用于视频轨道的约束，如表 2-4 所示。

表 2-4　视频约束

约　束	类　型	描　述	说明 / 示例
aspectRatio	ConstrainDouble	视频宽高比	{ aspectRatio: 16/9 }
facingMode	ConstrainDOMString	摄像头可取值如下：1）user，前置摄像头；2）environment，后置摄像头；3）left，左侧摄像头；4）right，右侧摄像头	RTCPeerConnection 关联的流不包含该约束，如：{ facingMode: 'user' }
frameRate	ConstrainDouble	帧率	{ frameRate: { ideal: 10, max: 15 } }
height	ConstrainULong	视频高度	{ height: 720 }
width	ConstrainULong	视频宽度	{ width: 1280 }
resizeMode	ConstrainDOMString	调整视频尺寸，可取值如下：1）none，使用摄像头的原生分辨率；2）crop-and-scale，允许对视频进行剪裁	{ resizeMode: 'none'}

2.3.5　音频约束

音频约束是仅用于音频轨道的约束，如表 2-5 所示。

表 2-5　音频约束

约　束	类　型	描　述	说明 / 示例
autoGainControl	ConstrainBoolean	自动增益控制，值为 true 则开启；值为 false 则关闭	{ autoGainControl: true }
channelCount	ConstrainULong	音轨数量	值为 1 表示单声道，值为 2 表示立体声，如：{channelCount: 2}
echoCancellation	ConstrainBoolean	回音消除，值为 true 表示开启，值为 false 表示关闭	RTCPeerConnection 关联的流不包含该约束，如：{echoCancellation: true}
latency	ConstrainDouble	延时，单位为秒。一般来讲，延时越低越好	RTCPeerConnection 关联的流不包含该约束，如：{latency: 1}

（续）

约束	类型	描述	说明 / 示例
noiseSuppression	ConstrainBoolean	降噪，值为 true 表示开启，值为 false 表示关闭	{ noiseSuppression: true }
sampleRate	ConstrainULong	采样率	{ sampleRate: 44100 }
sampleSize	ConstrainULong	采样大小	{ sampleSize: 16 }

2.3.6 屏幕共享约束

屏幕共享约束是仅用于屏幕共享的约束，如表 2-6 所示。

表 2-6 屏幕共享约束

约束	类型	描述	说明
cursor	ConstrainDOMString	在流中如何显示鼠标光标，可取值如下：1）always，一直显示光标；2）motion，当移动鼠标时显示光标，静止时不显示；3）never，不显示光标	{cursor: 'always'}
displaySurface	ConstrainDOMString	指定用户可以选择的屏幕内容，可取值如下：1）application，应用程序；2）browser，浏览器标签页；3）monitor，显示器；4）window，某个应用程序窗口	{displaySurface: 'application'}
logicalSurface	ConstrainBoolean	是否开启逻辑显示面	{logicalSurface: true}

2.3.7 图像约束

图像约束是仅用于图像采集的约束，如表 2-7 所示。

表 2-7 图像约束

约束	类型	描述	说明 / 示例
whiteBalanceMode	ConstrainDOMString	白平衡模式，可取值如下：1）none，关闭聚焦 / 曝光 / 白平衡模式；2）manual，开启手动控制；3）single-shot，开启一次自动聚焦 / 聚焦 / 白平衡；4）continuous，开启连续自动聚焦 / 曝光 / 白平衡	{whiteBalanceMode: 'none'}
exposureMode	ConstrainDOMString	曝光模式，可能的取值同 whiteBalanceMode	{exposureMode: 'none'}
focusMode	ConstrainDOMString	聚焦模式，可能的取值同 whiteBalanceMode	{focusMode: 'manual'}
pointsOfInterest	ConstrainPoint2D	兴趣点，与上述 3 种模式结合使用	
exposureCompensation	ConstrainDouble	曝光补偿	

（续）

约　　束	类　　型	描　　述	说明 / 示例
colorTemperature	ConstrainDouble	色温	
iso	ConstrainDouble	感光度	
brightness	ConstrainDouble	亮度	
contrast	ConstrainDouble	对比度	
saturation	ConstrainDouble	饱和度	
sharpness	ConstrainDouble	锐度	
focusDistance	ConstrainDouble	聚焦距离	
pan	ConstrainDouble | boolean	控制摄像头的 pan 值	
tilt	ConstrainDouble | boolean	控制摄像头的 tilt 值	
zoom	ConstrainDouble | boolean	缩放	
torch	ConstrainBoolean	是否支持 torch 模式：值为 true 表示支持，值为 false 表示不支持	

2.3.8　约束的 advanced 属性

在 MediaTrackConstraints 的 定 义 里，我 们 可 以 看 到 MediaTrackConstraints 继 承 自 MediaTrackConstraintSet，增加了 advanced 属性。

advanced 属性用来指定更加高级的约束需求，通常与其他基础约束一起使用。当浏览器满足了基础约束需求后，再尝试进一步满足 advanced 的约束需求。

advanced 和 ideal 都能表示进一步的约束需求，但是它们是有区别的，advanced 的优先级高于 ideal。为了读者能够更好地理解 advanced 的用法及其与 ideal 的区别，下面结合示例展示浏览器满足约束需求的流程。

代码清单 2-29 展示了一个基础的约束需求，如果浏览器只能同时满足部分约束，比如能够满足 width 和 height，但是不能满足 aspectRatio，此时浏览器会为不能满足的约束需求分配一个合理值。

代码清单2-29　基础约束需求

```
const constraints = {
  width: 1280,
  height: 720,
  aspectRatio: 3/2
};
```

代码清单 2-30 增加了一些复杂度，引入了 min 和 ideal 值，min 指定了强制性的最小值，ideal 指定了期望的理想值。

在 width 的约束值中，指定了 min 为 640，ideal 为 1280，表示希望采集的视频最小宽度为 640 像素，理想宽度为 1280 像素。

代码清单2-30　　引入min/ideal的约束需求

```
const constraints = {
  frameRate: {min: 20},
  width: {min: 640, ideal: 1280},
  height: {min: 480, ideal: 720},
  aspectRatio: 3/2
};
```

浏览器在处理该约束需求时，返回的视频宽度不能低于 min 的值，如果不支持采集宽度大于或等于 640 像素的视频，则返回失败。

如果浏览器支持采集宽度为 1280 像素的视频，则 width 值使用 1280，返回成功；如果浏览器不支持，则默认为 width 指定一个大于 640 的值，仍然返回成功。至于这个默认值是多少，就由浏览器来决定了。

代码清单 2-31 引入 advanced 属性，继续增加复杂度，浏览器的行为与上面的例子基本相同，但是在尝试满足 ideal 之前，浏览器会先去处理 advanced 列表。

代码清单2-31　　包含advanced属性的约束需求

```
const constraints = {
  width: {min: 640, ideal: 1280},
  height: {min: 480, ideal: 720},
  advanced: [
    {width: 1920, height: 1280},
    {aspectRatio: 4/3}
  ]
};
```

advanced 列表包含了两个约束集，第一个指定了 width 和 height，第二个指定了 aspectRatio。它表达的含义是 "视频分辨率应该至少为 640 像素 × 480 像素，能够达到 1920 像素 × 1280 像素最好，如果达不到，就满足 4/3 的宽高比，如果还不能满足，就使用一个最接近 1280 像素 × 720 像素的分辨率。"

2.4　媒体设备

WebRTC 使用 navigator.mediaDevices 接口访问与浏览器相连的媒体设备，该接口提供了访问摄像头、话筒以及屏幕共享的入口 API。

2.4.1　WebRTC 隐私和安全

为了保护用户的隐私，必须在安全的内容中使用 WebRTC，所谓安全内容指如下两点。
❑ 使用 HTTPS/TLS 加载的页面内容。

    ❏ 从本地 localhost/127.0.0.1 加载的页面内容。

    如果在不安全的内容中使用 WebRTC，navigator.mediaDevices 值为 undefined，此时访问 getUserMedia() 将会报错。

    在第一次打开媒体设备时，getUserMedia 会弹出请求授权的提示框，如果用户通过了授权，浏览器会记录授权结果，同一域名不重复请求授权。

    浏览器必须明确显示媒体设备的使用状态和授权状态，当摄像头处于使用状态时，硬件指示灯必须亮起。另外，浏览器通常会在 URL 地址栏中显示媒体设备的状态。

    在 iframe 中使用 WebRTC 时，需要明确为该 frame 请求权限，如代码清单 2-32，使用 allow 为 iframe 请求摄像头和话筒权限。

代码清单2-32 为iframe请求权限

```
<iframe src="https://mycode.example.net/etc" allow="camera;microphone">
</iframe>
```

2.4.2 获取摄像头与话筒

WebRTC 使用 getUserMedia() 方法获取摄像头与话筒对应的媒体流。

```
const promise = navigator.mediaDevices.getUserMedia(constraints);
```

    ❏ 参数：constraints，这是一个 MediaStreamConstraints 对象，指定了获取媒体流的约束需求，MediaStreamConstraints 对象的使用详见 2.2 节。

    ❏ 返回值：promise，如果方法调用成功则得到一个 MediaStream 对象。如果调用失败，则抛出 DOMException 异常，异常对象的 name 属性可取值如表 2-8 所示。

表 2-8 getUserMedia() 异常说明

错误	说明
NotAllowedError	请求的媒体源不能使用，以下情况会返回该错误：1）当前页面内容不安全，没有使用 HTTPS；2）没有通过用户授权
NotFoundError	没有找到指定的媒体轨道
NotReadableError	尽管已经通过了用户授权，但是在访问媒体硬件时出现了错误
OverconstrainedError	不能满足指定的媒体约束。错误对象中包含 constraint 属性，用于指明不能满足的属性名称
SecurityError	Document 对象禁用了媒体支持
AbortError	用户已授权，但是因为其他原因导致访问硬件失败

    代码清单 2-33 调用 getUserMedia() 方法请求音频和视频，如果调用成功则将 stream 关联到 <video> 元素，并在加载完 meta 数据后播放视频。如果调用失败，则打印错误对象的 name 和 message。

代码清单2-33　getUserMedia()方法示例

```
const constraints = {
    audio: true,
    video: { width: 1280, height: 720 }
};

navigator.mediaDevices.getUserMedia(constraints)
.then((stream) => {
    const video = document.querySelector('video');
    video.srcObject = stream;
    video.onloadedmetadata = (e) => {
        video.play();
    };
})
.catch((err) => {
    console.log(err.name + ": " + err.message);
});
```

2.4.3　共享屏幕

调用 MediaDevices.getDisplayMedia() 方法获取共享屏幕流，该方法弹出提示框，提示用户授权并选择屏幕内容。

```
const  promise = navigator.mediaDevices.getDisplayMedia(constraints);
```

❑ 参数：constraints，可选参数，MediaStreamConstraints 约束对象，用于指定共享屏幕的约束需求。

❑ 返回值：pomise，如果调用成功则得到媒体流；如果调用失败，则返回一个 DOMException 对象，异常说明如表 2-9 所示。

表 2-9　getDisplayMedia() 异常说明

错　　误	说　　明
InvalidStateError	非用户动作触发
NotAllowedError	未通过授权
NotFoundError	未找到捕获源
NotReadableError	捕获源不可读
OverconstrainedError	不能满足约束需求
TypeError	指定了不支持的约束需求
AbortError	非上述原因导致的其他失败情况

屏幕共享有可能泄露用户的隐私，出于安全考虑，WebRTC 规定：

1）每次调用 getDisplayMedia() 方法都要弹出授权提示框，如果通过了授权，则不保存授权状态；

　　2）getDisplayMedia() 方法必须由用户触发，且当前的 document 上下文处于激活状态。

　　代码清单 2-34 使用了 async/await 语法获取共享屏幕流，displayMediaOptions 是一个 MediaStreamConstraints 对象，指定了约束需求，如果调用成功则返回 captureStream；如果调用失败则打印错误信息。

代码清单2-34　getDisplayMedia()方法示例

```
async function startCapture(displayMediaOptions) {
  let captureStream = null;

  try {
    captureStream = await navigator.mediaDevices.getDisplayMedia(displayMediaOptions);
  } catch(err) {
    console.error("Error: " + err);
  }
  return captureStream;
}
```

2.4.4　查询媒体设备

　　为了让 Web 应用提供更好的使用体验，我们通常调用 enumerateDevices() 方法列出所有可用的媒体设备供用户选择。

```
const enumeratorPromise = navigator.mediaDevices.enumerateDevices();
```

❑ 参数：无。

❑ 返回值：enumeratorPromise，如果调用成功则得到一个包含成员 MediaDevicesInfo 的数组，该数组列出了所有可用的媒体设备；如果调用失败，则得到空值。

MediaDevicesInfo 的定义如代码清单 2-35 所示。

代码清单2-35　MediaDevicesInfo的定义

```
interface MediaDeviceInfo {
  readonly attribute DOMString deviceId;
  readonly attribute MediaDeviceKind kind;
  readonly attribute DOMString label;
  readonly attribute DOMString groupId;
  [Default] object toJSON();
};

enum MediaDeviceKind {
  "audioinput",
  "audiooutput",
  "videoinput"
};
```

表 2-10 对 MediaDevicesInfo 的属性进行说明。

表 2-10 MediaDevicesInfo 属性说明

属 性	类 型	说 明
deviceId	DOMString	设备 ID
groupId	DOMString	组 ID，如耳机音频输入和输出设备的 groupId 相同
label	DOMString	设备的描述信息，如 "External USB Webcam"
kind	MediaDeviceKind	设备类型，取值为 audioinput、audiooutput、videoinput 三者之一

代码清单 2-36 枚举所有媒体设备，并打印 MediaDevicesInfo 的属性 kind、label 和 deviceId。

代码清单2-36　enumerateDevices()方法示例

```
navigator.mediaDevices.enumerateDevices()
.then((devices) => {
  devices.forEach((device) => {
    console.log(device.kind + ": " + device.label + " id = " + device.deviceId);
  });
})
.catch((err) => {
  console.error(err.name + ": " + err.message);
});
```

在 Chrome 浏览器的开发者工具中运行代码清单 2-36，输出如代码清单 2-37 所示。

代码清单2-37　enumerateDevices()输出

```
audioinput: 默认 - Internal Microphone (Built-in) id = default
audioinput: Internal Microphone (Built-in) id = 77ae20211ff909ae81072ce848530071
  61d3a4d9e19838946df3fe532b8ca5a3
videoinput: FaceTime 高清相机（内建）(05ac:8510) id = 1d510919cb6ddb949d6a7611b638
  7a83378c4246757cecf37719969eed064c7f
audiooutput: 默认 - Internal Speakers (Built-in) id = default
audiooutput: Internal Speakers (Built-in) id = a29e903d3c1e53b1a1842f21d0254ca70
  433f06e55abe50950229cbff959c8d8
```

代码清单 2-38 找出所有 kind 属性为 videoinput 的设备，即摄像头，如果找到则打印 Cameras found 信息。

代码清单2-38　找出所有摄像头

```
function getConnectedDevices(type, callback) {
  navigator.mediaDevices.enumerateDevices()
    .then(devices => {
      const filtered = devices.filter(device => device.kind === type);
      callback(filtered);
    });
}
getConnectedDevices('videoinput', cameras => console.log('Cameras found', cameras));
```

2.4.5　监听媒体设备变化

大部分计算机都支持设备运行时热插拔，比如随时插拔 USB 摄像头、蓝牙耳机或者外接音箱。

为了在应用程序中监测媒体设备的变化，WebRTC 提供了 devicechange 事件和 ondevice-change 事件句柄，与 navigator.mediaDevices 结合即可实时监控媒体设备的热插拔。

代码清单 2-39 展示了 devicechange 事件的两种处理方法。

代码清单2-39　devicechange事件用法示例

```
// 方法1: 使用addEventListener监听事件
navigator.mediaDevices.addEventListener('devicechange', (event) => {
  updateDeviceList();
});
// 方法2: 使用ondevicechange事件句柄
navigator.mediaDevices.ondevicechange = (event) => {
  updateDeviceList();
}
```

代码清单 2-40 结合使用 devicechange 和 navigator.mediaDevices，当摄像头设备发生变化时，重新监测摄像头设备并更新 HTML 的下拉列表。

代码清单2-40　监测摄像头

```
// 更新select元素
function updateCameraList(cameras) {
  const listElement = document.querySelector('select#availableCameras');
  listElement.innerHTML = '';
  cameras.map(camera => {
    const cameraOption = document.createElement('option');
    cameraOption.label = camera.label;
    cameraOption.value = camera.deviceId;
  }).forEach(cameraOption => listElement.add(cameraOption));
}
// 根据指定的设备类型，获取设备数组
async function getConnectedDevices(type) {
  const devices = await navigator.mediaDevices.enumerateDevices();
  return devices.filter(device => device.kind === type)
}
// 获取初始状态的摄像头
const videoCameras = getConnectedDevices('videoinput');
updateCameraList(videoCameras);
// 监听事件并更新设备数组
navigator.mediaDevices.addEventListener('devicechange', event => {
  const newCameraList = getConnectedDevices('videoinput');
  updateCameraList(newCameraList);
});
```

2.5　从 canvas 获取媒体流

调用 HTMLCanvasElement.captureStream() 方法可以从 canvas 实时获取视频流。

```
MediaStream = canvas.captureStream(frameRate);
```

❑ 参数：frameRate，可选参数，表示视频帧率，类型为双精浮点值。如果未指定参数，则每次画布变化时都会捕获一个新帧；如果取值为 0，则不会自动捕获，而是在调用 requestFrame() 方法时触发捕获。

❑ 返回值：返回 MediaStream 媒体流对象，该对象包含类型为 CanvasCaptureMedia-StreamTrack 的单一媒体轨道。

CanvasCaptureMediaStreamTrack 的定义如代码清单 2-41 所示。

代码清单2-41　CanvasCaptureMediaStreamTrack的定义

```
interface CanvasCaptureMediaStreamTrack : MediaStreamTrack {
  readonly        attribute HTMLCanvasElement canvas;
  void requestFrame ();
};
```

CanvasCaptureMediaStreamTrack 继承自 MediaStreamTrack，增加了 canvas 属性和 request-Frame() 方法。

代码清单 2-42 从 canvas 元素捕获视频流，将视频流发送给对等端。

代码清单2-42　HTMLCanvasElement.captureStream()方法示例

```
// 获取canvas元素
const canvasElt = document.querySelector('canvas');
// 获取媒体流，帧率为25
const stream = canvasElt.captureStream(25);
// 使用RTCPeerConnection将媒体流发送给对等端
pc.addStream(stream);
```

2.6　从媒体元素获取媒体流

调用 HTMLMediaElement.captureStream() 方法可以获取任意媒体元素的媒体流。

视频元素 HTMLVideoElement 和音频元素 HTMLAudioElement 都继承自 HTMLMedia-Element，所以都支持 captureStream() 方法。

```
const mediaStream = mediaElement.captureStream()
```

❑ 参数：无。

❑ 返回值：返回获取到的媒体流，包含的媒体轨道与媒体源相同。

代码清单 2-43 从视频元素获取视频流，将视频流发送给对等端。

代码清单2-43　HTMLMediaElement.captureStream()方法示例

```
const playbackElement = document.getElementById("playback");
const captureStream = playbackElement.captureStream();
playbackElement.play();
pc.addStream(captureStream);
```

2.7　播放媒体流

我们使用 API 成功获取媒体流后，通常希望将该媒体流播放出来。将 MediaStream 对象指定给 HTML 的 video（或 audio）元素即可进行本地播放。

代码清单 2-44 使用 getUserMedia() 方法获取包含音视频轨道的媒体流，将流对象赋值给视频元素的 srcObject 属性，从而实现本地播放音视频。

代码清单2-44　本地播放媒体流示例

```
<html>
  <head>
    <title>Local video playback</title>
  </head>
  <body>
    <video id="localVideo" autoplay playsinline controls />
  </body>
</html>

async function playVideoFromCamera() {
  try {
    const constraints = {'video': true, 'audio': true};
    const stream = await
      navigator.mediaDevices.getUserMedia(constraints);
    const videoElement = document.querySelector('video#localVideo');
    videoElement.srcObject = stream;
  } catch(error) {
    console.error('Error opening video camera.', error);
  }
}
```

HTML 的 video 元素通常需要指定 autoplay、controls 和 playsinline 属性，autoplay 允许自动播放视频，controls 显示播放器控制按钮，playsinline 允许在 Safari 环境中进行非全屏播放。

iOS Safari 的限制

iOS 10 之前的版本，Safari 不支持自动播放视频，也不支持内联播放。也就是说，视频只能由用户主动操作才能播放，并且是全屏播放的。

iOS 10 版本引入了新的播放政策，通过设置 playsinline 属性可以让 Safari 浏览器窗口播放视频；如果不设置 playsinline 属性，Safari 仍会默认全屏播放视频。

iOS 10 版本还允许自动播放无音轨或者静音的视频，但是对于有声音的视频，仍然需要用户进行如下主动操作。

1）用户点击播放按钮。

2）若用户触发了 click/doubleclick/keydown 等事件，则在事情处理函数中调用 video. play() 方法。

2.8　录制媒体流

WebRTC 的应用经常会用到媒体流录制，下面进行详细介绍。MediaRecorder 接口提供了录制相关的 API，其定义如代码清单 2-45 所示。

代码清单2-45　MediaRecorder接口定义

```
interface MediaRecorder : EventTarget {
  readonly attribute MediaStream stream;
  readonly attribute DOMString mimeType;
  readonly attribute RecordingState state;
  attribute EventHandler onstart;
  attribute EventHandler onstop;
  attribute EventHandler ondataavailable;
  attribute EventHandler onpause;
  attribute EventHandler onresume;
  attribute EventHandler onerror;
  readonly attribute unsigned long videoBitsPerSecond;
  readonly attribute unsigned long audioBitsPerSecond;
  readonly attribute BitrateMode audioBitrateMode;
  void start(optional unsigned long timeslice);
  void stop();
  void pause();
  void resume();
  void requestData();
  static boolean isTypeSupported(DOMString type);
};
```

2.8.1　构造 MediaRecorder

构造 MediaRecorder 对象的语法如下所示。

```
const mediaRecorder = new MediaRecorder(stream[, options]);
```

❑ 参数：stream，MediaStrem 对象，录制源；options，类型为 MediaRecorderOptions 的可选参数，MediaRecorderOptions 的定义如代码清单 2-46 所示。

代码清单2-46　MediaRecorderOptions的定义

```
dictionary MediaRecorderOptions {
  DOMString mimeType = "";
  unsigned long audioBitsPerSecond;
```

```
unsigned long videoBitsPerSecond;
unsigned long bitsPerSecond;
BitrateMode audioBitrateMode = "vbr";
};
```

MediaRecorderOptions 属性如表 2-11 所示。

表 2-11　MediaRecorderOptions 属性说明

属　　　性	说　　　明
mimeType	指定录制流的编码格式 调用 MediaRecorder.isTypeSupported() 方法检查当前浏览器是否支持指定的编码格式。如果当前浏览器不支持指定的编码格式，则该构造函数抛出异常 NotSupportedError
audioBitsPerSecond	指定录制流的音频码率
videoBitsPerSecond	指定录制流的视频码率
bitsPerSecond	指定录制流中音视频的码率，用于替代 audioBitsPerSecond 和 videoBitsPerSecond 属性，如果这两个属性只指定了一个，则 bitsPerSecond 将替代另外一个
audioBitrateMode	指定音频码率模式，取值为 cbr 或 vbr。cbr 指以固定码率进行编码，vbr 指以可变码率进行编码

如果没有指定录制流的码率，则默认视频码率为 2.5Mbps，音频码率取决于采样率和通道数。

如代码清单 2-47 所示，创建录制流，指定的视频编码格式是 mp4，如果创建成功则返回 MediaRecorder 对象，创建失败则打印错误信息并返回 null。

代码清单2-47　MediaRecorder构造函数示例

```
function getRecorder(stream) {
  const options = {
    audioBitsPerSecond : 128000,
    videoBitsPerSecond : 2500000,
    mimeType : 'video/mp4'
  };

  let mediaRecorder = null;
  try {
    mediaRecorder = new MediaRecorder(stream,options);
  } catch(e) {
    console.error('Exception while creating MediaRecorder: ' + e);
  }
  return mediaRecorder;
}
```

2.8.2　MediaRecorder 属性

1. mimeType 只读

返回构造 MediaRecorder 对象时指定的 MIME 编码格式，如果在构造时未指定，则返回浏览器默认使用的编码格式，类型为字符串。

代码清单 2-48 调用 getUserMedia 方法获取音视频流，并指定 mp4 编码格式进行录制。

代码清单2-48　mimeType示例

```
if (navigator.mediaDevices) {
  console.log('getUserMedia supported.');

  const constraints = { audio: true, video: true };
  const chunks = [];

  navigator.mediaDevices.getUserMedia(constraints)
    .then(stream => {
      const options = {
        audioBitsPerSecond: 128000,
        videoBitsPerSecond: 2500000,
        mimeType: 'video/mp4'
      }
      const mediaRecorder = new MediaRecorder(stream,options);
      console.log(mediaRecorder.mimeType);
  }).catch(error => {
      console.log(error.message);
    });
```

2. state 只读

返回 MediaRecorder 对象的当前状态，类型为 RecordingState。RecordingState 的定义如代码清单 2-49 所示。

代码清单2-49　RecordingState的定义

```
enum RecordingState {
  "inactive",
  "recording",
  "paused"
};
```

表 2-12 对 RecordingState 的属性进行了说明。

表 2-12　RecordingState 属性说明

属　性	说　明
inactive	没有进行录制，原因可能是录制没有开始或者已经停止
recording	录制正在进行
paused	录制已开始，当前处于暂停状态

代码清单 2-50 在 onclick 事件的处理函数中启动录制并打印录制的状态。

代码清单2-50　state示例

```
record.onclick = () => {
```

```
    mediaRecorder.start();
    console.log(mediaRecorder.state);
  }
```

3. stream 只读

返回构造 MediaRecorder 对象时指定的媒体流对象，类型为 MediaStream。

4. videoBitsPerSecond 只读

返回当前的视频码率，可能与构造时指定的码率不同，类型为数值。

5. audioBitsPerSecond 只读

返回当前的音频码率，可能与构造时指定的码率不同，类型为数值。

6. audioBitrateMode 只读

返回音频轨道的码率模式，类型为 BitrateMode。BitrateMode 的定义如代码清单 2-51 所示。

代码清单2-51　BitrateMode的定义

```
enum BitrateMode {
  "cbr",
  "vbr"
};
```

其中，cbr 指以固定码率进行编码，vbr 指以可变码率进行编码。

2.8.3　MediaRecorder 方法

1. isTypeSupported() 静态方法

检查当前浏览器是否支持指定的 MIME 格式。

```
const canRecord = MediaRecorder.isTypeSupported(mimeType)
```

❑ 参数：mimeType，MIME 媒体格式。

❑ 返回值：类型为 Boolean，如果支持该 mimeType 则返回 true，否则返回 false。

代码清单 2-52 检测 types 数组中的 mimeType，如果当前浏览器支持此 mimeType，则打印 YES，如果不支持则打印 NO。

代码清单2-52　isTypeSupported示例

```
const types = ["video/webm",
               "audio/webm",
               "video/webm\;codecs=vp8",
               "video/webm\;codecs=daala",
               "video/webm\;codecs=h264",
               "audio/webm\;codecs=opus",
               "video/mpeg"];
```

```
for (let i in types) {
  console.log( "Is " + types[i] + " supported? " +
    (MediaRecorder.isTypeSupported(typ-es[i]) ? "YES" : "NO"));
}
```

2. requestData() 方法

该方法触发 dataavailable 事件，事件包含 Blob 格式的录制数据。该方法通常需要周期性调用。

```
mediaRecorder.requestData()
```

❑ 参数：无。

❑ 返回值：无。如果 MediaRecorder.state 不是 recording，将抛出异常 InvalidState。

如代码清单 2-53 所示，每秒调用一次 requestData() 方法，并在 dataavailable 事件处理函数中获取录制数据。

代码清单2-53 requestData()示例

```
this.mediaRecorder.ondataavailable = (event) => {
  if (event.data.size > 0 ) {
    this.recordedChunks.push(event.data);
  }
};
this.recorderIntervalHandler = setInterval(() => {
  this.mediaRecorder.requestData();
}, 1000);
```

3. start(timeslice) 方法

启动录制，将录制数据写入 Blob 对象。

```
mediaRecorder.start(timeslice)
```

❑ 参数：timeslice，可选参数，用于设置录制缓存区时长，单位为毫秒（ms）。如果指定了 timeslice，当 Blob 缓存区写满后，触发 dataavailable 事件，并重新创建一个 Blob 对象。如果未指定 timeslice，则录制数据会始终写入同一个 Blob 对象，直到调用 requestData() 方法才会重新创建新的 Blob 对象。

❑ 返回值：无。如果调用出错，会抛出异常，如表 2-13 所示。

表 2-13 start 异常说明

异 常	说 明
InvalidModificationError	录制源的媒体轨道发生了变化，录制时不能添加或删除媒体轨道
InvalidStateError	MediaRecorder 当前状态不是 inactive
NotSupportedError	媒体源处于 inactive 状态，或者媒体轨道不可录制
SecurityError	媒体流不允许录制
UnknownError	其他未知错误

代码清单 2-54 启动录制，并将 Blob 缓存区设置为 100ms，缓存区满后触发 dataavailable 事件。

代码清单2-54　start示例

```
recorder.ondataavailable = (event) => {
  console.log(' Recorded chunk of size ' + event.data.size + "B");
  recordedChunks.push(event.data);
};

recorder.start(100);
```

4. MediaRecorder.pause() 方法

暂停录制。当调用该方法时，浏览器将产生如下行为。

❏ 如果 MediaRecorder.state 的状态为 inactive，则抛出异常 InvalidStateError，不再执行下面的步骤。

❏ 将 MediaRecorder.state 设置为 paused。

❏ 停止向 Blob 追加数据，等待录制恢复。

❏ 触发 pause 事件。

```
MediaRecorder.pause()
```

❏ 参数：无。

❏ 返回值：无。

5. MediaRecorder.resume() 方法

恢复录制。当调用该方法时，浏览器会产生如下行为。

❏ 如果 MediaRecorder.state 的状态为 inactive，则抛出异常 InvalidStateError，不再执行下面的步骤。

❏ 将 MediaRecorder.state 设置为 recording。

❏ 继续向 Blob 追加数据。

❏ 触发 resume 事件。

```
MediaRecorder.resume()
```

❏ 参数：无。

❏ 返回值：无。

代码清单 2-55 展示了暂停 / 恢复状态的切换。

代码清单2-55　resume()示例

```
pause.onclick = () => {
  if(MediaRecorder.state === "recording") {
    //暂停录制
    mediaRecorder.pause();
```

```
    } else if(MediaRecorder.state === "paused") {
      //恢复录制
      mediaRecorder.resume();
    }
  }
```

2.8.4 MediaRecorder 事件

1. start 事件

当调用 MediaRecorder.start() 方法时触发该事件。此时启动录制，录制数据开始写入 Blob，对应事件句柄 onstart。

以下两种语法都可以为 start 事件设置处理函数。

```
MediaRecorder.onstart = (event) => { ... }
MediaRecorder.addEventListener('start', (event) => { ... })
```

代码清单 2-56 启动录制，并在 onstart 事件句柄中处理录制数据。

代码清单2-56　start事件示例

```
record.onclick = () => {
  mediaRecorder.start();
  console.log("recorder started");
}

  mediaRecorder.onstart = () => {
    // start事件处理流程
  }
```

2. pause 事件

当调用 MediaRecorder.pause() 方法时触发该事件。此时暂停录制数据，对应事件句柄 onpause。

以下两种语法都可以为 pause 事件设置处理函数。

```
MediaRecorder.onpause = (event) => { ... }
MediaRecorder.addEventListener('pause', (event) => { ... })
```

代码清单 2-57 在 onclick 事件中切换录制状态并在相应的事件句柄中输出日志。

代码清单2-57　pause事件示例

```
pause.onclick = () => {
  if(mediaRecorder.state === "recording") {
    mediaRecorder.pause();
  } else if (mediaRecorder.state === "paused") {
    mediaRecorder.resume();
  }
}
```

```
mediaRecorder.onpause = () => {
  console.log("mediaRecorder paused!");
}

mediaRecorder.onresume = () => {
  console.log("mediaRecorder resumed!");
}
```

3. resume 事件

当调用 MediaRecorder.resume() 方法时触发该事件。此时由暂停恢复录制，对应事件句柄 onresume。

以下两种语法都可以为 resume 事件设置处理函数。

```
MediaRecorder.onresume = (event) => { ... }
MediaRecorder.addEventListener('resume', (event) => { ... })
```

4. stop 事件

当调用 MediaRecorder.stop() 方法或媒体流中止时触发该事件。此时停止录制数据，对应事件句柄 onstop。

以下两种语法都可以为 stop 事件设置处理函数。

```
MediaRecorder.onstop = (event)  => { ... }
MediaRecorder.addEventListener('stop', (event)  => { ... })
```

代码清单 2-58 在 ondataavailable 事件句柄中将录制的数据保存到 chunks 数组，当录制停止时，使用 chunks 生成音频地址，回放录制的数据。

代码清单2-58　stop事件示例

```
mediaRecorder.onstop = (e) => {
  console.log("data available after MediaRecorder.stop() called.");
  let audio = document.createElement('audio');
  audio.controls = true;
  const blob = new Blob(chunks, { 'type' : 'audio/ogg; codecs=opus' });
  const audioURL = window.URL.createObjectURL(blob);
  audio.srcObject = audioURL;
  console.log("recorder stopped");
}

mediaRecorder.ondataavailable = (e) => {
  chunks.push(e.data);
}
```

5. dataavailable 事件

该事件用于处理录制数据，对应事件句柄 ondataavailable，以下情况会触发该事件。

❑ 媒体流终止，导致获取不到媒体数据。

❏ 调用了 MediaRecorder.stop() 方法，将所有未处理的录制数据写入 Blob，停止录制。

❏ 调用了 MediaRecorder.requestData() 方法，将所有未处理的录制数据写入 Blob，继续录制。

❏ 如果在调用 MediaRecorder.start() 方法时传入了参数 timeslice，则每隔 timeslice（单位毫秒）触发一次该事件。

以下两种语法都可以为 dataavailable 事件设置处理函数。

```
MediaRecorder.ondataavailable = (event) => { ... }
MediaRecorder.addEventListener('dataavailable', (event) => { ... })
```

6. error 事件

在创建录制对象或录制过程中出现错误时触发该事件，事件类型为 MediaRecorderErrorEvent，对应事件句柄 onerror。

以下两种语法都可以为 error 事件设置处理函数。

```
MediaRecorder.onerror = (event) => { ... }
MediaRecorder.addEventListener(error, (event) => { ... })
```

表 2-14 列出了该事件触发时的错误名，错误名可以通过 MediaRecorderErrorEvent.error.name 获取。

表 2-14　MediaRecorder 错误名

错误名	说　明
InvalidStateError	在活跃状态调用了 start() 方法、resume() 方法以及在不活跃状态调用了 stop() 方法和 pause() 方法都会导致该错误
SecurityError	因为安全问题，该媒体流不允许被录制。比如使用 getUserMedia() 获取媒体流时，用户未通过授权
NotSupportedError	不支持传入 MIME 格式
UnknownError	其他未知错误

代码清单 2-59 实现了录制流函数 recordStream，在该函数中启动录制，保存录制数据，并在出错时打印错误信息。

代码清单2-59　error事件示例

```
function recordStream(stream) {
  let bufferList = [];
  let recorder = new MediaRecorder(stream);
  recorder.ondataavailable = (event) => {
    bufferList.push(event.data);
  };
  recorder.onerror = (event) => {
    let error = event.error;
```

```
  switch(error.name) {
    case InvalidStateError:
      console.log("You can't record the video right now. Try again later.");
      break;
    case SecurityError:
      console.log("Recording the specified source is not allowed due to security
        restrictions.");
      break;
    default:
      console.log("A problem occurred while trying to record the video.");
      break;
  }
};
recorder.start(100);
return recorder;
}
```

2.9　示例

我们通过一个示例展示 WebRTC 如何与 canvas 结合，实现虚拟场景，本例从摄像头实时采集视频画面，并将视频中的白色背景替换成指定的图片，最后生成一个媒体流并展示出来，该媒体流同样可以通过 WebRTC 传输给对等端。

本例的 GitHub 地址为 https://github.com/wistingcn/dove-into-webrtc/tree/master/chroma-keying。

运行效果如图 2-1 所示。

图 2-1　运行效果

2.9.1　代码结构

本例包含 3 个文件：index.html、processor.js 和 beach.jpg。

❑ index.html 是页面文件，定义页面样式和页面元素。

❑ processor.js 是 JavaScript 文件，使用 ES6 语法实现了一个 ChromaKey 类。

❑ beach.jpg 是背景图片，用于实时替换白色背景。

在 index.html 文件里，我们定义了两个 video 元素，ID 为 camera 的元素用于展示摄像头拍摄到的视频；ID 为 camera-chroma 的元素用于展示替换背景后的视频。index.html 的主要内容如代码清单 2-60 所示。

代码清单2-60 index.html文件代码

```
<body>
  <div>
    <video id="camera" autoplay playsinline controls/>
  </div>
  <div>
    <video id="camera-chroma" autoplay playsinline controls/>
  </div>
<script type="text/javascript" src="processor.js"></script>
</body>
```

processor.js 文件的主要流程如下。

❑ 使用 getUserMedia() 方法获取摄像头媒体流，我们在约束需求里指明了只获取视频流，不获取音频流。

❑ 在 ID 为 camera 的 video 元素里播放视频流。

❑ 获取图片 beach.jpg 的 RGB 像素数据并保存到 imageFrame 中，我们后续将使用这些数据替换白色像素。

❑ 将 ID 为 camera 的视频画面渲染到名为 c1 的 canvas 中，并从 c1 获取 RGB 像素数据。对该像素数据的 RGB 值进行判断，如果 RGB 值接近白色，则将该像素替换为对应的 imageFrame 值。

❑ 替换后的像素重新渲染到名为 c2 的 canvas 中。

❑ 调用 canvas.captureStream() 方法从 c2 中捕获视频流，在 ID 为 camera-chroma 的视频元素中播放该视频流。

请注意上文对 canvas 的使用，在整个流程中我们分别在以下 3 个地方用到了 canvas。

❑ 提取图片的 RGB 数据。

❑ 提取摄像头的 RGB 数据。

❑ 渲染修改后的 RGB 数据。

因为我们使用 canvas 处理图像数据，所以没有在 index.html 页面中包含 canvas 元素，而是在 Javascript 代码中进行动态创建。

2.9.2 获取图片像素数据

代码清单 2-61 展示了获取图片像素数据的方法。首先创建一个 Image 对象，把背景图片作为 Image 对象的源，然后在 Image 对象的 onload 事件句柄中创建 canvas，并将 Image 对象绘制在 canvas 上，最后使用 canvas 方法 getImageData() 获取图片 RGBA 像素数据。

代码清单2-61　获取图片像素数据

```
getImageFrame() {
  const backgroundImg = new Image();
  backgroundImg.src = 'media/beach.jpg';
  backgroundImg.onload = () => {
    const imageCanvas = document.createElement('canvas');
    imageCanvas.width = this.width;
    imageCanvas.height = this.height;
    const ctx = imageCanvas.getContext('2d');
    ctx.drawImage(backgroundImg,0,0,this.width,this.height);
    this.imageFrame = ctx.getImageData(0, 0, this.width, this.height);
    this.timerCallback();
  }
}
```

getImageData() 方法获取的像素数据会保存在 this.imageFrame.data 中，类型为 Uint8ClampedArray，每个像素由 4 个 Uint8 整数组成，分别表示 R（红）、G（绿）、B（蓝）、A（透明度）数据，整数取值范围为 0～255。

2.9.3　替换视频背景

代码清单 2-62 将视频内容绘制在 canvas 上，使用 getImageData() 方法获取视频的像素数据，然后遍历所有像素。如果像素 RGB 大于（150,150,150），说明像素偏白色，则使用背景图片对应的像素进行替换，最后将替换后的数据重新绘制在 canvas 上。

代码清单2-62　替换视频背景

```
computeFrame() {
  this.ctx1.drawImage(this.video, 0, 0, this.width, this.height);
  let frame = this.ctx1.getImageData(0, 0, this.width, this.height);
  let l = frame.data.length / 4;

  for (let i = 0; i < l; i++) {
    let r = frame.data[i * 4 + 0];
    let g = frame.data[i * 4 + 1];
    let b = frame.data[i * 4 + 2];
    let a = frame.data[i * 4 + 3];

    if ( r > 150 && g > 150 && b > 150) {
      frame.data[i * 4 + 0] = this.imageFrame.data[i*4 + 0];
      frame.data[i * 4 + 1] = this.imageFrame.data[i*4 + 1];
      frame.data[i * 4 + 2] = this.imageFrame.data[i*4 + 2];
    }
  }
  this.ctx2.putImageData(frame, 0, 0);
}
```

2.10 本章小结

本章介绍了 WebRTC 本地媒体相关的内容，包括媒体流、媒体轨道、媒体约束、媒体设备等，我们还介绍了获取及录制媒体流的方法，最后我们将媒体流与 canvas 结合，实现了视频背景的替换。

通过本章的学习，读者应该对本地媒体有了较为全面的认识，希望大家可以运用本章介绍的知识按需操作媒体流。下一步就是将本地媒体流进行压缩编码并传输到对等端，我们将从第 3 章开始重点介绍这部分内容。

第 3 章 *Chapter 3*

传输技术

我们在第 2 章讨论了本地媒体的相关内容，从本章开始，我们将讨论如何将媒体流传输到对等端，其中涉及媒体信息协商、网络建连协商、网络传输等技术。这些技术不仅用于 WebRTC 底层，也广泛用于其他流媒体领域，比如 RTP/RTCP 广泛用于传统直播、监控等领域，理解这些技术的原理才能更好地使用 WebRTC 技术。

WebRTC 基础传输技术架构如图 3-1 所示。

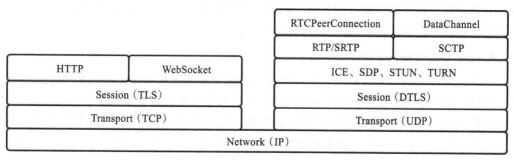

图 3-1　WebRTC 基础传输技术架构

在这些技术中，RTP/SRTP、SCTP 用于传输媒体流，提供拥塞和流控制功能；SDP、ICE、STUN、TURN 用于建立和维护网络连接；DTLS 则用于保护传输数据的安全。

3.1　RTP

RTP（Real-time Transport Protocol，实时传输协议）通过 IP 网络实时传输音频和视频。RTP 常用于流媒体服务的通信系统，例如网络电话、WebRTC 视频电话会议、电视服务等。

RTP 是由 Internet 工程任务组（IETF）的音视频传输工作组开发的，其标准规范 RFC 1889 于 1996 年发布，2003 年更新为 RFC 3550。

RTP 是专为流媒体的端到端实时传输设计的，更关注信息的实时性，可以避免出现因网络传输丢失数据造成通话质量下降的情况。例如，音频应用程序中丢失数据包可能会导致音频数据丢失几分之一秒，而使用合适的纠错算法就可以实现用户无感知。

大多数 RTP 应用都是基于 UDP 构建的，并额外提供抖动补偿、包丢失检测和无序传递检测的功能。RTP 也支持 TCP，但是因为 TCP 更注重可靠性而不是实时性，所以在 RTP 应用中很少使用。

RTP 的主要特点如下。

❑ 具有较低的延时。

❑ 数据包在网络传输的过程中可能会丢失，到达对等端的顺序也可能发生变化。对等端收到 RTP 数据包后，需要根据数据包的序列号和时间戳进行重新组合。

❑ 支持多播（multicast），尽管目前 WebRTC 还没有使用这个特性，但是在海量用户通话场景，这个特性就变得很重要。

❑ 可用于音视频通话之外的场景，如实时数据流、状态实时更新、控制信息传输等连续数据传输场景。

尽管 RTP 的定位是低延时场景数据传输，但它本身并没有提供服务质量保障功能（Quality of Service，QoS），所以在 WebRTC 中，RTP 需要和 RTCP 结合使用。

RTP 会为每个媒体流建立一个会话，即音频和视频流使用单独的 RTP 会话，这样接收端就能选择性地接收媒体流。RTP 使用的端口号为偶数，每个关联的 RTCP 端口为下一个较高的奇数，端口号范围为 1024～65535。

1. RTP 配置文件与载荷

RTP 在设计之初就考虑到了在不修改标准的情况下携带多种媒体格式并允许使用新格式，所以，RTP 标头数据中不包含媒体格式信息，而是在单独的 RTP 配置文件（profile）和有效载荷（payload）格式中提供，这种方式提供了更好的可扩展性。RTP 对每类应用（如音频或视频）都定义了一个配置文件和至少一个有效载荷格式。表 3-1 列出了几种特定应用的 RTP 载荷。

表 3-1　特定应用的 RTP 载荷

载荷类型	名称	类型	通道数	频率（Hz）	默认包（ms）	参考规范
0	PCMU	audio	1	8 000	20	RFC 3551
8	PCMA	audio	1	8 000	20	RFC 3551
9	G722	audio	1	8 000	20	RFC 3551
26	JPEG	video		90 000		RFC 2435
32	MPV	video		90 000		RFC 2250

（续）

载荷类型	名称	类型	通道数	频率（Hz）	默认包（ms）	参考规范
34	H263	video		90 000		RFC 3551
dynamic	H264 AVC	video		90 000		RFC 6184
dynamic	H264 SVC	video		90 000		RFC 6190
dynamic	H265	video		90 000		RFC 7798
dynamic	opus	audio	2	48 000	20	RFC 7587
dynamic	mpeg4	audio/video		90 000		RFC 3640
dynamic	VP8	video		90 000		RFC 7741
dynamic	VP9	video		90 000		draft-ietf-payload-vp9
dynamic	jpeg2000	video		90 000		RFC 5371

载荷类型字段中定义了编解码的格式。每个配置文件都附带几种有效载荷格式规范，每个规范描述特定编码数据的传输。音频有效载荷格式包括 G.711、G.723、G.726、G.729、GSM、opus、MP3 和 DTMF 等，视频有效载荷格式包括 H.263、H.264、H.265、VP8 和 VP9 等。

RTP 配置文件包括以下 3 种。

❑ 音频和视频会议的 RTP 配置文件（RFC 3551）。该配置文件定义了一组静态有效载荷类型分配以及使用会话描述协议（SDP）在有效载荷格式和 PT 值之间进行映射的动态机制。

❑ SRTP（RFC 3711）定义了一个 RTP 配置文件，该配置文件提供用于传输有效载荷数据的加密服务，WebRTC 使用的就是 SRTP。

❑ 用于机器对机器通信的 RTP（RTP / CDP）实验性控制数据配置文件。

2. RTP 数据包标头

在应用层创建 RTP 数据包并传递到传输层进行传输。应用层创建的 RTP 媒体数据的每个单元都以 RTP 数据包标头开始，标头结构如表 3-2 所示。

表 3-2　RTP 数据包标头域

偏移量	字节	0				1				2				3			
字节	位	0 1 2 3 4 5 6 7				8 9 10 11 12 13 14 15				16 17 18 19 20 21 22 23				24 25 26 27 28 29 30 31			
0	0	版本号 P X CC		M	PT			序列号									
4	32	时间戳															
8	64	SSRC 同步源标识															
12	96	CSRC 贡献源标识															
		...															
12+4×CC	96+32×CC	扩展头 ID								扩展头长度							
16+4×CC	128+32×CC	扩展头															
		...															

RTP 标头最小为 12 个字节。标头后面有可选的扩展头，随后是 RTP 有效载荷，其格式由特定应用类别确定。标头中各字段解释如下所示。

❑ 版本号（2 位）：表示协议的版本，当前版本是 2。

❑ P（Padding，1 位）：表示 RTP 数据包末尾是否有额外的 Padding 字节。Padding 字节用于填充一定大小的数据块，如加密算法，其最后一个字节表示 Padding 的字节数（包括自身）。

❑ X（扩展名，1 位）：表示在标头和有效载荷数据之间是否存在扩展标头。

❑ CC（CSRC 计数，4 位）：表示包含 CSRC 标识符的数量。

❑ M（标记，1 位）：表示在应用程序级别使用的信令。对于视频，标记一帧的结束；对于音频，标记会话的开始。

❑ PT（有效载荷类型，7 位）：表示有效载荷的格式，从而确定应用程序对其的解释。值是特定于配置文件的，可以动态分配。

❑ 序列号（16 位）：RTP 数据包的序列号。每发送一个 RTP 数据包，序列号都会递增，接收方将使用该序列号检测包丢失并适应无序交付。为了提升 RTP 的安全性，序列号的初始值应随机分配。

❑ 时间戳（32 位）：RTP 数据包的时间标识。接收端以此在适当的时间播放接收到的样本。当存在几个媒体流时，每个流的时间戳都是独立的。时序的粒度特定于应用程序，如音频应用程序的常见采样率是每 125μs 对数据进行一次采样，换算成时钟频率为 8kHz，而视频应用程序通常使用 90 kHz 时钟频率。时间戳反映了发送者采样 RTP 报文的时刻，接收者使用时间戳计算延迟和延迟抖动，并进行同步控制。

❑ SSRC（32 位）：表示 RTP 数据包的同步源，用于标识媒体源。同一 RTP 会话中的同步源是唯一的。

❑ CSRC（32 位）：表示 RTP 数据包的贡献源，同一 RTP 会话可以包含多个贡献源。

❑ 标头扩展名：可选项，由扩展名字段决定是否存在。第一个 32 位字包含一个特定于配置文件的标识符（16 位）和一个长度说明符（16 位）。

3.2 RTCP

RTCP（RTP Control Protocol）是实时传输协议（RTP）的姊妹协议，其基本功能和数据包结构在 RFC 3550 中定义。RTCP 为 RTP 会话提供带外统计信息和控制信息，与 RTP 协作提供多媒体数据的传输和打包功能，其本身不传输任何媒体数据。

RTCP 的主要功能是定期发送数据包计数、数据包丢失、数据包延迟变化以及往返延迟时间等统计信息，向媒体参与者提供媒体分发中的服务质量保障。应用程序在接收到这些信息后，可以通过限制流量或更换编解码格式的方式提升服务质量。RTCP 流量的带宽很小，通常约为总占用带宽的 5%。

RTP 通常在偶数 UDP 端口上发送，而 RTCP 消息将在下一个更高的奇数端口发送。

RTCP 本身不提供任何流加密或身份验证方法。如果对安全性有更高的要求，可以使用 RFC 3711 中定义的 SRTP 实现此类机制，WebRTC 便采用了 SRTP。

RTCP 提供以下功能。

❑ 在会话期间收集媒体分发质量方面的统计信息，并将这些数据传输给会话媒体源和其他会话参与方。源可以将此类信息用于自适应媒体编码（编解码器）和传输故障检测。如果会话是多播网络承载的，则允许进行非侵入式会话质量监视。

❑ RTCP 为所有会话参与者提供规范的端点标识符（CNAME）。CNAME 是跨应用程序示例端点的唯一标识。尽管 RTP 流的 SSRC 也是唯一的，但在会话期间，SSRC 与端点的绑定关系仍可能改变。

❑ 提供会话控制功能。RTCP 是联系所有会话参与者的便捷方式。

在数以万计的接收者参与的直播会话中，所有参与者都发送 RTCP 报告，网络流量与参与者的数量成正比。为了避免网络拥塞，RTCP 必须支持会话带宽管理功能。RTCP 通过动态报告传输的频率来实现这一功能；RTCP 带宽使用率通常不应超过会话总带宽的 5%，应始终将 RTCP 带宽的 25% 预留给媒体源，以便在大型会议中，新的参与者可以接收发送者的 CNAME 标识符而不会产生过多延迟。

RTCP 报告间隔是随机的，最小报告间隔为 5 秒，通常发送 RTCP 报告的频率不应低于 5 秒一次。

RTCP 数据包标头结构如表 3-3 所示。

表 3-3　RTCP 数据包标头

偏移	字节	0								1								2								3							
字节	位	0	1	2	3	4	5	6	7	8	9	10	11	12	13	14	15	16	17	18	19	20	21	22	23	24	25	26	27	28	29	30	31
0	0	版本号		P	RC					PT								长度															
4	32	SSRC																															

RTCP 标头长度为 4 个字节，标头中各字段解释如下。

❑ 版本号（2 位）：表示 RTCP 的版本号。

❑ P（1 位）：表示 RTP 数据包末尾是否有额外的 Padding 字节。Padding 字节用于填充一定大小的块，最后一个字节表示 Padding 的字节数（包括自身）。

❑ RC（5 位）：表示此数据包中接收报告块的数量，可以为 0。

❑ PT（8 位）：包含一个常数，用于表示 RTCP 数据包类型。

❑ 长度（16 位）：表示此 RTCP 数据包的长度。

❑ SSRC（32 位）：同步源标识符，用于唯一标识媒体源。

RTCP 支持以下几种类型的数据包。

1. 发送者报告（SR）

活跃发送者在会议中定期发送报告，报告该时间间隔内发送的所有 RTP 数据包的发送和接收统计信息。发送者报告包含绝对时间戳，表示自 1900 年 1 月 1 日零点以来经过的秒数。绝对时间戳帮助接收方同步 RTP 消息，对于同时传输音频和视频的场景尤为重要，因为音频和视频的 RTP 流独立使用相对时间戳，必须使用 RTCP 绝对时间戳进行同步。

2. 接收者报告（RR）

接收者报告适用于不发送 RTP 数据包的被动参与者，用于通知发送者和其他接收者服务质量。

3. 源描述（SDES）

源描述可以用于将 CNAME 项发送给会话参与者，也可以用于提供其他信息，例如名称、电子邮件地址、电话号码以及源所有者或控制者的地址。

4. 关闭流（BYE）

源发送 BYE 消息以关闭流，允许端点（endpoint）宣布即将离开会议。

5. 特定于应用程序的消息（APP）

APP 提供了一种机制，用于扩展 RTCP。

3.3 SRTP/SRTCP

对于未加密的实时通信应用，可能会遇到多种形式的安全风险。在浏览器和浏览器之间，或者浏览器和服务器通信之间传输未加密的数据时，都有可能被第三方拦截并窃取。

基础的 RTP 没有内置任何安全机制，因此不能保证传输数据的安全性，只能依靠外部机制进行加密。实际上，WebRTC 规范明确禁止使用未加密的 RTP。出于增强安全性的考虑，WebRTC 使用的是 SRTP。

SRTP 是 RTP 的一个配置文件，旨在为单播和多播应用程序中的 RTP 数据提供加密、消息身份验证和完整性以及重放攻击保护等安全功能。SRTP 有一个姊妹协议：安全 RTCP（SRTCP），它提供了与 RTCP 相同的功能，并增强了安全性。

使用 SRTP 或 SRTCP 时必须启用消息身份验证功能，其他功能（如加密和身份验证）则都是可选的。

SRTP 和 SRTCP 默认的加密算法是 AES，攻击者虽然无法解密数据，但可以伪造或重放以前发送的数据。因此，SRTP 标准还提供了确保数据完整性和安全性的方法。

为了验证消息并保护其完整性，SRTP 使用 HMAC-SHA1 算法计算数据内容的摘要，并将摘要数据附加到每个数据包的身份验证标签。接收者收到数据后也同样计算摘要数据，如果摘要数据相同，表示内容完整；如果摘要数据不同，表示内容不完整或者被篡改了。

> 📌注意　SRTP 仅加密 RTP 数据包的有效载荷，不对标头进行加密。但是，标头可能包含需要保密的各种信息。RTP 标头中包含的此类信息之一就是媒体数据的音频级别。实际上，任何看到 SRTP 数据包的人都可以判断出用户是否在讲话。尽管媒体数据是加密的，但这仍有可能泄露重要的隐私。

3.4　TLS/DTLS

安全套接层（Secure Socket Layer，SSL）是为网络通信提供安全保证及数据完整性的一种安全协议。SSL 由网景公司（Netscape）研发，用于确保互联网连接安全，保护两个系统之间发送的敏感数据，防止网络犯罪分子读取和篡改传输信息。IETF 对 SSL 3.0 进行了标准化，并添加了一些机制，经过标准化的 SSL 更名为 TLS（Transport Layer Security，安全传输层）协议。所以，可以将 TLS 理解为 SSL 标准化后的产物，SSL 3.0 对应着 TLS 1.0 版本。

TLS 的最新版本是 1.3，在 RFC 8446 中定义，于 2018 年 8 月发布。

由于 TLS 是基于 TCP，不能保证 UDP 上传输的数据的安全性，因此在 TLS 协议架构上进行了扩展，提出 DTLS（Datagram Transport Layer Security，数据包传输层安全性）协议，使之支持 UDP，DTLS 即成为 TLS 的一个支持数据包传输的版本。DTLS 使用非对称加密方法，对数据身份验证和消息身份验证提供完全加密。

在 WebRTC 规范中，加密是强制要求的，并在包括信令机制在内的所有组件上强制执行。其结果是，通过 WebRTC 发送的所有媒体流都通过标准化的加密协议进行安全加密。在选择加密协议时，具体取决于通道类型；通过 RTCDataChannel 发送的数据流使用 DTLS 协议加密；通过 RTP 传输的音视频媒体流则使用 SRTP 加密。

DTLS 协议内置在 WebRTC 的标准化协议中，并且是在 Web 浏览器、电子邮件和 VoIP 平台中始终使用的协议，这意味着基于 Web 的应用程序无须提前设置。

3.5　SDP

SDP（Session Description Protocol）是用于描述媒体信息的协议，以文本格式描述终端功能和首选项。SDP 只包含终端的媒体元数据，不包含媒体数据内容。建立连接的双方通过交换 SDP 获取彼此的分辨率、编码格式、加密算法等媒体信息。SDP 广泛用于会话启动协议（SIP）、RTP 和实时流协议（RSP）。

SDP 通常包含如下内容。

❑ 会话属性。

- ❑ 会话活动的时间。
- ❑ 会话包含的媒体信息。
- ❑ 媒体编 / 解码器。
- ❑ 媒体地址和端口信息。
- ❑ 网络带宽的信息。

WebRTC 使用 SDP 交换双方的网络和媒体元数据,当遇到连接失败、黑流等问题时,分析 SDP 往往是查找问题最为有效的方法。

1. SDP 字段的含义及格式

表 3-4 所示是 SDP 各个字段的含义及格式。

表 3-4 SDP 字段含义及格式

字　　段	含　　义	格　　式
v=	SDP 版本	v=0
o=	会话发起人和标识信息	o=<username> <session id> <version> <network type> <address type> <address>
s=	会话名称	s=<session name>
i=*	会话信息	i=<session description>
u=*	描述的 URI	u=<URI>
e=*	email 地址	e=<email address>
p=*	电话号码	p=<phone number>
c=*	连接信息	c=<network type> <address type> <connection address>
b=*	带宽信息	b=<modifier>:<bandwidth-value>
z=*	时区校正	z=<adjustment time> <offset>
k=*	密钥	k=<method>:<encryption key>
a=*	会话属性	a=<attribute>:<value>
t=	会话有效时间	t=<start time> <stop time>
r=*	重复次数	r=<repeat interval> <active duration> <list of offsets from start-time>
m=	媒体名称和传输地址	m=<media> <port> <transport> <fmt list>
i=	标题	i=<media or session title>

2. SDP 示例

我们看一段典型的 SDP 示例,如代码清单 3-1 所示。

代码清单3-1　SDP示例

```
v=0
o=jdoe 2890844526 2890842807 IN IP4 10.47.16.5
s=SDP Seminar
```

```
i=A Seminar on the session description protocol
u=http://www.example.com/seminars/sdp.pdf
e=j.doe@example.com (Jane Doe)
c=IN IP4 224.2.17.12/127
t=2873397496 2873404696
a=recvonly
m=audio 49170 RTP/AVP 0
m=video 51372 RTP/AVP 99
a=rtpmap:99 h263-1998/90000
```

该会话由用户 jdoe 创建，email 地址是 j.doe@example.com，发起会话的源地址为 10.47.16.5，会话名称是 SDP Seminar，i 和 u 字段描述了会话的扩展信息。

t 字段指明了会话在 2 个小时内有效，c 字段指明了目标的 IP 地址为 224.2.17.12，地址的 TTL 是 127，a 字段表明只接收数据。

两个 m 字段指明都使用 RTP 音视频配置：第一个音频媒体流使用端口 49170，载荷类型是 0；第二个视频媒体流使用端口 51372，载荷类型是 99。

最后，a 字段指明了类型 99 使用的编码格式是 h263-1998，编码时钟频率是 90kHz。

我们再来看一段 WebRTC 使用 H.264 编码时的 SDP 信息片段，如代码清单 3-2 所示。

代码清单3-2　H.264编码SDP片段

```
m=video 49170 RTP/AVP 98
a=rtpmap:98 H264/90000
a=fmtp:98 profile-level-id=42A01E;packetization-mode=1;
```

代码清单 3-2 表达的含义是本会话包含的是视频内容，使用 H.264 进行编码，编码时钟频率是 90kHz，profile-level-id 和 packetization-mode 是传给 H.264 的参数。

3.6　ICE

ICE（Interactive Connectivity Establishment，交互式连接建立协议）是用于提案 / 应答模式的 NAT（网络地址转换）传输协议，主要用于在 UDP 协议下建立多媒体会话。对于采用 Mesh 结构的 WebRTC 应用程序，当通信双方尝试建立 P2P 连接时，如果有一方（或者双方）位于 NAT 网络内部，则直接建立 P2P 连接会失败，这时候必须有一种能够突破 NAT 限制的技术，这个技术就是 ICE 协议。

由于 IPv4 地址资源较为有限，而且目前仍然在大量使用，因此大多数接入互联网的设备都部署于 NAT 网络内部，不是真正拥有一个公网 IPv4 地址。NAT 网关将出站请求地址动态映射为公网地址，相应地，将入站请求转换为内网地址，以确保内部网络上的路由正确。由于 NAT 的限制，在使用内网 IP 地址建立 P2P 连接时经常会出现连接失败的情况。ICE 技术可以克服 NAT 的限制，是建立 P2P 网络连接的最佳路径。

尝试建立连接的双方都有可能位于 NAT 网络之中，也就是说它们都不能直接使用 IP 地址建立网络连接。

使用 ICE 技术建立网络连接的步骤如下所示。

第一次尝试：ICE 首先尝试使用本地网卡地址与对等方建立 P2P 连接，此地址通常为内网地址。如果连接双方位于同一个内网，则成功建立连接。

第二次尝试：如果第一次尝试失败（这对于双方都位于 NAT 网络内部的情况是不可避免的，由于网络的复杂性，也可能会由其他原因导致连接失败），则 ICE 将使用 STUN 服务器获取 NAT 设备的公网 IP 地址及映射端口，并尝试使用该 IP 地址建立连接。对于只有一方位于 NAT 网络内部，或者双方都位于非对称 NAT 网络内的情况，连接通常会成功建立。

第三次尝试：如果第二次尝试失败，意味着双方无法直接建立 P2P 连接，这时需要通过一个中介进行数据中转，这个中介即 TURN 服务器。也就是说，第三次尝试是直接与 TURN 服务器建立连接，而随后的媒体数据流将通过 TURN 中继服务器进行转发。

TURN 服务器通常会架设在数据中心，并指定公网 IP 地址，只要 TURN 服务器正常，则在网络通畅的情况下，通信双方与 TURN 服务器建立连接一定会成功。

在上述情况中，ICE 尝试建立连接所使用的地址称为候选地址，这是因为这些地址能否成功建立连接是不确定的，需要尝试后才能确定。候选地址以文本的格式呈现，多个候选地址按如下顺序排序。

- ❑ 使用内网 IP 地址。
- ❑ 使用 STUN 发现公网 IP 地址。
- ❑ 使用 TURN 作为网络中继。

ICE 是在所有的候选地址中，选择开销最小的路由。

1. NAT

NAT 是一种实现内网主机与互联网通信的方法。使用这种方法时需要在内网出口设备上安装 NAT 软件，而这种装有 NAT 软件的设备叫作 NAT 路由器，且需要至少有一个有效的公网 IP 地址。这样，所有使用内网地址的主机在和外界通信时，都要在 NAT 路由器上将内网地址转换成公网 IP 地址，才能和互联网连接。NAT 将自动修改 IP 报文的源 IP 地址和目的 IP 地址，IP 地址校验则在 NAT 处理过程中自动完成。

NAT 的应用极为广泛，当我们接入某个局域网，或者连接 Wi-Fi 时，我们实际上已经处于 NAT 网络之中了。NAT 具有以下优点。

- ❑ 共享上网：NAT 技术通过地址和端口映射，使用少量公网 IP 即可实现大量内网 IP 地址共享上网。
- ❑ 提高网络安全性：不同的内网 IP 地址映射到少量公网 IP 地址，对外隐藏了内网网络结构，从而防止外部攻击内网服务器，降低了网络风险。

❑ 方便网络管理：通过改变映射关系即可实现内网服务器的迁移和变更，便于对网络进行管理。

❑ 节省成本：使用了少量公网 IP 地址，节省了 IP 地址的注册及使用费用。

按照地址转换方法进行划分，NAT 分为如下 4 类。

（1）全锥形 NAT（Full cone NAT）

❑ 一旦一个内网地址（ip1:port1）映射到公网地址（ip2:port2），所有发自 ip1:port1 的包都经由 ip2:port2 向外发送。任意外部主机都能通过向 ip2:port2 发包到达 ip1:port1。

（2）地址受限锥形 NAT（Address-Restricted cone NAT）

❑ 只接收曾经发送到对端 IP 地址的数据包。一旦有一个内网地址（ip1:port1）映射到公网地址（ip2:port2），所有发自 ip1:port1 的包都经由 ip2:port2 向外发送。任意外部主机（hostAddr:any）都能通过向 ip2:port2 发包到达 ip1:port1，但前提是 ip1:port1 之前有向 hostAddr:any 发送过包，any 表示端口不受限制。

（3）端口受限锥形 NAT（Port-Restricted cone NAT）

❑ 类似地址受限锥形 NAT，但是端口也受限。一旦有一个内网地址（ip1:port1）映射到外网地址（ip2:port2），所有发自 ip1:port1 的包都经由 ip2:port2 向外发送。一个外部主机（hostAddr:port3）能够发包到达 ip1:port1 的前提是 ip1:port1 之前有向 hostAddr:port3 发送过包。

（4）对称 NAT（Symmetric NAT）

❑ 映射的外网地址端口号不固定，会随着目的地址的变化而变化。

锥形 NAT 与对称 NAT 的区别在于，在 NAT 已分配端口号 port2 给客户端的情况下，如果 Client 继续用 port1 端口与另一外网服务器通信，锥型 NAT 还会继续用原来的 port2 端口，即所分配的端口号不变。而对于对称 NAT，NAT 将会分配另一端口号（如 port3）给 Client 的 port1 端口。也就是说，同一内网主机、同一端口号，对于锥形 NAT，无论与哪一个外网主机通信，都不改变所分配的端口号；而对于对称 NAT，同一内网主机、同一端口号，每一次与不同的外网主机通信，就重新分配一个端口号。

对称 NAT 的这个特性使得位于该网络下的 WebRTC 用户无法使用 STUN 协议建立 P2P 连接。

2. STUN 与 TURN

位于 NAT 网络内的设备能够访问互联网，但并不知道 NAT 网络的公网 IP 地址，这时候就需要通过 STUN 协议实时发现公网 IP。

STUN（Session Traversal Utilities for NAT）是一种公网地址及端口的发现协议，客户端向 STUN 服务发送请求，STUN 服务返回客户端的公网地址及 NAT 网络信息。

对于建立连接的双方都位于对称 NAT 网络的情况，使用 STUN 发现网络地址后，仍然无法成功建立连接。这种情况就需要借助 TURN 协议提供的服务进行流量中转。

TURN（Traversal Using Relays around NAT）通过数据转发的方式穿透 NAT，解决了防火墙和对称 NAT 的问题。TURN 支持 UDP 和 TCP 协议。

通信双方借助 STUN 协议能够在不使用 TURN 的情况下成功建立 P2P 连接。如有特殊情况，无法建立 P2P 连接，则仍需要使用 TURN 进行数据转发。

图 3-2 展示了单独使用 STUN 与结合使用 STUN 和 TURN 的对比。

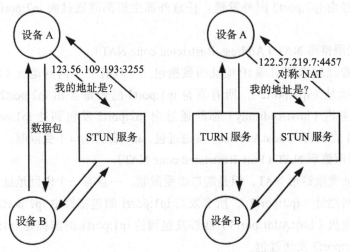

图 3-2　STUN/TURN 示意图

> **注意** 使用 STUN 建立的是 P2P 的网络模型，网络连接直接建立在通信两端，没有中间服务器介入；而使用 TURN 建立的是流量中继的网络模型，用户两端都与 TURN 服务建立连接，用户的网络数据包通过 TURN 服务进行转发。

3. ICE 候选者

ICE 候选者描述了用于建立网络连接的网络信息，包含网络协议、IP 地址、端口等。如果设备上有多个 IP 地址，那么每个 IP 地址都会对应一个候选。例如设备 A 上有内网 IP 地址 IP-1，还有公网 IP 地址 IP-2，A 通过 IP-1 可以直接与 B 进行通信，但是 WebRTC 不会判断优先使用哪个 IP 地址，而是同样从两个 IP 地址收集候选，并将候选放在 SDP 中，作为提案发送给 B。

设备 A 和 B 很有可能位于 NAT 网络环境中，这时就涉及另外两种类型的候选：NAT 映射候选和 TURN 中继候选。当使用 TURN 服务时，两种类型的候选都从 TURN 获取；如果只使用了 STUN 服务，则只需要获取 NAT 映射候选。

图 3-3 使用了 TURN 服务来发现这两种类型的候选，X:x 指的是 IP 地址 X 和 UDP 端口 x。

在图 3-3 中，设备 A 向 TURN 服务发起了地址分配请求，由于 A 位于 NAT 网络环境下，NAT 将创建一个映射地址 X1:x1，为设备 A 收发网络数据包，如果 A 位于多个 NAT 设备下，那么每个 NAT 都会创建一个映射地址，但是只有最外层的映射地址能够被 TURN 服务发现。

TURN 服务收到请求后，会在自己的地址 Y 上分配一个端口 y，将 Y:y 作为中继候选发送给设备 A。设备 A 完成 3 种类型候选的收集后，将它们按照优先级从高到低排序，以会话属性的形式加入 SDP，然后通过信令服务器发送给设备 B。设备 B 收到设备 A 的候选信息后，也以同样的方式完成自己的候选信息收集，并回传给设备 A。这时候 A 和 B 都有了自己和对方的候选信息，WebRTC 会将这些候选信息进行配对，再进行连通性检查，使用通过检查的候选对建立网络连接。

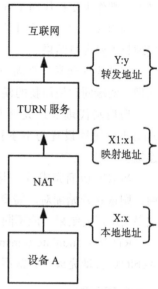

图 3-3　ICE 候选者发现步骤
（使用 TURN 服务）

4. ICE 候选者在 SDP 中的语法

ICE 候选者在 SDP 中的语法格式如代码清单 3-3 所示。

代码清单 3-3　SDP 中的 ICE 候选者

```
a=candidate:<foundation> <component-id> <transport> <priority> <connection-
address> <port> <cand-type>
// 举例
a=candidate:4234997325 1 udp 2043278322 192.168.0.56 44323 host
```

代码清单 3-3 中的字段说明如下。

- ❑ foundation：创建标识。
- ❑ component-id：值为 1 表示 RTP 协议，值为 2 表示 RTCP 协议。
- ❑ transport：传输协议，可以使用 UDP 和 TCP，由于 UDP 性能好，故障恢复快，推荐使用 UDP。
- ❑ priority：优先级，综合考虑延时、带宽开销、丢包等因素，候选类型的优先级一般是 host>srvflx>prflx>relay。
- ❑ connection-address：IP 地址。
- ❑ port：端口。
- ❑ cand-type：候选类型，UDP 候选类型取值有 host（本机候选）、srflx（映射候选）、relay（中继候选）和 prflx（来自对称 NAT 的映射候选）。

5. ICE 配对

将本地 ICE 候选项和对等端 ICE 候选项进行一一对应，每一组称为一个 ICE 候选对。

在进行 ICE 建连协商时，ICE 层将从两端选择一个作为控制代理（controlling agent），另外一端作为受控代理（controlled agent）。

控制代理负责决定建立连接使用的 ICE 候选对，并将最终结果发送给受控代理，受控代理只需要等待结果。

控制代理通常会为同一个 ICE 会话选择多个候选对，每选择一个候选对都会通知受控代理，两端同时使用新的候选对尝试建立连接。

当控制代理发送完所有的候选项时，需要通知对等端，做法是将 RTCIceCandidate.candidate 属性设置为空字符串，调用 addIceCandidate() 方法将 RTCIceCandidate 加入 ICE 连接。

当 ICE 协商完成后，当前正在使用的候选对即为最终配对结果。如果出现 ICE 重新协商，则重新开始配对。需要注意的是，由于网络连接配置可能发生变化（如切换网络），每次最终配对的结果可能不同。

RTCIceCandidate.transport.role 属性指出了当前 ICE 的代理角色，代理角色的控制由 WebRTC 自动完成，通常不需要我们关注它。

6. ICE 重启

使用 WebRTC 的应用程序时，网络环境经常会发生变化，比如用户可能从 Wi-Fi 切换到移动网络，或者从移动网络切换到 Wi-Fi，网络故障导致的闪断现象也时有发生。

当出现网络切换或者网络中断的情况时，需要重新协商网络连接，协商过程与最初建立连接相同，这个过程称为 ICE 重启。ICE 重启能够确保媒体流的传输不会中断，实现平滑的网络切换。

关于 ICE 重启的使用示例，参见第 4 章。

7. ICE Trickle

在实际使用过程中，ICE 技术存在的一个问题是呼叫建连很慢，原因是 ICE 协商过程耗费了过多时间。客户端在发起呼叫时先与 STUN 服务器通信，从 STUN 服务器获取映射候选地址和中继候选地址，加上本地候选地址，构造三类 ICE 候选。之后把这三类候选放到 SDP 属性中（a=*），完成这个动作后才实际发起 SDP 提案（offer）请求。接收者经过同样的过程，待两边都收到对方完整的 SDP 信息后才开始进行实际的 P2P 建连。建连要发生在所有候选都获取完后，造成大量时间浪费，所以为了加快通话建立的速度，建议把连通性检测提前，即 ICE Trickle 方案。该方案的思想是客户端一边收集候选一边发送给对方，比如本地候选不需要通过 STUN 服务获取，直接就可以发起，这样节省了连通性检测的时间。

在 WebRTC 中使用 ICE Trickle，需要在对象 RTCPeerConnection 监听事件 icecandidate。WebRTC 完成本地 ICE 候选者的搜集后，会触发该事件，该事件对象中包含 candidate 属性，然后使用信令服务器将 candidate 传送给对等端。

WebRTC 使用 ICE Trickle 的示例如代码清单 3-4 所示。

代码清单3-4　WebRTC使用ICE Trickle

```
// 在RTCPeerConnection对象中监听icecandidate
peerConnection.addEventListener('icecandidate', event => {
  if (event.candidate) {
    signalingChannel.send({'new-ice-candidate': event.candidate});
  }
});
// 在信令服务器上监听对等端的ICE信息，并将ICE信息加入本地RTCPeerConnection
signalingChannel.addEventListener('message', async message => {
  if (message.iceCandidate) {
    try {
      await peerConnection.addIceCandidate(message.iceCandidate);
    } catch (e) {
      console.error('Error adding received ice candidate', e);
    }
  }
});
```

3.7　搭建 STUN/TURN 服务器

WebRTC 开源社区提供了一个较为成熟的项目 coturn 来实现 STUN/TURN 服务。coturn 项目的开源地址如下。

```
https://github.com/coturn/coturn.git
```

在 coturn 项目主页里，可以下载最新源代码，并对源代码进行编译，如代码清单 3-5 所示。

代码清单3-5　源码编译turnserver

```
$ tar xvfz turnserver-<...>.tar.gz
$ ./configure
$ make
$ make install
```

在编译过程中，如果当前服务器缺少编译所必须的依赖库，编译可能会失败。可以使用系统自带的包管理器进行安装，包管理器会自动处理包依赖关系。

在 ubuntu 服务器上，使用 apt-get 安装 coturn 服务，如代码清单 3-6 所示。

代码清单3-6　使用apt-get安装coturn

```
~# apt update
~# apt search coturn
Sorting... Done
Full Text Search... Done
coturn/bionic-updates,bionic-security,now 4.5.0.7-1ubuntu2.18.04.1 amd64
  TURN and STUN server for VoIP
~# apt install coturn
```

使用 coturn 时，需要注意以下事项。

- ❑ coturn 支持多种数据存储方式，默认采用 sqlite，数据库文件地址为 /var/lib/turn/turndb。
- ❑ coturn 的配置文件默认位于 /etc/turnserver.conf 下，可以通过命令行 -c 参数指定配置文件。
- ❑ 由于 WebRTC 使用 long-term 的认证机制，所以启动 coturn 时必须指定 -a 选项（或者 --lt-cred-mech）。
- ❑ WebRTC 要求不能使用匿名访问模式，必须通过 turnadmin 工具创建用户名及密码。
- ❑ 指定 -r 选项，设置默认域 (realm)。
- ❑ 指定 -f 选项。
- ❑ 使用 -v 选项可以方便地查看当前连接的客户端信息。
- ❑ 如果你的服务器位于 NAT 网络中，则需要提供外部 IP 地址，可以用命令行 -X 选项指定，也可以在配置文件里指定。大部分云主机都位于 NAT 网络中，需要指定外部 IP。
- ❑ 需要提供 HTTPS 证书。

代码清单 3-7 是启动 coturn 服务的代码。

代码清单3-7　启动coturn服务

```
// 以后台方式运行
~# coturn -afo
// 添加用户
~# turnadmin -a -u liwei -r liweix.com -p password123
// 使用telnet命令查看turnserver的运行状态
~# telnet 127.0.0.1 5766
// 查看客户端连接信息
~# turnserver -v
```

turnserver.conf 文件示例如代码清单 3-8 所示。

代码清单3-8　turnserver.conf文件

```
external-ip=[外部IP地址]
realm=liweix.com
cert=/usr/local/ssl/liweix_com.pem
pkey=/usr/local/ssl/liweix_com.key
cli-password=qwerty
```

至此，STUN/TURN 服务器搭建完毕。

STUN 协议规范定义了一些错误码，当 ICE 协商失败时，可以使用这些错误码诊断失败原因，如表 3-5 所示。

表 3-5　STUN 错误码

错误码	说　　明
300	将本次请求重定向到另外一个可替代的服务

（续）

错误码	说　　明
400	错误请求
401	未授权
403	禁止访问
420	未知属性
437	服务器端已经收到请求，但是配额不匹配
438	NONCE 失效
441	credentials 错误
442	传输协议不支持
486	用户配额达到上限
500	服务器错误
508	服务器达到了性能瓶颈

3.8　本章小结

　　WebRTC 作为一套应用层的实时通信框架，对众多底层传输技术做了整合，这些技术诞生于 WebRTC 之前，并且已经在其他应用场景中得到了验证。

　　为了帮助读者更好地理解和使用 WebRTC 的 API，本章对这些底层传输技术的主要内容进行了介绍。每一项技术如果展开介绍，都会涉及众多内容，而本章并不想脱离 WebRTC 的主题，所以如果读者有兴趣深入了解某项技术，请查阅相关的 IETF 规范文档。

　　我们将在下一章介绍 WebRTC 如何使用这些传输技术进行连接管理。

连接管理

WebRTC 对实时传输和编解码技术进行了封装及优化，在浏览器中内置对 RTP 的支持，降低了技术难度，简化了开发流程，使得实时通信技术的应用更加广泛。WebRTC 对媒体质量及网络传输进行了优化，即使在较差的网络环境下，也能出色地进行实时通信，优化内容具体包括如下几项。

❑ 丢包隐藏。

❑ 回声消除。

❑ 带宽自动适应。

❑ 动态抖动缓冲。

❑ 自动增益控制。

❑ 降噪抑制。

❑ 画质优化。

开发人员使用 WebRTC API 时，可以通过 RTCPeerConnection 接口控制是否启用这些优化，并设置相应的参数。

RTCPeerConnection 是 WebRTC 实现网络连接、媒体管理、数据管理的统一接口，这个接口包含了众多内容，其中连接管理是 RTCPeerConnection 最基础的功能，负责建立 P2P 连接，并管理连接的状态，本章先从这部分开始讲起。

4.1 WebRTC 建立连接的过程

当用户 A 向用户 B 发起 WebRTC 呼叫时，A 首先创建自己的会话描述信息（SD），我们称之为提案（offer），之后 A 通过信令服务器将会话描述发送给 B。B 同样创建自己的会话描述信息，我们称之为应答（answer），B 通过信令服务器将其发送给 A。这个交换过程由 ICE 控制，即使是在复杂的网络环境下，ICE 也能确保会话描述交换顺利完成。

现在 A 和 B 都拥有了自己和对方的会话描述信息，在媒体交换格式方面达成了一致，连接成功，接下来就可以传输媒体数据了。

当会话环境发生变化（比如网络切换、更改编码格式等）时，以上过程还需要重新来过，我们将这一过程称作 ICE 重新协商或者 ICE 重启。

A 和 B 通过信令服务器交换会话描述信息，建立网络连接的过程如图 4-1 所示。

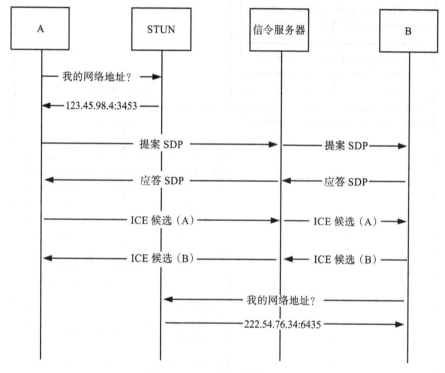

图 4-1　ICE 建立连接的过程

我们结合 WebRTC 的 API 来详细描述这个过程，为了突出重点，此处略去了信令服务器，如图 4-2 所示。

A 作为呼叫方，首先获取本地媒体流，调用 addTrack() 方法将媒体流加入 RTCPeerConnection 中，这样做是为了随后调用 createOffer() 方法创建本地会话描述时能够包含媒体信息。

如果会话描述里没有媒体信息会怎样？通常网络连接可以正常建立，但是因为没有媒体信息，无法交换媒体流，所以不能进行音视频通话。在建立网络连接后再调用 addTrack() 方法添加媒体轨道，则需要重新协商。

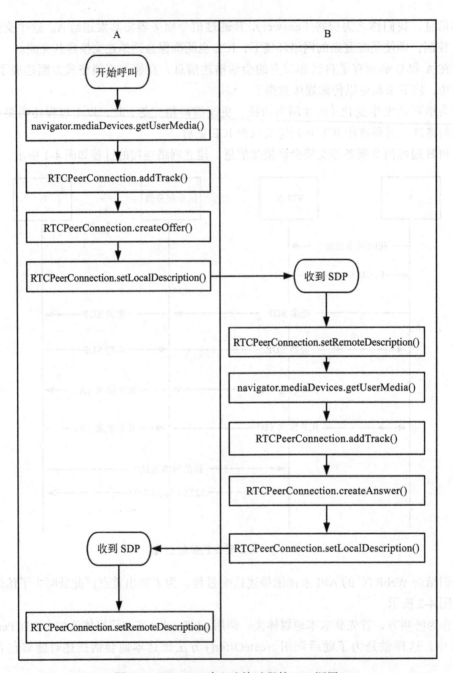

图 4-2　WebRTC 建立连接过程的 API 调用

A 调用 createOffer() 方法创建提案，调用 setLocalDescription() 方法将提案设置为本地会话描述并传递给 ICE 层。我们在本章的后续内容还会讲到，A 也可以不调用 createOffer() 方法，但这并不是说 A 就不用创建本地会话描述信息了，而是因为 setLocalDescription() 方法如果不带参数，会默认调用 createOffer() 方法。

A 从 localDescription 属性获取刚刚创建的会话描述信息，并通过信令服务器发送给 B。

B 作为被呼叫方，从信令服务器收到 A 发送过来的会话描述信息。B 判断这是对等端的提案，调用 setRemoteDescription() 方法将提案传递给 ICE 层。与 A 的流程相似，B 获取媒体流，调用 addTrack() 方法加入 RTCPeerConnection。

B 调用 createAnswer() 方法创建应答，调用 setLocalDescription() 方法将应答设置为本地会话描述并传递给 ICE 层。注意，B 同样可以不调用 createAnswer 方法 ()，而是直接为 setLocalDescription() 方法传递空值，这里依然利用了 setLocalDescription() 方法的默认特性。

不管是否调用了 createAnswer() 方法，B 都可以从 localDescription 属性获取刚刚创建的会话描述信息，并同样通过信令服务器发送给 A。

通过调用这些 API，我们将建立实时通信所必需的信息传递给 WebRTC。通过第 3 章的学习我们了解到，底层传输层面有大量的复杂工作要做，这一切都只需要交给 WebRTC 建立网络连接、交换媒体信息，如果出错，WebRTC 会抛出错误信息。

4.1.1　会话描述信息 RTCSessionDescription

建立 WebRTC 的关键是会话描述信息的交换与设置，数据结构 RTCSessionDescription 用于描述会话描述信息，其定义如代码清单 4-1 所示。

代码清单4-1　RTCSessionDescription相关定义

```
interface RTCSessionDescription {
  constructor(optional RTCSessionDescriptionInit descriptionInitDict = {});
  readonly attribute RTCSdpType type;
  readonly attribute DOMString sdp;
  [Default] object toJSON();
};
enum RTCSdpType {
  "offer",
  "pranswer",
  "answer",
  "rollback"
};
```

在 RTCSessionDescription 的属性中，type 用于指定会话描述信息的种类，其类型为 RTCSdpType，sdp 代表会话描述信息的字符串。

1. 构造函数的参数 RTCSessionDescriptionInit

RTCSessionDescription 的构造函数包含了一个可选参数 descriptionInitDict，类型为 RTCSessionDescriptionInit，定义如代码清单 4-2 所示。

代码清单4-2　RTCSessionDescriptionInit 的定义

```
dictionary RTCSessionDescriptionInit {
  RTCSdpType type;
  DOMString sdp = "";
};
```

RTCSessionDescriptionInit 包含属性 type 和 sdp，与 RTCSessionDescription 一致。

2. RTCSdpType 枚举值

SDP 的种类在 RTCSdpType 中定义，枚举值说明如表 4-1 所示。

表 4-1　RTCSdpType 枚举值说明

枚举值	说　　明
offer	SDP 提案
pranswer	SDP 应答，但不是最终的应答
answer	SDP 最终应答
rollback	回滚，取消当前的 SDP 协商，回退到上一个稳定状态

4.1.2　pending 状态与 current 状态

WebRTC 使用 pending 和 current 两种状态区分协商过程以及正在使用的会话描述信息。

current 状态代表双方已经协商通过，实际在用的会话描述，通过属性 RTCPeerConnection.currentLocalDescription 和 RTCPeerConnection.currentRemoteDescription 获 取 current 状态的 SDP 信息。

pending 状态代表双方正处于协商状态，通过属性 RTCPeerConnection.pendingLocalDescription 和 RTCPeerConnection.pendingRemoteDescription 获取 pending 状态的 SDP 信息。

当 使 用 RTCPeerConnection.localDescription 和 RTCPeerConnection.remoteDescription 获取会话描述时，返回值取决于当前状态。如果当前会话已经协商通过，则返回 current 状态的值；如果当前仍处于协商状态，则返回 pending 状态的值。

我们在建立连接过程中调用 setLocalDescription() 或 setRemoteDescription() 方法，传入的会话描述会被马上设置为 pending 的对应值。如果协商通过，连接成功建立，pending 的对应值变为 current 的对应值，而 pending 则被置为空，表示没有处于等待状态的会话描述了。

WebRTC 通过 pending 和 current 两种状态的切换实现了安全回退操作，如果协商未通过，则仍然可以继续使用 current 对应的会话描述。

4.1.3　ICE 候选者 RTCIceCandidate

WebRTC 使用 ICE 候选者来确定在两端建立网络连接的最佳路径，通常在会话描述信息里包含 ICE 候选者的信息。ICE 候选者也可以通过信令服务器单独发送，在接收端调用 addIceCandidate() 方法将收到的 ICE 候选者传递给 ICE 代理层，我们在 3.6 节的 ICE Trickle 中对这个过程进行过解释。

WebRTC 使用 RTCIceCandidate 代表 ICE 候选者，其定义如代码清单 4-3 所示。

代码清单4-3 RTCIceCandidate的定义

```
interface RTCIceCandidate {
  constructor(optional RTCIceCandidateInit candidateInitDict = {});
  readonly attribute DOMString candidate;
  readonly attribute DOMString? sdpMid;
  readonly attribute unsigned short? sdpMLineIndex;
  readonly attribute DOMString? foundation;
  readonly attribute RTCIceComponent? component;
  readonly attribute unsigned long? priority;
  readonly attribute DOMString? address;
  readonly attribute RTCIceProtocol? protocol;
  readonly attribute unsigned short? port;
  readonly attribute RTCIceCandidateType? type;
  readonly attribute RTCIceTcpCandidateType? tcpType;
  readonly attribute DOMString? relatedAddress;
  readonly attribute unsigned short? relatedPort;
  readonly attribute DOMString? usernameFragment;
  RTCIceCandidateInit toJSON();
};
```

RTCIceCandidate 的属性说明如表 4-2 所示。

表 4-2 RTCIceCandidate 属性说明

属　　性	说　　明
candidate	包含 ICE 候选者信息的字符串
sdpMid	包含了媒体源的 identification-tag，是与 candidate 关联的媒体源的唯一标识，与 sdpMLineIndex 不能同时为空
sdpMLineIndex	与 candidate 关联的媒体索引值，与 sdpMid 不能同时为空
foundation	创建标识，用于关联 RTCIceTransport 中的多个候选者
component	候选者使用的网络组件，值为 1 表示 RTP 协议，值为 2 表示 RTCP 协议
priority	候选者的优先级
address	候选者的网络地址，可以是 IPv4、IPv6 或域名，对应 SDP 中的属性名 connection-address
protocol	候选者使用的网络协议——UDP 或者 TCP，对应 SDP 中的属性名 candidate-attribute
port	候选者使用的端口
type	候选者种类，对应 SDP 中的属性名 candidate-types
tcpType	当使用的协议是 TCP 时，tcpType 指示 TCP 候选者的种类
relatedAddress	候选者关联的 IP 地址，如中继地址
relatedPort	候选者关联的端口
usernameFragment	ICE 用户名，对应 SDP 中的属性名 ice-ufrag

1. RTCIceCandidateType 定义

ICE 候选者种类对应的数据结构 RTCIceCandidateType 的定义如代码清单 4-4 所示。

代码清单4-4 RTCIceCandidateType的定义

```
enum RTCIceCandidateType {
  "host",
  "srflx",
  "prflx",
  "relay"
};
```

RTCIceCandidateType 定义了 4 种候选者种类，如表 4-3 所示。

表 4-3 RTCIceCandidateType 枚举值说明

候选者种类	说　　明
host	本机候选者
srflx	映射候选者
prflx	来自对称 NAT 的映射候选者
relay	中继候选者

2. RTCIceCandidateInit 定义

RTCIceCandidate 的构造函数接受一个可选参数 candidateInitDict，其类型是 RTCIceCand-idateInit，定义如代码清单 4-5 所示。

代码清单4-5 RTCIceCandidateInit的定义

```
dictionary RTCIceCandidateInit {
  DOMString candidate = "";
  DOMString? sdpMid = null;
  unsigned short? sdpMLineIndex = null;
  DOMString? usernameFragment = null;
};
```

RTCIceCandidateInit 包含了部分 RTCIceCandidate 的属性，其属性说明见上文。

4.2　RTCPeerConnection 接口

WebRTC 使用 RTCPeerConnection 接口来管理对等连接，该接口提供了建立、管理、监控、关闭对等连接的方法。

RTCPeerConnection 接口的定义如代码清单 4-6 所示。

代码清单4-6 RTCPeerConnection接口定义

```
interface RTCPeerConnection : EventTarget {
```

```
constructor(optional RTCConfiguration configuration = {});
static Promise<RTCCertificate> generateCertificate(AlgorithmIdentifier keygenAlg-
    orithm);
Promise<RTCSessionDescriptionInit> createOffer(optional RTCOfferOptions options = {});
Promise<RTCSessionDescriptionInit> createAnswer(optional RTCAnswerOptions opti-
    ons = {});
Promise<void> setLocalDescription(optional RTCSessionDescriptionInit description =
    {});
readonly attribute RTCSessionDescription? localDescription;
readonly attribute RTCSessionDescription? currentLocalDescription;
readonly attribute RTCSessionDescription? pendingLocalDescription;
Promise<void> setRemoteDescription(optional RTCSessionDescriptionInit description =
    {});
readonly attribute RTCSessionDescription? remoteDescription;
readonly attribute RTCSessionDescription? currentRemoteDescription;
readonly attribute RTCSessionDescription? pendingRemoteDescription;
Promise<void> addIceCandidate(optional RTCIceCandidateInit candidate = {});
readonly attribute RTCSignalingState signalingState;
readonly attribute RTCIceGatheringState iceGatheringState;
readonly attribute RTCIceConnectionState iceConnectionState;
readonly attribute RTCPeerConnectionState connectionState;
readonly attribute boolean? canTrickleIceCandidates;
void restartIce();
RTCConfiguration getConfiguration();
void setConfiguration(optional RTCConfiguration configuration = {});
void close();
attribute EventHandler onnegotiationneeded;
attribute EventHandler onicecandidate;
attribute EventHandler onicecandidateerror;
attribute EventHandler onsignalingstatechange;
attribute EventHandler oniceconnectionstatechange;
attribute EventHandler onicegatheringstatechange;
attribute EventHandler onconnectionstatechange;
```

下面我们将详细讨论 RTCPeerConnection 的构造函数、属性和方法。

4.2.1　构造函数 RTCPeerConnection

该构造函数返回一个新创建的 RTCPeerConnection 对象，代表本地与对等端的一个连接。

```
pc = new RTCPeerConnection([configuration]);
```

❑ 参数：configuration，可选参数，是一个类型为 RTCConfiguration 的字典对象，提供了创建新连接的配置选项。

❑ 返回值：RTCPeerConnection 对象。

代码清单 4-7 创建了一个 RTCPeerConnection 对象，并在参数中指定了 TURN 和 STUN 的地址信息，其中 TURN 服务器地址提供了用户名和密码。

代码清单4-7　RTCPeerConnection构造函数示例

```
const iceConfiguration = {
```

```
iceServers: [
  {
    urls: 'turn:my-turn-server.mycompany.com:19403',
    username: 'optional-username',
    credentials: 'auth-token'
  },
  {
    urls: [
      "stun:stun.example.com",
      "stun:stun-1.example.com"
    ]
  }
]
}
const peerConnection = new RTCPeerConnection(iceConfiguration);
```

　　出于网络安全性的考虑，通常为 TURN 服务器指定用户名和密码，这需要在 configuration 参数中指定相应的 username 和 credentials。

4.2.2　连接配置 RTCConfiguration

　　RTCConfiguration 提供了创建 RTCPeerConnection 对象的配置选项，其定义如代码清单 4-8 所示。

代码清单4-8　RTCConfiguration的定义

```
dictionary RTCConfiguration {
  sequence<RTCIceServer> iceServers;
  RTCIceTransportPolicy iceTransportPolicy;
  RTCBundlePolicy bundlePolicy;
  RTCRtcpMuxPolicy rtcpMuxPolicy;
  sequence<RTCCertificate> certificates;
  [EnforceRange] octet iceCandidatePoolSize = 0;
};
```

　　RTCConfiguration 的属性说明如表 4-4 所示。

表 4-4　RTCConfiguration 的属性说明

属　　性	类　　型	说　　明
iceServers	sequence<RTCIceServer>	可选参数，包含 STUN 和 TURN 服务器信息的数组
iceTransportPolicy	RTCIceTransportPolicy	可选参数，指定传输策略，默认值为 all。RTCIceTransportPolicy 为枚举类型，枚举值如下：1）relay，流量全部通过 TURN 服务转发；2）all，使用任意类型的网络候选，这是 WebRTC 的默认策略
bundlePolicy	RTCBundlePolicy	可选参数，指定 ICE 协商过程中的媒体绑定策略，默认值为 balanced
rtcpMuxPolicy	RTCRtcpMuxPolicy	RTCP 多路复用策略，当前唯一取值为 require，其含义是仅为 RTP 和 RTCP 收集 ICE 候选者，如果对等端不支持 rtcp-mux，则协商失败

（续）

属　　性	类　　型	说　　明
certificates	sequence<RTCCertificate>	可选参数，包含证书的数组。如果该参数未指定，WebRTC 将自动为每一个连接创建一套证书
iceCandidatePoolSize	octet	可选参数，指定了 ICE 预取池的大小，默认值为 0，表示关闭 ICE 预取。通常开启 ICE 预取功能，以加速建立连接过程

1. RTCIceServer 定义

RTCIceServer 定义了如何连接 STUN/TURN 服务器，包含 URL 路径及认证信息，其数据结构定义如代码清单4-9 所示。

代码清单4-9　RTCIceServer的定义

```
dictionary RTCIceServer {
    required (DOMString or sequence<DOMString>) urls;
    DOMString username;
    DOMString credential;
    RTCIceCredentialType credentialType = "password";
};
```

RTCIceServer 的属性说明如表 4-5 所示。

表 4-5　RTCIceServer 的属性说明

属　　性	类　　型	说　　明
urls	字符串或者字符串数组	必选参数，为 STUN 或 TURN 的服务器地址
username	字符串	可选参数，为 TURN 服务器指定的用户名
credential	字符串	可选参数，为 TURN 服务器指定的密码
credentialType	RTCIceCredentialType	可选参数，为 TURN 服务器指定的认证方式，默认是 password

 注意　RTCPeerConnection 中的 urls 参数指定了 STUN/TURN 服务器地址，WebRTC 会逐一对这些地址尝试建立连接，如果指定的地址过多，将会显著增加 P2P 建立连接时间。

2. RTCBundlePolicy 定义

如果对等端不支持绑定，绑定策略将影响协商哪些媒体轨道，以及收集哪些 ICE 候选者。如果对等端支持绑定，则所有媒体轨道和数据通道都绑定在同一传输通道上。RTCBundlePolicy 的定义如代码清单 4-10 所示。

代码清单4-10　RTCBundlePolicy的定义

```
enum RTCBundlePolicy {
    "balanced",
    "max-compat",
    "max-bundle"
};
```

RTCBundlePolicy 的枚举值说明如表 4-6 所示。

表 4-6　RTCBundlePolicy 枚举值说明

枚举值	说　　明
balanced	如果对等端不支持绑定，则为每个音视频轨道单独建立一个传输通道
max-compat	如果对等端不支持绑定，则所有媒体轨道使用同一个传输通道
max-bundle	如果对等端不支持绑定，则只选择一个媒体轨道进行协商，并且只发送一个

3. RTCCertificate 定义

RTCCertificate 接口代表了 WebRTC 通信认证的证书，定义如代码清单 4-11 所示。

代码清单4-11　RTCCertificate的定义

```
interface RTCCertificate {
  readonly attribute DOMTimeStamp expires;
  sequence<RTCDtlsFingerprint> getFingerprints();
};
dictionary RTCDtlsFingerprint {
  DOMString algorithm;
  DOMString value;
};
```

在 RTCCertificate 的属性中，expires 的单位是毫秒，表示证书过期时间，使用过期证书构造 RTCPeerConnection 将返回失败。

getFingerprints() 方法返回证书指纹数组，数组成员类型为 RTCDtlsFingerprint。在 RTCDtlsFingerprint 中，algorithm 是计算指纹数据用到的哈希算法，value 是以小写十六进制字符串表示的指纹数据，使用 generateCertificate() 方法可以创建证书，但我们通常不需要为 WebRTC 指定证书，WebRTC 将自动为每一个连接创建一套证书。

4.2.3　RTCPeerConnection 接口的属性

1. canTrickleIceCandidates 只读

该属性表示对等端是否支持 ICE Trickle，类型为布尔，值为 true 表示支持，值为 false 表示不支持。

关于 ICE Trickle 的说明参见第 3 章。目前大部分支持 WebRTC 的浏览器，也都支持 ICE Trickle，如果不确定是否支持，可以检查该值进行判断。若值为 false，则需要等待 iceGatheringState 值变为 completed 才能开始获取本地会话描述信息，此时已经完成了 ICE 候选者的收集，会话描述里包含所有的候选者。该属性由 RTCPeerConnection.setRemote-Description() 方法设置，所以必须在此方法成功调用后才能获取。

代码清单 4-12 演示了属性 canTrickleIceCandidates 的使用方法。该示例首先创建了 RTCPeerConnection 对象 pc，调用 setRemoteDescription() 方法设置从信令服务器收到的会话描述信息 remoteOffer，创建并设置本地会话描述 answer，成功后获取属性 canTrickleIce-Candidates 值并判断对等端是否支持 ICE Trickle，如果支持则获取本地会话描述并回复给对等端。注意，该会话描述只包含已收集的候选者，候选收集过程并没有结束，新的候选者仍然需要发送到对等端。如果不支持则等待 icegatheringstatechange 事件，待全部完成 ICE 候选者收集后再获取本地会话描述并回复给对等端。

代码清单4-12　canTrickleIceCandidates示例

```
const pc = new RTCPeerConnection();
pc.setRemoteDescription(remoteOffer)
  .then(() => pc.createAnswer())
  .then(answer => pc.setLocalDescription(answer))
  .then(_ =>
    if (pc.canTrickleIceCandidates) {
      return pc.localDescription;
    }
    return new Promise(resolve => {
      pc.addEventListener('icegatheringstatechange', e => {
        if (e.target.iceGatheringState === 'complete') {
          resolve(pc.localDescription);
        }
      });
    });
  })
  .then(answer => sendAnswerToPeer(answer))
  .catch(e => handleError(e));

pc.addEventListener('icecandidate', e => {
  if (pc.canTrickleIceCandidates) {
    sendCandidateToPeer(e.candidate);
  }
});
```

ICE Trickle 流程要求只要收集到新的 ICE 候选者，就马上发送给对等端，所以该示例监听了 icecandidate 事件，在该事件中将新的 ICE 候选者发送给对等端。

2. signalingState 只读

该属性表示建立连接过程中 ICE 地址收集的状态，类型为 RTCSignalingState。可以通过事件 signalingstatechange 探测该属性值的变化。RTCSignalingState 的定义如代码清单 4-13 所示。

代码清单4-13　RTCSignalingState的定义

```
enum RTCSignalingState {
  "stable",
  "have-local-offer",
  "have-remote-offer",
  "have-local-pranswer",
  "have-remote-pranswer",
  "closed"
};
```

WebRTC 中信号处理使用的是状态机，所以可以通过检查信号状态排查错误。如果收到了应答，但是 signalingState 值不是 have-local-offer，这时候就知道是哪儿出错了，因为只有创建、设置（setLocalDescription）了本地提案并将提案发送给对等端，才有可能收到应答。这时候检查代码，就能找出导致状态错乱的问题。

RTCSignalingState 包含的枚举值是字符串常量，说明如表 4-7 所示。

表 4-7　RTCSignalingState 枚举常量说明

枚举值	说　明
stable	没有进行中的 SDP 交换。这种情况出现在：1）RTCPeerConnection 刚刚创建，还没有开始 SDP 交换；2）协商已经完成，连接成功建立
have-local-offer	已经创建了本地提案，并成功调用了 setLocalDescription() 方法
have-remote-offer	收到了对等端的提案，并成功调用了 setRemoteDescription() 方法
have-local-pranswer	已经创建了本地应答，并成功调用了 setLocalDescription() 方法
have-remote-pranswer	收到了对等端的应答，并成功调用了 setRemoteDescription() 方法
closed	连接已关闭

signalingState 状态转换机制如图 4-3 所示。

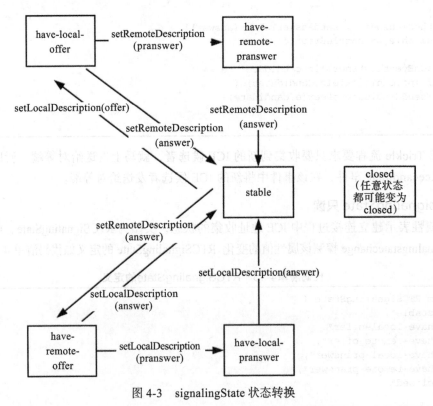

图 4-3　signalingState 状态转换

3. iceGatheringState 只读

该属性表示建立连接过程中信号处理的状态，类型为 RTCIceGatheringState。可以通过事件 icegatheringstatechange 探测该属性值的变化。RTCIceGatheringState 的定义如代码清单 4-14 所示。

代码清单4-14　RTCIceGatheringState的定义

```
enum RTCIceGatheringState {
  "new",
  "gathering",
  "complete"
};
```

RTCIceGatheringState 包含的枚举值是字符串常量，枚举值说明如表 4-8 所示。

表 4-8　RTCIceGatheringState 枚举值说明

枚举值	说　　明
new	RTCPeerConnection 中的 RTCIceTransport 至少有一个处于 new 状态，并且都没有处于 gathering 状态
gathering	RTCPeerConnection 中至少有一个 RTCIceTransport 处于 gathering 状态
complete	RTCPeerConnection 中所有的 RTCIceTransport 都处于 complete 状态

关于 RTCIceTransport 的状态说明见第 5 章。

4. iceConnectionState 只读

该属性表示与对等连接关联的 ICE 代理的状态，类型为 RTCIceConnectionState。可以通过事件 iceconnectionstatechange 探测该属性值的变化。RTCIceConnectionState 的定义如代码清单 4-15 所示。

代码清单4-15　RTCIceConnectionState的定义

```
enum RTCIceConnectionState {
  "closed",
  "failed",
  "disconnected",
  "new",
  "checking",
  "completed",
  "connected"
};
```

RTCIceConnectionState 包含的枚举值是字符串常量，枚举值说明如表 4-9 所示。

表 4-9　RTCIceConnectionState 枚举值说明

枚举值	说　　明
new	所有 RTCIceTransport 对象都处于 new 或 closed 状态

（续）

枚举值	说　　明
checking	任意一个 RTCIceTransport 对象处于 checking 或 new 状态
connected	所有 RTCIceTransport 对象都处于 connected、completed 或 closed 状态
completed	所有 RTCIceTransport 对象都处于 completed 或 closed 状态
disconnected	任意一个 RTCIceTransport 对象处于 disconnected 状态
failed	任意一个 RTCIceTransport 对象处于 failed 状态
closed	RTCPeerConnection 对象处于关闭状态

RTCIceConnectionState 状态转换机制如图 4-4 所示。

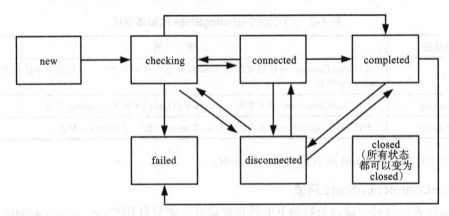

图 4-4　RTCIceConnectionState 状态转换

5. connectionState 只读

该属性表示对等连接当前的状态，类型为 RTCPeerConnectionState。通过事件 connection-statechange 可以探测该属性值的变化。RTCPeerConnectionState 的定义如代码清单 4-16 所示。

代码清单4-16　RTCPeerConnectionState的定义

```
enum RTCPeerConnectionState {
  "closed",
  "failed",
  "disconnected",
  "new",
  "connecting",
  "connected"
};
```

RTCPeerConnectionState 包含的枚举值是字符串常量，枚举值说明如表 4-10 所示。

表 4-10　RTCPeerConnectionState 枚举值说明

枚举值	说　　明
closed	RTCPeerConnection 对象处于关闭状态
failed	任意一个 RTCIceTransport 或 RTCDtlsTransport 处于 failed 状态
disconnected	任意一个 RTCIceTransport 处于 disconnected 状态
new	所有 RTCIceTransport 和 RTCDtlsTransport 都处于 new 或 closed 状态，或者当前没有传输通道
connecting	任意一个 RTCIceTransport 处于 checking 状态，或者任意一个 RTCDtlsTransport 处于 connecting 状态
connected	所有 RTCIceTransport 都处于 connected、completed、closed 三种状态之一，并且所有 RTCDtls-Transport 都处于 connected 或 closed 状态

关于 RTCDtlsTransport 和 RTCIceTransport 的状态说明参见 5.7 节和 5.8 节。

6. currentLocalDescription 只读

该属性表示上一次 RTCPeerConnection 成功建立连接时使用的本地会话描述，类型为 RTCSessionDescription。该属性与 localDescription 的区别见 4.1.2 节。代码清单 4-17 获取了 currentLocalDescription 并使用 alert 显示 type 和 sdp 值。

代码清单4-17　currentLocalDescription示例

```
const pc = new RTCPeerConnection();
const sd = pc.currentLocalDescription;
if (sd) {
  alert("Local session: type='" +
        sd.type + "'; sdp description='" +
        sd.sdp + "'");
} else {
  alert("No local session yet.");
}
```

7. currentRemoteDescription 只读

该属性表示上一次 RTCPeerConnection 成功建立连接时使用的对等端会话描述，类型为 RTCSessionDescription。该属性与 remoteDescription 的区别见 4.1.2 节。代码清单 4-18 获取了 currentRemoteDescription 并使用 alert 显示 type 和 sdp 值。

代码清单4-18　currentRemoteDescription示例

```
const pc = new RTCPeerConnection();
const sd = pc.currentRemoteDescription;
if (sd) {
  alert("Local session: type='" +
        sd.type + "'; sdp description='" +
        sd.sdp + "'");
} else {
```

```
    alert("No local session yet.");
  }
```

8. pendingLocalDescription 只读

该属性表示处于等待协商状态中的本地会话描述，类型为 RTCSessionDescription，与 localDescription 的区别见 4.1.2 节。

9. pendingRemoteDescription 只读

该属性表示处于等待协商状态中的对等端会话描述，类型为 RTCSessionDescription。该属性与 remoteDescription 的区别见 4.1.2 节。

10. localDescription 只读

该属性表示当前本地会话描述，类型为 RTCSessionDescription。该属性由 setLocalDescription() 方法设置，如果在未成功调用 setLocalDescription() 方法之前获取该属性，则返回空值。

11. remoteDescription 只读

该属性表示当前对等端会话描述，类型为 RTCSessionDescription。该属性由 setRemoteDescription() 方法设置，如果在未成功调用方法 setRemoteDescription() 之前获取该属性，则返回空值。

4.2.4 RTCPeerConnection 接口的方法

1. generateCertificate() 静态方法

WebRTC 要求两端的通信必须基于安全连接，在 RTCConfiguration 里为安全连接提供证书，如果当前没有证书，则可以调用该方法创建证书。

```
const cert = RTCPeerConnection.generateCertificate(keygenAlgorithm)
```

❑ 参数：keygenAlgorithm，指定创建证书使用的算法。

❑ 返回值：RTCCertificate 对象。

代码清单 4-19 创建证书并在新建连接中使用证书。注意为 generateCertificate() 方法传入参数的格式和取值，目前大部分浏览器都支持 RSASSA-PKCS1-v1_5 算法。

代码清单4-19　generateCertificate()方法示例

```
RTCPeerConnection.generateCertificate({
  name: 'RSASSA-PKCS1-v1_5',
  hash: 'SHA-256',
  modulusLength: 2048,
  publicExponent: new Uint8Array([1, 0, 1])
}).then((cert)  => {
  const  pc = new RTCPeerConnection({certificates: [cert]});
});
```

2. addIceCandidate() 方法

WebRTC 应用从信令服务器收到来自对等端的 ICE 候选者信息后，调用该方法将候选者信息通知给本地 ICE 代理层。

```
aPromise = pc.addIceCandidate(candidate);
```

- ❏ 参数：candidate，可选参数，类型为 RTCIceCandidateInit 或者 RTCIceCandidate。如果该参数为 null，或者传入的对象参数中没有包含 candidate 属性，则意味着对等端没有更多 ICE 候选者信息。
- ❏ 返回值：无决议值的 Promise 对象。
- ❏ 异常：如果该方法调用出错，会抛出如表 4-11 所示的异常。

表 4-11　addIceCandidate 调用异常

异常名称	说　　明
TypeError	传入的参数中，属性 sdpMid 和 sdpMLineIndex 同时为空
InvalidStateError	RTCPeerConnection 还没有收到对等端的 SDP 信息，remoteDescription 为空
OperationError	以下原因都可能导致该错误：1）sdpMid 不为空，但是与 remoteDescription 不匹配；2）sdpMLineIndex 索引值越界；3）ufrag 不为空，但是与 remoteDescription 不匹配；4）candidate 字符串值无效，或者解析失败

代码清单 4-20 演示了 addIceCandidate() 方法的使用。

代码清单4-20　addIceCandidate()方法示例

```
signaling.onmessage = async ({data: {description, candidate}}) => {
  try {
    if (description) {
      await pc.setRemoteDescription(description);
      // 如果收到的是提案，则开始应答
      if (description.type == 'offer') {
        await pc.setLocalDescription();
        signaling.send({description: pc.localDescription});
      }
      // 如果收到的是ICE候选者信息，则调用addIceCandidate()方法
    } else if (candidate) {
      await pc.addIceCandidate(candidate);
    }
  } catch (err) {
    console.error(err);
  }
};
```

3. createOffer() 方法

该方法创建 SDP 提案信息，用于发起 WebRTC 连接，信息里包含已添加的媒体轨道、编码格式、浏览器支持项，以及收集到的 ICE 候选者等信息。通过信令服务器将提案信息

发送给对等端，开始进行建立连接协商。

调用该方法时，signalingState 须处于 stable 或 have-local-offer 状态，否则将导致 InvalidStateError 错误。

```
aPromise = pc.createOffer([options]);
```

❑ 参数：options，可选参数，类型为 RTCOfferOptions，包含创建提案的选项。
❑ 返回值：Promise 值，调用成功则获得类型为 RTCSessionDescriptionInit 的决议值。
❑ 异常：如果调用失败，会抛出如表 4-12 所示的异常。

表 4-12　createOffer 调用异常

异常名称	说　　明
InvalidStateError	当前 signalingState 状态为非 stable 或 have-local-offer，或当前连接已关闭
NotReadableError	没有提供安全证书，并且 WebRTC 也不能创建证书
OperationError	非上述原因导致的其他失败

可选参数 options 的类型 RTCOfferOptions 的定义如代码清单 4-21 所示。

代码清单4-21　RTCOfferOptions的定义

```
dictionary RTCOfferOptions : RTCOfferAnswerOptions {
  boolean iceRestart = false;
  boolean offerToReceiveAudio;
  boolean offerToReceiveVideo;
};
```

RTCOfferOptions 的属性说明如表 4-13 所示。

表 4-13　RTCOfferOptions 属性说明

属　　性	说　　明
iceRestart	默认为 false，表示创建的 SDP 中 ICE 候选者与 currentLocalDescription 相同；true 表示创建的 SDP 中，ICE 候选者与 currentLocalDescription 不同
offerToReceiveAudio	默认为 true，表示允许对等端发送音频；false 表示不允许对等端发送音频
offerToReceiveVideo	默认为 true，表示允许对等端发送视频；false 表示不允许对等端发送视频

代码清单 4-22 创建了提案信息，如果成功则通过信令服务器发送给对等端，如果失败则进入错误处理流程。

代码清单4-22　createOffer()方法示例

```
pc.createOffer().then((offer) => {
  return pc.setLocalDescription(offer);
}).then(() => {
  sendToServer({
```

```
    name: myUsername,
    target: targetUsername,
    type: "video-offer",
    sdp: pc.localDescription
  });
}).catch((reason) => {
  // 错误处理
});
```

4. createAnswer() 方法

该方法创建 SDP 应答信息，信息里包含已添加的媒体轨道、编码格式、浏览器支持项，以及收集到的 ICE 候选者等信息。通过信令服务器将应答信息发送给提案方，继续进行协商过程。

```
aPromise = pc.createAnswer([options]);
```

❏ 参数：options，可选参数，类型为 RTCAnswerOptions，包含创建应答的选项。
❏ 返回值：Promise 值，调用成功则获得类型为 RTCSessionDescriptionInit 的决议值。
❏ 异常：如果调用失败，会抛出如表 4-14 所示的异常。

表 4-14　createAnswer() 异常

异常名称	说　　明
NotReadableError	没有提供安全证书，并且 WebRTC 也不能创建证书
OperationError	因为资源缺失导致创建失败

可选参数 options 的类型 RTCAnswerOptions 的定义如代码清单 4-23 所示。

代码清单4-23　RTCAnswerOptions的定义

```
dictionary RTCAnswerOptions : RTCOfferAnswerOptions {};
dictionary RTCOfferOptions : RTCOfferAnswerOptions {
  boolean iceRestart = false;
};
```

代码清单 4-24 调用 createAnswer() 方法创建 SDP 应答，并通过信令服务器将应答发送给对等端，如果过程中出错，则进入错误处理流程。

代码清单4-24　createAnswer()方法示例

```
try {
  answer = await pc.createAnswer()
  await pc.setLocalDescription(answer);
  sendToServer({
    name: myUsername,
    target: targetUsername,
    type: "video-answer",
```

```
        sdp: pc.localDescription
    });
} catch (err) {
        //错误处理流程
}
```

我们在 createAnswer() 及 createOffer() 方法的示例中分别使用了 await 和 promise 两种不同的 JavaScript 调用语法，所有返回 Promise 对象的方法都支持这两种调用方式，二者没有优劣之分，读者可以结合应用场景进行选择。

5. getConfiguration() 方法

该方法返回 RTCPeerConnection 的当前配置，返回对象类型为 RTCConfiguration，配置里包含 ICE 服务器列表、传输策略和标识信息。

```
const configuration = pc.getConfiguration();
```

❑ 参数：无。

❑ 返回值：RTCConfiguration 对象。

代码清单 4-25 调用 getConfiguration() 方法获取当前连接的配置，创建新的证书并添加到证书中，再调用 setConfiguration() 方法设置新配置。

代码清单4-25　getConfiguration()方法示例

```
let configuration = pc.getConfiguration();
if ((configuration.certificates != undefined) && (!configuration.certificates.
  length)) {
  RTCPeerConnection.generateCertificate({
    name: 'RSASSA-PKCS1-v1_5',
    hash: 'SHA-256',
    modulusLength: 2048,
    publicExponent: new Uint8Array([1, 0, 1])
  }).then((cert) => {
    configuration.certificates = [cert];
    pc.setConfiguration(configuration);
  });}
```

6. setConfiguration() 方法

该方法为当前连接设置配置，通常在以下场景调用该方法。

❑ 在创建 RTCPeerConnection 时没有指定 STUN/TURN 服务器地址，随后在 ICE 协商开始前调用该方法设置 STUN/TURN 服务器地址。

❑ 替换原有的 STUN/TURN 服务器地址，然后发起 ICE restart，建立新的连接。

```
pc.setConfiguration(configuration);
```

❑ 参数：configuration，RTCConfiguration 对象，新的配置将完全替换掉旧的配置。

❑ 返回值：无。

❑ 异常：如果调用失败，会抛出如表 4-15 所示的异常。

表 4-15　setConfiguration 调用异常

异常名称	说　　明
InvalidAccessError	在 iceServers 处指定 TURN 服务器地址，但是因为用户名（RTCIceServer.username）或者密码（RTCIceServer.credentials）设置错误，导致认证失败
InvalidModificationError	peerIdentity 或者 certificates 与当前使用的不一致
InvalidStateError	当前 RTCPeerConnection 连接已关闭
SyntaxError	iceServers 地址配置出现语法错误

代码清单 4-26 设置了 TURN 服务器地址，并重新发起协商。

代码清单4-26　setConfiguration()方法示例

```
const restartConfig = {
  iceServers: [{
    urls: "turn:asia.myturnserver.net",
    username: "allie@oopcode.com",
    credential: "topsecretpassword"
  }]
};
pc.setConfiguration(restartConfig);
pc.createOffer({"iceRestart": true}).then((offer) => {
  return pc.setLocalDescription(offer);
}).then(() => {
    // 将提案发送给对等端
}).catch(error => {
    // 错误处理流程
});
```

7. setLocalDescription() 方法

该方法为当前连接设置本地会话描述信息。

如果连接已经建立，则意味着需要重新进行协商，此时该调用不会马上生效，而是等到新的协商完成后才会生效。

```
aPromise = pc.setLocalDescription(sessionDescription);
```

❏ 参数：sessionDescription，可选参数，类型为 RTCSessionDescriptionInit 或者 RTCSessionDescription，指定了应用到当前连接的本地会话描述信息。如果该参数未指定，则 WebRTC 会自动创建一个会话描述，并作为该调用的参数默认传入。

❏ 返回值：Promise 值，如果成功设置 RTCPeerConnection.localDescription，则返回成功，否则返回失败。决议值为空值。

代码清单 4-27 演示了如何隐式设置本地会话描述，该例没有为 setLocalDescription() 方法指定参数，这会使 WebRTC 自动调用 createOffer() 方法生成一个本地会话描述信息，这么做的好处是减少调用步骤，使代码更加简洁。

代码清单4-27 setLocalDescription()方法的隐式调用

```
pc.addEventListener("negotiationneeded", async (event) => {
  await myPeerConnection.setLocalDescription();
  signalRemotePeer({ description:pc.localDescription });
});
```

代码清单 4-28 演示了如何显式创建本地会话描述，调用 createOffer() 方法并将其决议值作为参数传给 setLocalDescription() 方法，注意与上述隐式调用的区别。

代码清单4-28 setLocalDescription()方法的显式调用

```
pc.addEventListener("negotiationneeded", event => {
  pc.createOffer().then((offer) => {
    return pc.setLocalDescription(offer);
  }).then(() => {
    signalRemotePeer({ description:pc.localDescription });
  }).catch(error => {
    // 错误处理流程
  });
});
```

8. setRemoteDescription() 方法

该方法为当前连接设置对等端会话描述信息，通常在收到对等端的提案或者应答后调用该方法。

如果连接已经建立，则意味着需要重新进行协商，此时该调用不会马上生效，而是等到新的协商完成后才会生效。

```
aPromise = pc.setRemoteDescription(sessionDescription);
```

❑ 参数：sessionDescription，类型为 RTCSessionDescriptionInit 或者 RTCSessionDescription，指定了应用到当前连接的对等端会话描述信息。

❑ 返回值：Promise 值，如果成功设置 remoteDescription，则返回成功，否则返回失败。决议值为空值。

❑ 异常：该方法调用失败时，会抛出如表 4-16 所示的异常。

表 4-16 setRemoteDescription 调用异常

异常名称	说　明
InvalidAccessError	传入的会话描述信息包含了无效数据
InvalidStateError	当前 RTCPeerConnection 连接处于关闭状态
TypeError	传入的会话描述信息没有包含 type 或者 sdp 属性
RTCError	传入的会话描述信息包含了错误的语法
OperationError	非以上错误导致的调用失败

代码清单 4-29 演示了 setRemoteDescription() 方法的用法。该示例收到对等端传输过来的 offer 信息，将其作为参数传递给 setRemoteDescription() 方法，如果调用成功，则调用 getUserMedia() 方法获取本地媒体流，将获取到的媒体流添加到本地连接，然后生成 answer，通过信令服务器传输给对等端。

代码清单4-29　setRemoteDescription()方法示例

```
function handleOffer(msg) {
  pc.setRemoteDescription(msg.description).then(() => {
    return navigator.mediaDevices.getUserMedia(mediaConstraints);
  }).then((stream) => {
    document.getElementById("local_video").srcObject = stream;
    return pc.addStream(stream);
  }).then(() => {
    return pc.createAnswer();
  }).then((answer) => {
    return pc.setLocalDescription(answer);
  }).then(() => {
    // 使用信令服务器将answer发送到对等端
  }).catch(error => {
    // 错误处理流程
  });
}
```

9. restartIce() 方法

调用该方法重新发起 ICE 协商，在该方法之后调用 createOffer() 方法会自动将 iceRestart 设置为 true。

因为该方法将触发 negotiationneeded 事件，所以应该在该事件处理函数中进行 ICE 协商。在 ICE 重新协商的过程中，原有的连接继续生效，媒体流可以正常传输。

```
pc.restartIce();
```

❑ 参数：无。

❑ 返回值：无。

代码清单 4-30 演示了 restartIce() 方法的用法。当网络连接状态 connectionState 处于 failed 时，调用 restartIce() 方法重新进行 ICE 协商。

代码清单4-30　restartIce()方法示例

```
pc.onconnectionstatechange = ev => {
  if (pc.connectionState === "failed") {
    //网络连接中断，重新进行协商
    pc.restartIce();
  }
};
```

10. close() 方法

调用该方法关闭当前连接，终止正在进行的 ICE 协商，将 signalingState 值改为 closed。

```
pc.close();
```

❑ 参数：无。

❑ 返回值：无。

代码清单 4-31 演示了 close() 方法的用法。该示例建立网络连接，并创建了数据通道，当从数据通道收到第一条消息后主动关闭连接。我们将在第 7 章介绍数据通道 API 的用法。

代码清单4-31　close()方法示例

```javascript
const pc = new RTCPeerConnection();
const dc = pc.createDataChannel("my channel");
dc.onmessage = (event) => {
  console.log("received: " + event.data);
  //收到第一条消息后关闭连接
  pc.close();
};
dc.onopen = () => {
  console.log("datachannel open");
};
dc.onclose = () => {
  console.log("datachannel close");
};
```

4.2.5　RTCPeerConnection 接口的事件

1. connectionstatechange 事件

当 WebRTC 连接状态变化时触发该事件，此时 connectionState 值变为新的状态值。该事件对应事件句柄 onconnectionstatechange。

代码清单 4-32 演示了 onconnectionstatechange 事件句柄的用法。当触发 connectionstatechange 事件时，打印提示信息。

代码清单4-32　onconnectionstatechange事件句柄示例

```javascript
pc.onconnectionstatechange = ev => {
  switch(pc.connectionState) {
    case "new":
    case "checking":
      console.log("Connecting...");
      break;
    case "connected":
      console.log("Online");
      break;
    case "disconnected":
      console.log("Disconnecting...");
      break;
    case "closed":
      console.log("Offline");
      break;
```

```
      case "failed":
        console.log("Error");
        break;
      default:
        console.log("Unknown");
        break;
    }
  }
```

也可以使用 addEventListener() 方法监听事件 connectionstatechange。

2. iceconnectionstatechange 事件

在 ICE 协商过程中，当 ICE 连接状态发生变化时触发该事件，新的连接状态可以通过 iceConnectionState 属性获取。该事件对应事件句柄 oniceconnectionstatechange。

代码清单 4-33 演示了 oniceconnectionstatechange 事件句柄的使用方法。当连接状态变为 disconnected 时，关闭网络连接。

代码清单4-33　oniceconnectionstatechange 事件句柄示例

```
pc.oniceconnectionstatechange = ev => {
  if (pc.iceConnectionState === "disconnected") {
    //当ICE连接状态变为disconnected时，关闭网络连接
    closeVideoCall(pc);
  }
}
```

也可以使用 addEventListener() 方法监听事件 iceconnectionstatechange。

3. icegatheringstatechange 事件

在 ICE 协商建立连接的过程中，如果 ICE 候选者的收集过程发生状态改变，则触发该事件，新的状态值可以通过 iceGatheringState 属性获取。该事件对应事件句柄 onicegatheringstatechange。

代码清单 4-34 演示了 onicegatheringstatechange 事件句柄的用法。当 iceGatheringState 状态为 gathering 时，开始收集 ICE 候选者信息；当 iceGatheringState 状态变为 complete 时，意味着收集过程已经结束。

代码清单4-34　onicegatheringstatechange事件句柄示例

```
pc.onicegatheringstatechange = ev => {
  let connection = ev.target;
  switch(connection.iceGatheringState) {
    case "gathering":
      //开始收集ICE候选者信息
      break;
    case "complete":
      //完成ICE候选者信息的收集
      break;
  }
}
```

也可以使用 addEventListener() 方法监听事件 icegatheringstatechange。

4. signalingstatechange 事件

当信令状态发生改变时触发该事件，新的状态值可以通过属性 signalingState 获取，该事件对应事件句柄 onsignalingstatechange。

代码清单 4-35 演示了 onsignalingstatechange 事件句柄的用法。当 signalingstatechange 事件触发时，判断 signalingState 的状态，如果是 stable，则更新 ICE 状态。

代码清单4-35   onsignalingstatechange事件句柄示例

```
pc.onsignalingstatechange = ev => {
  switch(pc.signalingState) {
    case "stable":
      updateStatus("ICE negotiation complete");
      break;
  }
};
```

也可以使用 addEventListener() 方法监听事件 signalingstatechange。

5. negotiationneeded 事件

当需要进行 ICE 协商时触发该事件，对应事件句柄 onnegotiationneeded。以下两种情况需要进行 ICE 协商。

❑ 媒体流被添加到 RTCPeerConnection 中。

❑ 连接已经建立，但是网络环境发生了变化，为了适配新的网络而调用了 restartIce() 方法。

代码清单 4-36 演示了 onnegotiationneeded 事件句柄的用法。当触发 negotiationneeded 事件时，意味着需要进行 ICE 协商，此时创建并设置本地提案，通过信令服务器将提案发送给对等端。

代码清单4-36   onnegotiationneeded 事件句柄示例

```
pc.onnegotiationneeded = ev => {
  pc.createOffer()
  .then(offer => return pc.setLocalDescription(offer))
  .then(() => sendSignalingMessage({
    type: "video-offer",
    sdp: pc.localDescription
  }))
  .catch(err => {
    // 异常处理流程
  );
};
```

也可以使用 addEventListener() 方法监听事件 negotiationneeded。

6. icecandidate 事件

当有新的 ICE 候选者加入或者完成了 ICE 候选者收集时触发该事件，此时需要将新的 ICE 候选者发送到对等端，对等端收到 ICE 候选者信息后，调用 addIceCandidate() 方法将候选者信息通知给 ICE 代理层。此事件对应事件句柄 onicecandidate。此事件有传入参数，参数类型为 RTCPeerIceCandidateEvent，其定义如代码清单 4-37 所示。

代码清单4-37　RTCPeerIceCandidateEvent的定义

```
interface RTCPeerConnectionIceEvent : Event {
  constructor(DOMString type, optional RTCPeerConnectionIceEventInit eventInitDict =
    {});
  readonly attribute RTCIceCandidate? candidate;
  readonly attribute DOMString? url;
};
```

代码清单 4-38 演示了 onicecandidate 事件句柄的用法。当触发 icecandidate 事件时，从事件参数 ev 中获取 ICE 候选者，通过信令服务器将候选者发送给对等端。

代码清单4-38　onicecandidate事件句柄示例

```
pc.onicecandidate = ev => {
  if (ev.candidate) {
    sendMessage({
      type: "new-ice-candidate",
      candidate: event.candidate
    });
  }};
```

也可以使用 addEventListener() 方法监听事件 icecandidate。

7. icecandidateerror 事件

在 ICE 候选者收集失败时触发该事件，对应事件句柄 onicecandidateerror。该事件有传入参数，参数类型为 RTCPeerConnectionIceErrorEvent，其定义如代码清单 4-39 所示。

代码清单4-39　RTCPeerConnectionIceErrorEvent的定义

```
interface RTCPeerConnectionIceErrorEvent : Event {
  constructor(DOMString type, RTCPeerConnectionIceErrorEventInit eventInitDict);
  readonly attribute DOMString? address;
  readonly attribute unsigned short? port;
  readonly attribute DOMString url;
  readonly attribute unsigned short errorCode;
  readonly attribute USVString errorText;
};
```

表 4-17 所示是 RTCPeerConnectionIceErrorEvent 包含的属性。

表 4-17　RTCPeerConnectionIceErrorEvent 的属性说明

属　性	说　明
address	与 STUN/TURN 通信的本地 IP 地址

(续)

属 性	说 明
port	与 STUN/TURN 通信的端口
url	STUN/TURN 服务器的 URL 地址
errorCode	STUN/TURN 服务器返回的错误代码
errorText	STUN/TURN 服务器返回的错误信息

代码清单 4-40 演示了 onicecandidateerror 事件句柄的用法。当触发 icecandidateerror 事件时，从事件参数 event 中获取错误代码 errorCode，根据错误代码范围进行相应处理。

代码清单4-40　onicecandidateerror事件句柄示例

```
pc.onicecandidateerror = (event) => {
    if (event.errorCode >= 300 && event.errorCode <= 699) {
        // STUN返回的错误代码范围为300-699
    }
}
```

也可以使用 addEventListener() 方法监听事件 icecandidateerror。

4.3　完美协商模式

WebRTC 的规范对信令处理没有做强制要求，所以它具有很大的灵活性。但是在 WebRTC 的实践中，有个推荐的建立连接模式，基于该模式能够极大地规避网络建立连接失败的现象，这个模式就是完美协商。

完美协商模式能够使协商过程与应用程序解耦。P2P 建立连接的协商过程是天生不对称的操作，一方需要充当"呼叫者"，而另一方则是"被呼叫者"。完美协商模式将建立连接过程分为两个独立的协商逻辑，以此来消除协商过程的不对称性，因此应用程序无须关心连接的是哪一端。就应用程序而言，无论是呼出还是接听，都没有区别。

在完美协商模式下，调用方和被调用方都使用相同的代码，无须重复编写任何级别的协商逻辑。

完美协商模式的工作原理是在 WebRTC 建立连接协商过程中，为两个对等方分配不同的角色。

1. 礼貌方（polite peer）

采用 ICE 回滚的方式防止收到提案时可能导致的 SDP 冲突。如果礼貌方发出提案的同时对等方也发出了提案，这时可能造成 SDP 冲突，此时礼貌方会放弃自己的提案，尝试应用对等方的提案。

2. 失礼方（impolite peer）

当 SDP 冲突发生时，失礼方总是忽略对等方传入的提案，并且不向对等方做任何回应。

通过角色的区分，两个对等方都确切知道当冲突发生时应该如何应对，这使错误处理变得更加可控。

那么如何确定两个对等方的角色呢？我们可以简单地根据连接到信令服务器的时间先后进行分配，也可以使用随机数进行分配，这完全取决于应用程序的行为。

需要注意的是，在完美协商期间，呼叫者和被呼叫者的角色可以互换。如果礼貌方是呼叫者，并且发送了提案，但是与失礼方发生了冲突，则礼貌方会放弃自己的提案，并响应失礼方的提案。这样一来，呼叫者变成了失礼方，而礼貌方就从原本的呼叫者变为被呼叫者。

4.3.1　SDP 冲突问题

我们来看一下不使用完美协商模式的代码可能带来的问题。代码清单 4-41 实现了 onnegotiationneeded 事件处理逻辑。

代码清单4-41　不使用完美协商模式的onnegotiationneeded示例

```
pc.onnegotiationneeded = async () => {
  try {
    await pc.setLocalDescription(await pc.createOffer());
    signaler.send({description: pc.localDescription});
  } catch(err) {
    console.error(err);
  }
};
```

由于 createOffer() 方法是异步的，通常需要花费一些时间才能完成，而在此期间，对等方也有可能尝试发送提案，从而导致信号状态 signalingState 从 stable 变为 have-remote-offer，这意味着我们需要马上响应对等方的提案，而此时我们的代码正在发出提案。

对等方也会出现同样的问题，对等方发出了提案，而随后也将收到我们发出的提案。这个状态使双方都无法完成连接建立。

4.3.2　使用完美协商模式

我们引入一个变量 makingOffer 来解决冲突问题，该变量为真值时表示我们正处于发送提案并调用 setLocalDescription() 方法的过程中，如代码清单 4-42 所示。

代码清单4-42　使用完美协商模式的onnegotiationneeded示例

```
let makingOffer = false;
pc.onnegotiationneeded = async () => {
  try {
    makingOffer = true;
    await pc.setLocalDescription();
    await signaler.send({ description: pc.localDescription });
  } catch(err) {
    console.error(err);
  } finally {
```

```
    makingOffer = false;
  }
};
```

我们在程序的第一步即锁定 makingOffer（设为 false），直到本地提案发送到对等端，或者出现错误，再将 makingOffer 放开，这样做能够避免提案冲突的风险。

在收到信令服务器的消息处理句柄 onmessage 中，使用 makingOffer 对本地提案锁定状态进行判断，如代码清单 4-43 所示。

代码清单4-43　使用完美协商模式的onmessage示例

```
let ignoreOffer = false;
signaler.onmessage = async ({ data: { description, candidate }}) => {
  try {
    if (description) {
      const offerCollision = (description.type == "offer") &&
                             (makingOffer || pc.signalingState != "stable");

      ignoreOffer = !polite && offerCollision;
      if (ignoreOffer) {
        return;
      }

      await pc.setRemoteDescription(description);
      if (description.type == "offer") {
        await pc.setLocalDescription();
        signaler.send(description: pc.localDescription);
      }
    } else if (candidate) {
      try {
        await pc.addIceCandidate(candidate);
      } catch(err) {
        if (!ignoreOffer) {
          throw err;
        }
      }
    }
  } catch(err) {
    console.error(err);
  }
}
```

我们在 onmessage 的实现中，用到了 WebRTC 的一些不常用的特性。

❑ 没有为 setLocalDescription() 方法指定参数。如果未指定参数，则 WebRTC 会自动创建一个会话描述，并作为该调用的参数默认传入。这在某种意义上实现了本地会话描述的原子操作。

❑ setRemoteDescription() 方法在出错时将自动回滚。

如果接收到对等方的消息是 description，我们将检查它是否正好在本地尝试发送提案时到达。如果接收到的消息类型是 offer，并且 signalingState 不是 stable，此时我们就知道出现 SDP 冲突了。

如何处理冲突取决于本地的对等方角色类型，当本地是失礼方时，我们将忽略对等方的提案，并且不做任何回应，看看，这是不是不太礼貌？

礼貌方的行为与未发生冲突时是一致的，将远程描述 description 传递给 setRemoteDescription() 方法，并且将本地描述通过信令服务器发送给对等方以响应提案。

如果接收到的消息是 ICE 候选者，则流程会简单得多，不需要再对对等方的角色进行判断，调用 addIceCandidate() 方法添加候选者信息即可。

4.3.3　再谈 ICE 重启

在处理 ICE 重启时，有一种常见的错误做法是主动触发 onnegotiationneeded 事件句柄，如代码清单 4-44 所示。

代码清单4-44　主动触发onnegotiationneeded事件句柄示例

```
pc.onnegotiationneeded = async options => {
  await pc.setLocalDescription(await pc.createOffer(options));
  signaler.send({ description: pc.localDescription });
};
pc.oniceconnectionstatechange = () => {
  if (pc.iceConnectionState === "failed") {
    pc.onnegotiationneeded({ iceRestart: true });
  }
};
```

这种做法是在 WebRTC 连接状态变为 failed 时，主动调用 onnegotiationneeded 事件句柄，并为 createOffer() 方法传入参数 iceRestart: true。正常情况下这是可以成功的，但是在异常情况下，如果此时 signalingState 信号不是 stable，则会导致 createOffer() 创建本地会话描述失败，从而导致 ICE 重启过程失败，所以说这种做法是不可靠的。

为了解决这个问题，WebRTC 在新的版本里增加了 restartIce() 方法，该方法的用法见4.2.4 节。使用该方法可以较为可靠地进行 ICE 重启，如代码清单 4-45 所示。

代码清单4-45　使用restartIce()方法进行ICE重启

```
pc.onnegotiationneeded = async options => {
  await pc.setLocalDescription(await pc.createOffer(options));
  signaler.send({ description: pc.localDescription });
};
pc.oniceconnectionstatechange = () => {
  if (pc.iceConnectionState === "failed") {
    pc.restartIce();
  }
};
```

restartIce() 方法告诉 ICE 层将 iceRestart 标记自动添加到下一条发送的 ICE 消息中，并在合适的时机触发 negotiationneeded 事件，整个 ICE 重启过程是异步进行的，避免了因 signalingState 信号不是 stable 而导致 createOffer 失败的问题。

4.4 示例

下面我们使用本章介绍的技术构建一个简单的 WebRTC 应用，该应用的主要目的是演示 WebRTC 的连接及事件处理过程，通过将关键信息输出到信息框，可以较为直观地观察网络连接过程中的信息交换以及状态的变化。

该示例包含的文件说明如下。

- ❑ index.html：主页面。
- ❑ peer.css：主页面使用的 css 文件。
- ❑ peerclient.js：JavaScript 客户端文件。
- ❑ peerserver.js：NodeJs 服务器端文件，该文件实现了信令服务器的功能。
- ❑ adapter.js：用于提高 WebRTC 兼容性的文件。
- ❑ package.json：模块描述文件，描述了示例的基本信息及依赖包。

本示例的完整代码可以在 GitHub 上免费获取，为了便于读者理解，我们将对关键内容进行详细介绍。从 GitHub 获取本示例的代码，如代码清单 4-46 所示。

代码清单4-46　获取示例代码

```
git clone https://github.com/wistingcn/dove-into-webrtc.git
cd dove-into-webrtc/peerconnection/
```

4.4.1　运行示例

该示例运行于 Node.js 环境，在 Windows/Mac/Linux 系统下都可以正常运行，在运行以下命令前，需要先从 GitHub 上获取项目代码。

进入项目根目录。

```
cd dove-into-webrtc/peerconnection/
```

在项目根目录下安装依赖包。

```
# 该命令安装依赖包：http-serve/websocket/yargs
cnpm i
```

启动信令服务器。

```
# 如果在本机运行，则不建议使用证书：
node peerserver.js
# 如果运行于服务器上，则建议使用HTTPS证书：
node peerserver.js --cert <证书文件路径> --key <key文件路径>
```

打开一个新的终端，启动 HTTP 服务器。

```
# http-serve是一个简单的Http服务器，不建议在生产环境中使用
# http-serve默认启动端口8080，可以使用-p参数修改端口
npx http-serve .
```

打开两个 Chrome 浏览器窗口，分别输入如下地址。

```
http://localhost:8080/
```

分别在两个页面中输入不同的用户名，点击"加入"。

点击用户列表中的用户名，建立 WebRTC 连接。

运行示例截图如图 4-5 所示。

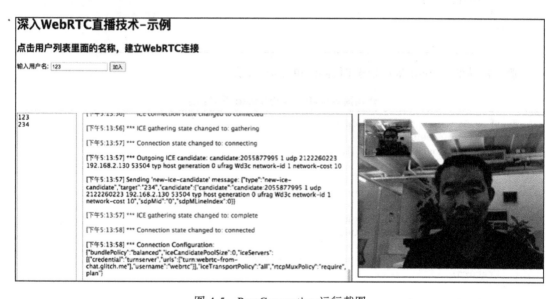

图 4-5　PeerConnection 运行截图

4.4.2　使用 WebSocket

我们在本例中使用 WebSocket 作为信令传输工具。

客户端建立 WebSocket 连接及处理 WebSocket 事件的代码如代码清单 4-47 所示。

代码清单4-47　WebSocket客户端

```
function connect() {
  let scheme = "ws";
  if (document.location.protocol === "https:") {
    scheme += "s";
  }
  const serverUrl = scheme + "://" + myHostname + ":6503";
  log(`Connecting to server: ${serverUrl}`);
  websock = new WebSocket(serverUrl, "json");
```

```
websock.onerror = (evt) => {
  console.dir(evt);
}
websock.onmessage = (evt) => {
  let text = "";
  const msg = JSON.parse(evt.data);
  log("Message received: " + evt.data);
  const time = new Date(msg.date);
  const timeStr = time.toLocaleTimeString();
  switch(msg.type) {
    // 代码略
  }
  if (text.length) {
    log(text);
  }
};
}
```

服务器端的 WebSocket 代码如代码清单 4-48 所示。

代码清单4-48　WebSocket服务器端

```
const wsServer = new WebSocketServer({
  httpServer: webServer,
  autoAcceptConnections: false
});
if (!wsServer) {
  log("ERROR: Unable to create WbeSocket server!");
}
wsServer.on('request', (request) => {
  if (!originIsAllowed(request.origin)) {
    request.reject();
    log("Connection from " + request.origin + " rejected.");
    return;
  }
  // Accept the request and get a connection.
  let connection = request.accept("json", request.origin);
  log("Connection accepted from " + connection.remoteAddress + ".");
  //以下代码略
}
```

4.4.3　创建 RTCPeerConnection 的时机

在代码逻辑中，操作者存在两种角色，一种是呼叫方，另一种是被叫方。

当点击用户名，尝试建立 WebRTC 连接时，操作者就是呼叫方，此时调用 invite()
函数，由于在 invite() 函数中加入了媒体轨道，将导致触发 negotiationneeded 事件，在
negotiationneeded 的事件处理函数中向被叫方发送会话描述信息提案，如代码清单 4-49 所示。

代码清单4-49　发起呼叫

```
async function invite(evt) {
```

```
log("Starting to prepare an invitation");
if (pc) {
  alert("不能发起呼叫, 因为已经存在一个了! ");
} else {
  const clickedUsername = evt.target.textContent;
  if (clickedUsername === myUsername) {
    alert("不能呼叫自己! ");
    return;
  }
  targetUsername = clickedUsername;
  log("Inviting user " + targetUsername);
  log("Setting up connection to invite user: " + targetUsername);
  createPeerConnection(); // 创建RTCPeerConnection对象
  // 以下代码略
}
}
```

由于 WebRTC 大部分操作是异步的, negotiationneeded 事件在流程衔接方面起到了关键作用, invite() 函数调用结束后, 程序等待触发 negotiationneeded 事件, 在其事件处理函数中进行后续流程。处理函数 handleNegotiationNeededEvent() 的实现如代码清单 4-50 所示。

代码清单4-50　negotiationneeded的事件处理

```
async function handleNegotiationNeededEvent() {
  log("*** Negotiation needed");
  try {
    if (pc.signalingState != "stable") {
      log("-- The connection isn't stable yet; postponing...")
      return;
    }
    log("---> Setting local description to the offer");
    await pc.setLocalDescription();
    log("---> Sending the offer to the remote peer");
    sendToServer({
      name: myUsername,
      target: targetUsername,
      type: "video-offer",
      sdp: pc.localDescription
    });
  } catch(err) {
    log("*** The following error occurred while handling the negotiationneeded event:");
    reportError(err);
  };
}
```

被叫方从信令服务器收到了呼叫方发来的提案, 此时被叫方知道有呼叫在尝试接入, 被叫方在 handleVideoAnswerMsg() 函数中创建相对应的 RTCPeerConnection 对象 pc, 使用 pc 对会话描述信息进行处理, 并将本地会话描述信息回复给呼叫方, 如代码清单 4-51 所示。

代码清单4-51　被叫方流程

```
async function handleVideoOfferMsg(msg) {
  targetUsername = msg.name;
  log("Received video chat offer from " + targetUsername);
  if (!pc) {
    createPeerConnection();
  }
  if (pc.signalingState != "stable") {
    log(" - But the signaling state isn't stable, so triggering rollback");
    await Promise.all([
      pc.setLocalDescription({type: "rollback"}),
      pc.setRemoteDescription(msg.sdp)
    ]);
    return;
  } else {
    log (" - Setting remote description");
    await pc.setRemoteDescription(msg.sdp);
  }
// 中间代码略
log("---> Creating and sending answer to caller");
  await pc.setLocalDescription();
  sendToServer({
    name: myUsername,
    target: targetUsername,
    type: "video-answer",
    sdp: pc.localDescription
  });
}
```

4.5　本章小结

我们在本章学习了 WebRTC 连接管理相关的属性、方法及事件，通过对建立连接过程的剖析及本章最后的示例了解了它们的使用方法。本章还介绍了一种建立 P2P 网络连接的最佳实践模式——完美协商，应用完美协商模式可以尽量避免极端情况下建立连接失败。

通过本章的学习，读者应该已经掌握了 WebRTC 的连接管理方法，并可以将其应用到自己的产品中。RTCPeerConnection 还包含 RTP 媒体管理相关的内容，我们在示例的代码中已经有所涉及，由于内容较多，我们将在第 5 章展开介绍。

第 5 章 *Chapter 3*

RTP 媒体管理

我们在第 4 章重点介绍了 WebRTC 的连接管理,本章将继续介绍 RTP 媒体管理。在实时通话过程中,WebRTC 网络连接成功建立后,下一步就是发布 / 接收媒体流。

在发送端,新媒体流的加入将导致重新协商,发起协商的提案包含新加入的媒体信息,如果协商顺利完成,发送端开始对媒体流进行编码压缩,并将编码后的媒体流传输给对等端。

接收端收到了新的媒体流后会触发 track 事件,在该事件中获取对应的媒体流。媒体流是经过编码的,编码格式已经在之前的协商中达成了一致,所以接收端能够对媒体流进行解码,接收端随后会将媒体流播放出来,这取决于应用层的行为。

WebRTC 在 RTCPeerConnection 扩展接口中提供了 API 对上述过程进行管理,这些 API 包括媒体流及媒体设置、RTP 传输层两个主要部分,其结构如图 5-1 所示。

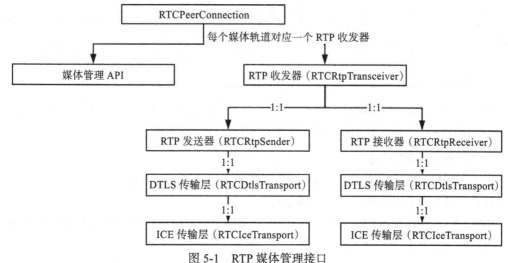

图 5-1　RTP 媒体管理接口

媒体流及媒体设置包括了添加/获取媒体流、获取媒体能力、设置编码格式等内容。

RTP 传输层包括了 RTP 收发器、RTP 发送器、RTP 接收器、DTLS 传输层、ICE 传输层的接口管理。WebRTC 为每个媒体轨道分配一个 RTP 收发器，每个 RTP 收发器包含一个 RTP 发送器和 RTP 接收器。我们将在本章对这些内容进行详细介绍。

5.1 WebRTC 编解码

一个未压缩的视频数据有多大？我们举个例子计算一下。

❑ 分辨率为 1920 像素 ×1080 像素的真彩色视频，每帧数据是 1920×1080×4 = 8 294 400 字节。

❑ 如果该视频的帧率是 30Hz，则每秒产生的数据量是 8 294 400×30 = 248 832 000 字节，约为 249MB。

在今天的网络环境下，这么大的数据量是不可能进行实时传输的，我们需要对视频进行有效压缩，这是对视频（或音频）进行编解码的主要目的。

WebRTC 规范对音视频编码有强制要求，对于视频，要求所有兼容 WebRTC 的浏览器必须支持 VP8 和 AVC/H.264 视频编码，当然除了这两种编码格式之外，浏览器也可以选择支持其他编码格式；对于音频，要求必须支持 Opus 和 G.711 PCM 编码格式。

当前主流浏览器对 WebRTC 编码格式的支持情况如表 5-1 所示。

表 5-1 WebRTC 编码格式

编码格式	媒体类型	兼容浏览器	说　明
VP8	视频	Chrome、Edge、Firefox、Safari (12.1+)	WebRTC 规范
H.264	视频	Chrome (52+)、Edge、Firefox、Safari	WebRTC 规范
VP9	视频	Chrome (48+)、Firefox	
AV1	视频	Chrome (70+)、Firefox (67+)	
Opus	音频	Chrome、Firefox、Safari、Edge	WebRTC 规范
G.711 PCM	音频	Chrome、Firefox、Safari	WebRTC 规范

AV1 专门为 Web 技术设计，拥有比 VP9 更高的压缩率，但由于 AV1 技术尚未成熟，目前不具备产品化条件，我们就不做过多介绍了。

1. 视频编码 VP8/VP9

VP8（Video Processor 8）由 On2 公司开发，谷歌收购 On2 后，将 VP8 开源。从压缩率和视频质量方面看，VP8 与 H.264 很相近。

VP9（Video Processor 9）是谷歌在 VP8 的基础上研发的优化版，拥有比 VP8 更好的性能和视频质量，与 H.265 更相近。

VP8/VP9 都是开源且免费的技术，没有版权相关的问题（H.265 有版权问题），可以放心使用。

通常将视频格式 WebM 与 VP8/VP9 结合使用。注意，因为目前 Safari 浏览器不支持 VP9 也不支持 WebM，所以如果要使用 VP9，需要考虑为 Safari 提供其他编码方案。

2. 视频编码 H.264

H.264 是在 MPEG-4 技术的基础上建立起来的编码格式，又名为 AVC（Advanced Video Coding），目前被广泛应用于各种流媒体。

H.264 的使用非常灵活，通过更改配置可以胜任不同场景，如配置 Constrained Baseline Profile（CBP）使用了较低的带宽，适合用于视频会议和移动网络；Main Profile 适用于标准的视频内容；而 High Profile 则适用于高清蓝光 DVD 视频。

H.264 配置对应的编码值如表 5-2 所示。

表 5-2　H.264 配置表（部分）

配　　置	16 进制编码值
Constrained Baseline Profile (CBP)	42
Baseline Profile (BP)	42
Main Profile (MP)	4D
High Profile (HiP)	64

WebRTC 规范要求必须支持 Constrained Baseline（CB）配置，以便应用于低延时的视频会议场景。SDP 在参数 profile-level-id 指定 H.264 配置（profile）和级别（level），形式如下。

```
profile-level-id=42e01f
```

其中 42 对应着 Constrained BaselineProfile 配置。

参数 packetization-mode 用于指明封包模式，取值说明如下。

❑ 取值为 0：一个 RTP 包里只包含一个 NALU 包，不分片。

❑ 取值为 1：一个 RTP 包可以包含多个 NALU 包，可分片。

❑ 取值为 2：一个 RTP 包可以包含多个 NALU 包，且允许乱序，可分片。

注意，WebRTC 两端的编码格式和相应的配置参数都需要保持一致，否则建立连接过程会失败。

3. 音频编码 Opus/G.711

Opus 是 WebRTC 主要使用的音频编码格式，具备很好的灵活性和可扩展性，可用于语音、音乐播放等复杂的音频场景。

Opus 支持多种压缩算法，甚至可以在同一个音频内应用多个压缩算法，编码器可灵活设置码率、带宽、算法压缩等参数。

Opus 完全开源，支持码率范围为 6～510 kbps，支持最多 255 个音频通道，最大采样率 48kHz，延时范围为 5～66.5ms，可用于 MP4/WebM/MPEG-TS 封装格式。

G.711 PCM 是一种实现简单，兼容性好的音频编码格式，支持码率 64kbps，支持采样率 8kHz，通常用于向下兼容。

4. 编码格式的选择

推荐在应用中采用 WebRTC 规范支持的编码格式，如果采用非推荐的编码格式，需要认真考虑回退方案。

不同的编码格式在浏览器兼容性、占用带宽、能耗等方面存在明显差异，我们可以根据应用程序的特点灵活选择。

（1）音频

即使是在网络环境不好的情况下，使用 Opus 的窄带模式仍然可以保证较好的通话质量。如果希望应用程序能提供较好的兼容性，可以考虑使用 G.711 编码格式提供较好的通话质量。

（2）视频

选择视频编码通常需要考虑如下因素。

❏ 许可条款

VP8/VP9 是完全免费的，但是 H.264 可能会有潜在的专利费用，不过对于大多数 Web 开发者来讲，目前无须担心费用问题，H.264 的专利所有人表示只会向编解码软件收费。

❏ 耗能

尤其是在 iOS 和 iPadOS 平台，支持硬件编码的 H.264 更加省电。出于兼容性考虑，Safari12.1 以后的版本支持 VP8，但是很遗憾，没有提供硬件编码支持。

❏ 性能

从终端用户角度来看，VP8 与 H.264 的性能差不多，可以同等应用到 WebRTC 应用中。

❏ 使用复杂度

因为 H.264 涉及较多的配置和参数，所以使用复杂度较高，而 VP8 则相对简单很多。

5. 编码能力 RTCRtpCodecCapability

WebRTC 使用 RTCRtpCodecCapability 描述当前平台支持的编码格式。RTCRtpCodecCapability 的定义如代码清单 5-1 所示。

代码清单5-1 RTCRtpCodecCapability的定义

```
dictionary RTCRtpCodecCapability {
  required DOMString mimeType;
  required unsigned long clockRate;
  unsigned short channels;
  DOMString sdpFmtpLine;
};
```

表 5-3 对 RTCRtpCodecCapability 包含的属性进行了说明。

表 5-3　RTCRtpCodecCapability 属性说明

属　　性	说　　明
mimeType	MIME 媒体类型
clockRate	时钟频率
channels	最大通道数
sdpFmtpLine	SDP 与该编码格式对应的 a=fmtp 行信息

6. 编码格式 RTCRtpCodecParameters

WebRTC 使用 RTCRtpCodecParameters 描述当前使用的编码格式。RTCRtpCodecParameters 的定义如代码清单 5-2 所示。

代码清单5-2　RTCRtpCodecParameters的定义

```
dictionary RTCRtpCodecParameters {
  required octet payloadType;
  required DOMString mimeType;
  required unsigned long clockRate;
  unsigned short channels;
  DOMString sdpFmtpLine;
};
```

RTCRtpCodecParameters 包含的属性说明如表 5-4 所示。

表 5-4　RTCRtpCodecParameters 属性说明

属　　性	说　　明
payloadType	RTP 载荷类型，用于标识该编码格式。我们在 RTP 协议相关内容里介绍过载荷类型
mimeType	MIME 媒体类型
clockRate	时钟频率
channels	最大通道数
sdpFmtpLine	SDP 与该编码格式对应的 a=fmtp 行信息

7. 编码参数 RTCRtpEncodingParameters

WebRTC 使用 RTCRtpEncodingParameters 描述编码格式使用到的编码参数。RTCRtpEncodingParameters 的定义如代码清单 5-3 所示。

代码清单5-3　RTCRtpEncodingParameters的定义

```
dictionary RTCRtpEncodingParameters : RTCRtpCodingParameters {
  boolean active = true;
  unsigned long maxBitrate;
```

```
    double scaleResolutionDownBy;
};
dictionary RTCRtpCodingParameters {
    DOMString rid;
};
```

表 5-5 对 RTCRtpEncodingParameters 包含的属性进行了说明。

表 5-5　RTCRtpEncodingParameters 属性说明

属　　性	说　　明
active	编码是否处于活跃状态，true 表示活跃，false 表示不活跃
maxBitrate	媒体流的最大码率，单位是 bps
scaleResolutionDownBy	指示将视频内容发送给对等端之前，如何缩减视频尺寸。 比如，该值取 2，则高和宽都除以 2，结果只发送原尺寸的 1/4；该值取 1，则尺寸保持不变，默认值为 1
rid	RTP id，rid 头扩展

8. 获取平台支持的编码格式

由于不同平台支持的编码格式不同，所以在为 WebRTC 应用编码之前，要先获取当前平台支持的编码格式列表。

使用静态方法 RTCRtpSender.getCapabilities() 或者 RTCRtpReceiver.getCapabilities() 可以获得当前平台支持的编码格式列表，方法的参数是媒体类型，如代码清单 5-4 所示。

代码清单5-4　获取平台支持的编码格式

```
codecList = RTCRtpSender.getCapabilities("video").codecs;
```

codecList 是一个 RTCRtpCodecCapability 对象数组，每个对象描述一个编码格式。

在 Chrome83 中执行上述方法，codecList 的结果如代码清单 5-5 所示。

代码清单5-5　RTCRtpSender.getCapabilities()输出

```
0:{clockRate: 90000, mimeType: "video/VP8"}
1:{clockRate: 90000, mimeType: "video/rtx"}
2:{clockRate: 90000, mimeType: "video/VP9", sdpFmtpLine: "profile-id=0"}
3:{clockRate: 90000, mimeType: "video/VP9", sdpFmtpLine: "profile-id=2"}
4:{clockRate: 90000, mimeType: "video/H264", sdpFmtpLine: "level-asymmetry-
   allowed=1;packetization-mode=1;profile-level-id=42001f"}
5:{clockRate: 90000, mimeType: "video/H264", sdpFmtpLine: "level-asymmetry-
   allowed=1;packetization-mode=0;profile-level-id=42001f"}
6:{clockRate: 90000, mimeType: "video/H264", sdpFmtpLine: "level-asymmetry-
   allowed=1;packetization-mode=1;profile-level-id=42e01f"}
7:{clockRate: 90000, mimeType: "video/H264", sdpFmtpLine: "level-asymmetry-
   allowed=1;packetization-mode=0;profile-level-id=42e01f"}
8:{clockRate: 90000, mimeType: "video/H264", sdpFmtpLine: "level-asymmetry-
   allowed=1;packetization-mode=1;profile-level-id=4d0032"}
```

```
9:{clockRate: 90000, mimeType: "video/H264", sdpFmtpLine: "level-asymmetry-
  allowed=1;packetization-mode=1;profile-level-id=640032"}
10:{clockRate: 90000, mimeType: "video/red"}
11:{clockRate: 90000, mimeType: "video/ulpfec"}
```

在输出结果中，"video/rtx" 是重传入口，"video/red" 是冗余编码入口，"video/ulpfec" 是错误重定向入口，它们都不是可用的编码格式。

9. 设置编码格式

获取当前平台支持的编码格式列表后，如何指定编码格式呢？这时候只须调整一下列表顺序，把我们想要的编码格式放在最前面，然后再告诉 WebRTC 就可以了。

代码清单 5-6 针对每个媒体轨道应用编码格式 mimeType，该示例展示了如何获取当前浏览器的视频编码能力，并将与 mimeType 匹配的编码能力优先级调整为最高（数组最前面），然后调用 setCodecPreferences 进行设置。

代码清单5-6　指定编码格式示例

```
function changeVideoCodec(mimeType) {
  const transceivers = pc.getTransceivers();
  transceivers.forEach(transceiver => {
    const kind = transceiver.sender.track.kind;
    let sendCodecs = RTCRtpSender.getCapabilities(kind).codecs;
    let recvCodecs = RTCRtpReceiver.getCapabilities(kind).codecs;
    if (kind === "video") {
      sendCodecs = preferCodec(sendCodecs,mimeType);
      recvCodecs = preferCodec(recvCodecs,mimeType);
      transceiver.setCodecPreferences([...sendCodecs, ...recvCodecs]);
    }
  });
  pc.onnegotiationneeded();
}
function preferCodec(codecs, mimeType) {
  let otherCodecs = [];
  let sortedCodecs = [];
  codecs.forEach(codec => {
    if (codec.mimeType === mimeType) {
      sortedCodecs.push(codec);
    } else {
      otherCodecs.push(codec);
    }
  });

  return sortedCodecs.concat(otherCodecs);
}
```

注意 setCodecPreferences() 方法的用法，我们在后续章节还会详细介绍。

10. 查询当前使用的编码格式

我们给 WebRTC 提供了包含多个编码格式的数组，并按照优先级做了排序，WebRTC

从最高优先级开始，遍历这个数组，逐一尝试应用编码格式，如果不支持，则尝试下一个。

这时就产生了一个问题，WebRTC 最终使用了哪个编码格式呢？要回答这个问题就要使用 getParameters() 方法进行查询，如代码清单 5-7 所示。

代码清单5-7　查询当前使用的编码格式

```
const senders = peerConnection.getSenders();
senders.forEach((sender) => {
  if (sender.track.kind === "video") {
    codecList = sender.getParameters().codecs;
    return;
  }
});
```

代码清单 5-7 中的 codecList 是一个包含 RTCRtpCodecParameters 的数组，代表了当前使用的编码格式。

5.2　RTCPeerConnection RTP 扩展

RTP 媒体 API 对 RTCPeerConnection 进行了扩展，以提供媒体流的收发、编解码能力，扩展内容如代码清单 5-8 所示。

代码清单5-8　RTCPeerConnection RTP扩展

```
partial interface RTCPeerConnection {
  sequence<RTCRtpSender> getSenders();
  sequence<RTCRtpReceiver> getReceivers();
  sequence<RTCRtpTransceiver> getTransceivers();
  RTCRtpSender addTrack(MediaStreamTrack track, MediaStream... streams);
  void removeTrack(RTCRtpSender sender);
  RTCRtpTransceiver addTransceiver((MediaStreamTrack or DOMString) trackOrKind,
    optional RTCRtpTransceiverInit init = {});
  attribute EventHandler ontrack;
};
```

当发送媒体流数据时，WebRTC 可能对媒体数据进行调整以满足 SDP 中的媒体约束条件，比如调整视频的宽、高、帧率，调整音频的音量、采样率、通道数等，这会导致对等端看到的部分媒体信息失真。

RTCRtpTransceiver 描述了一个连接通道，包含发送端（RTCRtpSender）和接收端（RTCRtpReceiver）。

RTCRtpSender 负责媒体流的编码和传输，相应地，RTCRtpReceiver 负责媒体流的接收和解码。RTCRtpSender、RTCRtpReceiver 与媒体流轨道（MediaStreamTrack）一一对应。

5.2.1 RTCPeerConnection 扩展方法

1. addTransceiver() 方法

该方法创建一个新的 RTCRtpTransceiver 并加入 RTCPeerConnection，RTCRtpTransceiver 代表一个双向流，包含一个 RTCRtpSender 和一个 RTCRtpReceiver。

```
rtpTransceiver = rtcPeerConnection.addTransceiver(trackOrKind, init);
```

❑ 参数

trackOrKind：与该 RTP 收发器相连的 MediaStreamTrack 或媒体轨道 kind 值。

init：可选参数，类型为 RTCRtpTransceiverInit，包含了创建 RTP 收发器的选型。

❑ 返回值

RTCRtpTransceiver 对象。

❑ 异常

该方法调用出错时，抛出异常如表 5-6 所示。

表 5-6　addTransceiver() 异常

异常名称	说　　明
TypeError	传入的 kind 值无效
InvalidStateError	当前连接处于关闭状态
InvalidAccessError	传参 sendEncodings 中没有包含 rid
RangeError	传参 sendEncodings 中，scaleResolutionDownBy 值越界

RTCRtpTransceiverInit 定义如代码清单 5-9 所示。

代码清单5-9　RTCRtpTransceiverInit的定义

```
dictionary RTCRtpTransceiverInit {
  RTCRtpTransceiverDirection direction = "sendrecv";
  sequence<MediaStream> streams = [];
  sequence<RTCRtpEncodingParameters> sendEncodings = [];
};
```

表 5-7 对 RTCRtpTransceiverInit 定义中的属性进行了说明。

表 5-7　RTCRtpTransceiverInit 属性说明

属　　性	说　　明
direction	可选参数，收发器传输方向，用于初始化 RTCRtpTransceiver.direction 的值，默认值 sendrecv
streams	可选参数，MediaStream 对象数组
sendEncodings	可选参数，编码格式数组，用于发送 RTP 数据，类型为 RTCRtpEncodingParameters

代码清单 5-10 获取媒体流 stream，调用 addTransceiver() 方法加入音频和视频轨道。

代码清单5-10 addTransceiver()方法示例

```
const stream = await navigator.mediaDevices.getUserMedia(constraints);
selfView.srcObject = stream;
pc.addTransceiver(stream.getAudioTracks()[0], {direction: 'sendonly'});
pc.addTransceiver(stream.getVideoTracks()[0], {
  direction: 'sendonly',
  sendEncodings: [
    {rid: 'q', scaleResolutionDownBy: 4.0},
    {rid: 'h', scaleResolutionDownBy: 2.0},
    {rid: 'f'}
  ]
});
```

2. RTCPeerConnection.addTrack() 方法

向连接中添加新的媒体轨道，媒体轨道将被传输到对等端。调用该方法将触发 negotiationneeded 事件，导致 ICE 重新协商。

```
rtpSender = rtcPeerConnection.addTrack(track, streams...);
```

❑ 参数：track，MediaStreamTrack 对象；streams，可选参数，一个或多个 MediaStream 对象，该参数便于接收端管理媒体轨道，确保多个媒体轨道状态同步，加入同一个媒体流的媒体轨道，也会同时出现在对等端的同一个媒体流中。

❑ 返回值：RTCRtpSender 对象，用于传输 RTP 媒体数据。

❑ 异常：InvalidAccessError，指定的媒体轨道已经加入连接；InvalidStateError，连接已关闭。

我们将在 5.3 节对该方法做进一步讨论，相关示例请见 5.3 节。

3. RTCPeerConnection.removeTrack() 方法

停止发送媒体数据，调用该方法将触发 negotiationneeded 事件，导致 ICE 重新协商。

```
pc.removeTrack(sender);
```

❑ 参数：sender，从连接中移除的 RTCRtpSender 对象，注意，该方法并不会真正删除 RTCRtpSender，getSenders() 方法仍然包含此 RTCRtpSender。

❑ 返回值：无。

代码清单 5-11 获取视频流，将视频轨道加入连接，当点击按钮 closeButton 时，移除视频轨道对应的发送器并关闭连接。

代码清单5-11 RTCPeerConnection.removeTrack()方法示例

```
let pc, sender;
navigator.getUserMedia({video: true}, (stream) => {
  pc = new RTCPeerConnection();
  const track = stream.getVideoTracks()[0];
```

```
    sender = pc.addTrack(track, stream);
  });
  document.getElementById("closeButton").addEventListener("click", (event) => {
    pc.removeTrack(sender);
    pc.close();
  }, false);
```

4. RTCPeerConnection.getTransceivers() 方法

获取 RTCRtpTransceiver 对象列表，RTCRtpTransceiver 对象负责 RTCPeerConnection
连接里 RTP 数据的收发管理。

```
transceiverList = rtcPeerConnection.getTransceivers();
```

❑ 参数：无。

❑ 返回值：包含 RTCRtpTransceiver 对象的数组，数组成员以添加的先后顺序进行
排序。

代码清单 5-12 演示了停止 RTCPeerConnection 连接里的所有 RTP 收发器。

代码清单5-12　RTCPeerConnection.getTransceivers()方法示例

```
pc.getTransceivers().forEach(transceiver => {
  transceiver.stop();}
);
```

5. RTCPeerConnection.getSenders() 方法

获取 RTCRtpSender 对象列表，RTCRtpSender 对象负责 RTP 数据的编码及发送。

```
const senders = RTCPeerConnection.getSenders();
```

❑ 参数：无。

❑ 返回值：RTCRtpSender 对象数组，每个加入连接中的媒体轨道对应一个 RTCRtpSender
对象。

6. RTCPeerConnection.getReceivers() 方法

获取 RTCRtpReceiver 对象列表，RTCRtpReceiver 对象负责 RTP 媒体数据的接收及
解码。

```
const receivers = RTCPeerConnection.getReceivers();
```

❑ 参数：无。

❑ 返回值：RTCRtpReceiver 对象数组。每个加入连接中的媒体轨道对应一个
RTCRtpReceiver 对象。

5.2.2　RTCPeerConnection 扩展事件

当 RTCRtpReceiver 收到新的媒体轨道时，触发该事件，对应事件句柄 ontrack。事件

类型 RTCTrackEvent 的定义如代码清单 5-13 所示。

代码清单5-13　RTCTrackEvent的定义

```
interface RTCTrackEvent : Event {
  constructor(DOMString type, RTCTrackEventInit eventInitDict);
  readonly attribute RTCRtpReceiver receiver;
  readonly attribute MediaStreamTrack track;
  [SameObject] readonly attribute FrozenArray<MediaStream> streams;
  readonly attribute RTCRtpTransceiver transceiver;
};
```

表 5-8 对 RTCTrackEvent 的属性进行了说明。

表 5-8　RTCTrackEvent 属性说明

属　　性	说　　明
receiver	与事件相关的 RTCRtpReceiver 对象
track	接收到的媒体轨道对象
streams	媒体轨道所在的媒体流
transceiver	与事件相关的 RTCRtpTransceiver 对象

代码清单 5-14 为 ontrack 事件句柄指定了处理函数，当事件触发时，将媒体流绑定到视频元素 videoElement 进行播放。

代码清单5-14　RTCPeerConnection:track事件示例

```
pc.ontrack = e => {
  videoElement.srcObject = e.streams[0];
  hangupButton.disabled = false;
  return false;
}
```

5.3　传输媒体流

在发送方，我们调用 addTrack() 方法加入媒体轨道，开始 ICE 协商。

在接收方，ICE 完成协商后，连接建立，对等端触发 track 事件，我们从事件中获取对等端传输过来的媒体轨道，此时媒体流的传输通道正常建立，可以像本地媒体流一样操作远程媒体流。

addTrack() 方法包含了一个可选参数 streams，表示媒体轨道所属的媒体流。当在发送端同时传入媒体轨道和媒体流时，媒体轨道并不一定来自该媒体流。而在接收端则会自动创建一个媒体流，并将接收到的媒体轨道加入这个媒体流。

5.3.1　无流轨道

如果没有指定可选参数 streams，传入的轨道即为无流轨道。对等端在 track 事件中接收到媒体轨道后，自主创建 MediaStream，并决定将媒体轨道加入哪个媒体流。对于只共享一个媒体流的简单应用来说，这是一种较为常用的做法，应用不需要关注哪个轨道属于哪个流。

代码清单 5-15 是发送端的示例代码，使用 getUserMedia() 方法获取音频和视频流，并调用 addTrack 将音视频轨道加入连接，这里没有为轨道指定媒体流。

代码清单5-15　无流轨道发送端示例

```
async openCall(pc) {
  const gumStream = await navigator.mediaDevices.getUserMedia({video: true, audio:
    true});
  for (const track of gumStream.getTracks()) {
    pc.addTrack(track);
  }
}
```

代码清单 5-16 是对应的接收端代码，在 track 事件处理函数中创建一个新的 MediaStream，将所有媒体轨道加入到这个媒体流中。

代码清单5-16　无流轨道接收端示例1

```
let inboundStream = null;
pc.ontrack = ev => {
  if (!inboundStream) {
    inboundStream = new MediaStream();
    videoElem.srcObject = inboundStream;
  }
  inboundStream.addTrack(ev.track);
}
```

也可以为每个轨道都创建一个新的媒体流，如代码清单 5-17 所示。

代码清单5-17　无流轨道接收端示例2

```
pc.ontrack = ev => {
  let inboundStream = new MediaStream(ev.track);
  videoElem.srcObject = inboundStream;
}
```

5.3.2　有流轨道

如果指定了 streams 参数，传入的轨道即为有流轨道，此时 WebRTC 将在接收端自动创建媒体流，并管理媒体轨道与媒体流的所属关系。

代码清单 5-18 调用 addTrack 将音视频轨道加入连接，并为轨道指定了媒体流。

代码清单5-18　有流轨道发送端示例

```
async openCall(pc) {
  const gumStream = await navigator.mediaDevices.getUserMedia({video: true,
    audio: true});
  for (const track of gumStream.getTracks()) {
    pc.addTrack(track, gumStream);
  }
}
```

代码清单 5-19 是对应的接收端示例代码，从 ev 事件中获取第一个媒体流，并将媒体流绑定到视频元素，该媒体流包含发送端加入的所有媒体轨道。

代码清单5-19　有流轨道接收端示例

```
pc.ontrack = ev => {
  videoElem.srcObject = ev.streams[0];
}
```

5.4　RTP 收发管理

RTCRtpTransceiver 唯一对应一个媒体轨道，包含了一个连接对：RTCRtpSender 和 RTCRtpReceiver，还包含了管理连接的属性和方法。

WebRTC 在以下几种情况创建 RTCRtpTransceiver，作为属性成员也同时创建了 RTCRtpSender 和 RTCRtpReceiver。

- ❑ 当调用 addTrack() 方法向 RTCPeerConnection 添加媒体轨道时，默认创建 RTCRtpTransceiver。
- ❑ 当对等端 SDP 包含了媒体描述信息，并被成功应用时，默认创建 RTCRtpTransceiver。
- ❑ 当收到调用方法 addTransceiver() 时，RTCRtpTransceiver 的定义如代码清单 5-20 所示。

代码清单5-20　RTCRtpTransceiver的定义

```
interface RTCRtpTransceiver {
  readonly attribute DOMString? mid;
  [SameObject] readonly attribute RTCRtpSender sender;
  [SameObject] readonly attribute RTCRtpReceiver receiver;
  attribute RTCRtpTransceiverDirection direction;
  readonly attribute RTCRtpTransceiverDirection? currentDirection;
  void stop();
  void setCodecPreferences(sequence<RTCRtpCodecCapability> codecs);
};
```

5.4.1　RTCRtpTransceiver 属性

1. currentDirection 只读

该属性表示当前的传输方向，类型为 RTCRtpTransceiverDirection，其定义如代码清单 5-21 所示。

代码清单5-21　RTCRtpTransceiverDirection的定义

```
enum RTCRtpTransceiverDirection {
  "sendrecv",
  "sendonly",
  "recvonly",
  "inactive",
  "stopped"
};
```

RTCRtpTransceiverDirection 为枚举类型，枚举值说明如表 5-9 所示。

表 5-9　RTCRtpTransceiverDirection 枚举值说明

枚举值	RTCRtpSender	RTCRtpReceiver
sendrecv	可发送 RTP 数据	可接收 RTP 数据
sendonly	可发送 RTP 数据	不可接收 RTP 数据
recvonly	不可发送 RTP 数据	可接收 RTP 数据
inactive	不可发送 RTP 数据	不可接收 RTP 数据
stopped	已停止状态，不可发送 RTP 数据	已停止状态，不可接收 RTP 数据

2. direction

该属性用于指定传输方向，可读写，类型为 RTCRtpTransceiverDirection。

为该属性赋值时，如果成功，则会触发 negotiationneeded 事件，表示当前连接需要重新进行协商；如果失败，则抛出异常 InvalidStateError，表示当前连接处于关闭状态。

调用方法 RTCPeerConnection.createOffer() 或 RTCPeerConnection.createAnswer() 创建 SDP 信息时，会在 SDP 中包含该值，如果该值是 sendrecv，则 SDP 中会出现如下一行代码。

```
a=sendrecv
```

5.11 节将使用该属性演示通话的挂起与恢复。

3. mid 只读

该属性是连接对的唯一标识，该值从 SDP 信息中获取，如果值为 null，表示 ICE 协商还没有完成。

4. receiver 只读

该属性表示 RTCRtpTransceiver 对象，用于接收和解码媒体流数据。

5. sender 只读

该属性表示 RTCRtpTransceiver 对象，用于发送和编码媒体流数据。

5.4.2 RTCRtpTransceiver 方法

1. setCodecPreferences() 方法

该方法用于设置编码格式。

```
rtcRtpTransceiver.setCodecPreferences(codecs)
```

❏ 参数：codecs，RTCRtpCodecCapability 对象的数组。

❏ 返回值：无。

❏ 异常：InvalidAccessError：codecs 数组里包含了当前浏览器不支持的编码格式。

我们曾在 5.2 节介绍过使用该方法设置编码格式的例子。

2. stop() 方法

该方法用于停止传输通道，同时停止与通道相连的 RTCRtpSender 和 RTCRtpReceiver。

```
RTCRtpTransceiver.stop()
```

❏ 输入：无。

❏ 返回值：无。

❏ 异常：InvalidStateError，当 RTCPeerConnection 处于关闭状态时，抛出此异常。

5.5 RTP 发送器

RTCRtpSender 提供了媒体数据编码及发送能力，当调用 addTrack() 方法添加媒体轨道时，会相应创建一个 RTCRtpSender，用于该媒体发送 RTP 数据。RTCRtpSender 的定义如代码清单 5-22 所示。

代码清单5-22　RTCRtpSender的定义

```
interface RTCRtpSender {
  readonly attribute MediaStreamTrack? track;
  readonly attribute RTCDtlsTransport? transport;
  readonly attribute RTCDTMFSender? dtmf;
  static RTCRtpCapabilities? getCapabilities(DOMString kind);
  Promise<void> setParameters(RTCRtpSendParameters parameters);
  RTCRtpSendParameters getParameters();
  Promise<void> replaceTrack(MediaStreamTrack? withTrack);
  Promise<RTCStatsReport> getStats();
};
```

我们将在 5.5.1 节、5.5.2 节对 RTCRtpSender 的属性和方法进行详细介绍。

5.5.1　RTCRtpSender 属性

1. track 只读

该属性表示与 RTCRtpSender 相连的媒体流轨道，类型为 MediaStreamTrack。

2. dtmf 只读

该属性表示与 RTCRtpSender 相连的 RTCDTMFSender 对象。我们将在 5.9 节对 DTMF 进行详细介绍。

3. transport 只读

该属性表示与 RTCRtpSender 相连的 RTCDtlsTransport 对象，用于安全传输媒体流数据。我们将在 5.7 节对 RTCDtlsTransport 进行详细介绍。

5.5.2　RTCRtpSender 方法

1. getCapabilities() 静态方法

该方法用于获取平台的发送能力。

```
const rtpSendCapabilities = RTCRtpSender.getCapabilities(kind)
```

❑ 参数：kind，取值 video 或 audio，分别表示视频和音频。
❑ 返回值：RTCRtpCapabilities 对象，如果平台不具备 kind 类型的发送能力，则返回 null。

RTCRtpCapabilities 的定义如代码清单 5-23 所示。

代码清单5-23　RTCRtpCapabilities的定义

```
dictionary RTCRtpCapabilities {
  required sequence<RTCRtpCodecCapability> codecs;
  required sequence<RTCRtpHeaderExtensionCapability> headerExtensions;
};
```

RTCRtpCapabilities 的属性 codecs 是一个数组，包含了多个类型为 RTCRtpCodecCapability 的编码格式（codec）。

RTCRtpHeaderExtensionCapability 的定义如代码清单 5-24 所示。

代码清单5-24　RTCRtpHeaderExtensionCapability的定义

```
dictionary RTCRtpHeaderExtensionCapability {
  DOMString uri;
};
```

RTCRtpHeaderExtensionCapability 包含了一个属性 uri，用于表明 RTP 头扩展的地址。我们在 5.2 节介绍了如何使用该方法获取平台支持的编码格式。

 注意　getCapabilities 是静态方法，需要通过类名 RTCRtpSender 直接调用。

2. getParameters() 方法

该方法用于获取 RTP 媒体编码及传输信息。

```
const rtpSendParameters = rtpSender.getParameters()
```

❑ 参数：无。

❑ 返回值：RTCRtpSendParameters 对象，其定义如代码清单 5-25 所示。

代码清单5-25　RTCRtpSendParameters的定义

```
dictionary RTCRtpSendParameters : RTCRtpParameters {
  required DOMString transactionId;
  required sequence<RTCRtpEncodingParameters> encodings;
};
```

RTCRtpSendParameters 继承自 RTCRtpParameters，RTCRtpParameters 的定义如代码清单 5-26 所示。

代码清单5-26　RTCRtpParameters的定义

```
dictionary RTCRtpParameters {
  required sequence<RTCRtpHeaderExtensionParameters> headerExtensions;
  required RTCRtcpParameters rtcp;
  required sequence<RTCRtpCodecParameters> codecs;
};
```

RTCRtpSendParameters 的属性说明如表 5-10 所示。

表 5-10　RTCRtpSendParameters 属性说明

属　　性	说　　明
transactionId	参数集的 ID 值
encodings	RTCRtpEncodingParameters 对象数组，包含了媒体编码参数
headerExtensions	RTP 头扩展
rtcp	RTCP 参数
codecs	包含媒体编码格式的数组，RTP 发送器将从中选择使用

RTCP 参数使用了类型 RTCRtcpParameters，其定义如代码清单 5-27 所示。

代码清单5-27　RTCRtcpParameters的定义

```
dictionary RTCRtcpParameters {
  DOMString cname;
  boolean reducedSize;
};
```

其中，cname 是指 RTCP 的规范名称，reducedSize 是一个布尔值，当使用了缩减 RTCP 时，值为 true；当使用了复合 RTCP 时，值为 false。

RTP 头扩展的类型 RTCRtpHeaderExtensionParameters 定义如代码清单 5-28 所示。

代码清单5-28　RTCRtpHeaderExtensionParameters的定义

```
dictionary RTCRtpHeaderExtensionParameters {
  required DOMString uri;
  required unsigned short id;
  boolean encrypted = false;
};
```

其中，uri 指 RTP 头扩展的地址，id 指头扩展的标识，encrypted 指头扩展是否使用了压缩。

代码清单 5-29 演示了调用 getParameters() 方法获取 RTP 发送器的参数，将第一个编码设置为不活跃状态，然后调用 setParameters 设置修改后的参数。

代码清单5-29　getParameters()方法示例

```
async function updateParameters() {
  try {
    const params = sender.getParameters();
    // 将第一个编码设置为不活跃
    params.encodings[0].active = false;
    await sender.setParameters(params);
  } catch (err) {
    console.error(err);
  }
}
```

3. setParameters() 方法

该方法更新 RTP 编码及传输信息。

```
const promise = rtpSender.setParameters(parameters)
```

❑ 参数：parameters，类型为 RTCRtpSendParameters。

❑ 返回值：Promise 值。

❑ 异常：如果失败，返回异常值如表 5-11 所示。

表 5-11　setParameters 异常说明

异　　常	说　　明
InvalidModificationError	修改 encodings 失败
InvalidStateError	RTP 发送器所在的 RTCRtpTransceiver 处于非活跃状态
RangeError	parameters 中指定的 scaleResolutionDownBy 小于 1
OperationError	其他原因导致的失败

4. replaceTrack() 方法

该方法用于替换媒体流轨道。

替换媒体流轨道通常不需要进行 ICE 重新协商，以下场景除外。

❑ 新的媒体分辨率超出了现有媒体，比如新的视频分辨率更高或者更宽。

❑ 新的媒体帧率过高。

❑ 视频流轨道的预编码状态与现有轨道不同。

❑ 音频流轨道的通道数与现有轨道不同。

❑ 新的媒体源采用了硬件编码。

```
aPromise = rtpSender.replaceTrack(newTrack);
```

❑ 参数：newTrack，可选参数，新的媒体流轨道，类型为 MediaStreamTrack，kind 值要与原有媒体流轨道保持一致。如果参数为空，则该调用将中止 RTP 发送器。

❑ 返回值：Promise 值，成功时无决议值；如果失败，则返回异常值如表 5-12 所示。

表 5-12　replaceTrack 异常值

异　　　常	说　　　明
InvalidModificationError	替换后媒体流信息发生了改变，需要重新进行 ICE 协商
InvalidStateError	媒体流轨道处于停止状态
TypeError	kind 值不一致

代码清单 5-30 演示了摄像头的切换。

代码清单5-30　replaceTrack()方法切换摄像头示例

```
navigator.mediaDevices.getUserMedia({
  video: {
    deviceId: {
      exact: selectedCamera
    }
  }
}).then((stream) => {
  let videoTrack = stream.getVideoTracks()[0];
  PCs.forEach((pc) => {
    const sender = pc.getSenders().find((s) => {
      return s.track.kind == videoTrack.kind;
    });
    console.log('found sender:', sender);
    sender.replaceTrack(videoTrack);
  });
}).catch((err) => {
  console.error('Error happens:', err);
});
```

5. getStats() 方法

该方法返回 RTP 发送器的统计数据。

```
const promise = rtpSender.getStats();
```

❑ 参数：无。

❑ 返回值：Promise 值，调用成功可得到包含统计数据的 RTCStatsReport 对象。

WebRTC 统计数据部分涉及较多内容，我们将在后续章节逐一介绍。

5.6　RTP 接收器

RTCRtpReceiver 接口负责管理媒体流的接收和解码，其定义如代码清单 5-31 所示。

代码清单5-31　RTCRtpReceiver的定义

```
interface RTCRtpReceiver {
  readonly attribute MediaStreamTrack track;
  readonly attribute RTCDtlsTransport? transport;
  static RTCRtpCapabilities? getCapabilities(DOMString kind);
  RTCRtpReceiveParameters getParameters();
  sequence<RTCRtpContributingSource> getContributingSources();
  sequence<RTCRtpSynchronizationSource> getSynchronizationSources();
  Promise<RTCStatsReport> getStats();
};
```

我们将在 5.6.1、5.6.2 节对 RTCRtpReceiver 的属性和方法进行详细介绍。

5.6.1　RTCRtpReceiver 属性

1. track 只读

该属性表示 RTCRtpReceiver 相连的媒体流轨道（MediaStreamTrack）。

2. transport 只读

该属性表示 DTLS 传输对象，类型为 RTCDtlsTransport。我们将在 5.6.2 节对 RTCDtlsTransport 进行详细介绍。

5.6.2　RTCRtpReceiver 方法

1. getCapabilities() 静态方法

该方法用于获取平台的 RTP 接收能力。

```
const rtpRecvCapabilities = RTCRtpReceiver.getCapabilities(kind)
```

❑ 参数：kind，取值为 video 或 audio，分别表示视频和音频。

❑ 返回值：RTCRtpCapabilities 对象，如果平台不具备 kind 类型的接收能力，则返回 null。

代码清单 5-32 是获取当前平台 RTP 接收能力的示例。

代码清单5-32　getCapabilities()方法示例

```
let codecList = RTCRtpReceiver.getCapabilities("audio").codecs;
```

```
console.log(codecList);
```

在 Chrome83 中执行上述代码获取平台接收音频的能力，输出如代码清单 5-33 所示。

代码清单5-33　getCapabilities()输出示例

```
0:{channels: 2, clockRate: 48000, mimeType: "audio/opus", sdpFmtpLine: "minptime
  =10;useinbandfec=1"}
1:{channels: 1, clockRate: 16000, mimeType: "audio/ISAC"}
2:{channels: 1, clockRate: 32000, mimeType: "audio/ISAC"}
3:{channels: 1, clockRate: 8000, mimeType: "audio/G722"}
4:{channels: 1, clockRate: 8000, mimeType: "audio/PCMU"}
5:{channels: 1, clockRate: 8000, mimeType: "audio/PCMA"}
6:{channels: 1, clockRate: 32000, mimeType: "audio/CN"}
7:{channels: 1, clockRate: 16000, mimeType: "audio/CN"}
8:{channels: 1, clockRate: 8000, mimeType: "audio/CN"}
9:{channels: 1, clockRate: 48000, mimeType: "audio/telephone-event"}
10:{channels: 1, clockRate: 32000, mimeType: "audio/telephone-event"}
11:{channels: 1, clockRate: 16000, mimeType: "audio/telephone-event"}
12:{channels: 1, clockRate: 8000, mimeType: "audio/telephone-event"}
```

📌 **注意** getCapabilities() 是静态方法，需要通过类名 RTCRtpReceiver 直接调用。

2. getParameters() 方法

该方法返回 RTP 解码参数。

```
const rtpRecvParameters = rtcRtpReceiver.getParameters()
```

❏ 参数：无。

❏ 返回值：当前使用的解码参数，类型为 RTCRtpReceiveParameters，定义如代码清单 5-34 所示。

代码清单5-34　RTCRtpReceiveParameters的定义

```
dictionary RTCRtpReceiveParameters : RTCRtpParameters {
};
```

RTCRtpReceiveParameters 继承自 RTCRtpParameters，关于 RTCRtpParameters 的定义见上文说明。

3. getContributingSources() 方法

该方法返回最近 10s 内的贡献源（CSRC）。

```
const rtcRtpContributingSources = rtcRtpReceiver.getContributingSources()
```

❏ 参数：无。

❏ 返回值：最近 10s 内提供数据的贡献源数组，数组成员类型为 RTCRtpContributing-Source，定义如代码清单 5-35 所示。

代码清单5-35　RTCRtpContributingSource的定义

```
dictionary RTCRtpContributingSource {
  required DOMHighResTimeStamp timestamp;
  required unsigned long source;
  double audioLevel;
  required unsigned long rtpTimestamp;
};
typedef double DOMHighResTimeStamp;
```

RTCRtpContributingSource 的属性说明如表 5-13 所示。

表 5-13　RTCRtpContributingSource 属性说明

属　　性	说　　明
timestamp	最近一个关键帧从源发出的时间
source	贡献源的 CSRC 标识
audioLevel	音频音量，取值介于 0 和 1 之间
rtpTimestamp	RTP 数据包的时间戳

4. getSynchronizationSources() 方法

该方法返回最近 10s 内的同步源（SSRC）。

```
const rtcRtpSynchronizationSources = rtcRtpReceiver.getSynchronizationSources()
```

❏ 参数：无。

❏ 返回值：最近 10s 内提供数据的同步源数组，数组成员类型为 RTCRtpSynchronization-Source，定义如代码清单 5-36 所示。

代码清单5-36　RTCRtpSynchronizationSource的定义

```
dictionary RTCRtpSynchronizationSource : RTCRtpContributingSource {
  boolean voiceActivityFlag;
};
```

RTCRtpSynchronizationSource 继承自 RTCRtpContributingSource，增加了属性 voiceActivity-Flag，表示 RTP 数据包里声音是否处于活动状态，true 表示声音处于活动状态（能听到），false 表示声音处于暂停状态（不能听到）。

5. getStats() 方法

该方法返回 RTP 接收器的统计数据。

```
const promise = RTCRtpReceiver.getStats();
```

❏ 参数：无。

❏ 返回值：Promise 值，调用成功可得到包含统计数据的 RTCStatsReport 对象。

WebRTC 统计数据部分涉及较多内容，我们将在后续章节逐一介绍。

5.7 DTLS 传输层

为了提升应用程序的安全性，WebRTC 中 RTP 和 RTCP 数据都采用 DTLS 协议进行传输，RTCDtlsTransport 接口提供了对 DTLS 层的访问。RTCDtlsTransport 的定义如代码清单 5-37 所示。

代码清单5-37　RTCDtlsTransport的定义

```
interface RTCDtlsTransport : EventTarget {
  [SameObject] readonly attribute RTCIceTransport iceTransport;
  readonly attribute RTCDtlsTransportState state;
  sequence<ArrayBuffer> getRemoteCertificates();
  attribute EventHandler onstatechange;
  attribute EventHandler onerror;
};
```

我们将在 5.7.1 节～5.7.3 节对 RTCDtlsTransport 的属性、方法及事件进行详细介绍。

5.7.1　RTCDtlsTransport 属性

1. iceTransport 只读

该属性表示收发数据包的底层传输通道，类型为 RTCIceTransport，我们将在下文对 RTCIceTransport 进行详细介绍。

2. state 只读

该属性返回 DTLS 传输状态，类型为 RTCDtlsTransportState，定义如代码清单 5-38 所示。

代码清单5-38　RTCDtlsTransportState的定义

```
enum RTCDtlsTransportState {
  "new",
  "connecting",
  "connected",
  "closed",
  "failed"
};
```

RTCDtlsTransportState 定义了一系列枚举值表示传输状态，如表 5-14 所示。

表 5-14　RTCDtlsTransportState 枚举值说明

枚举值	说　　明
new	DTLS 还没有开始协商

（续）

枚举值	说　　明
connecting	DTLS 正在验证对等端的指纹，并建立安全连接
connected	DTLS 安全连接已经建立
closed	DTLS 传输已关闭
failed	DTLS 传输因为某种原因失败了

5.7.2　RTCDtlsTransport 方法

getRemoteCertificates() 方法

该方法返回包含对等端证书的数组。

```
const remoteCert = transport.getRemoteCertificates()
```

❑ 输入：无。

❑ 返回值：包含对等端证书的数组，数组成员类型为 ArrayBuffer。

5.7.3　RTCDtlsTransport 事件

1. statechange 事件

当 state 状态值发生改变时触发该事件，新的状态值可以通过 RTCDtlsTransport.state 获取，对应事件句柄 onstatechange，如代码清单 5-39 所示。

代码清单5-39　onstatechange事件句柄示例

```
transport.onstatechange = (event) => {
  console.log(transport.state);
};
```

也可以使用 addEventListener() 方法监听事件 statechange，如代码清单 5-40 所示。

代码清单5-40　statechange事件示例

```
transport.addEventListener("statechange", ev => {
  console.log(transport.state);
});
```

2. error 事件

当 DTLS 传输出错时触发该事件，事件类型为 RTCErrorEvent，对应事件句柄 onerror，如代码清单 5-41 所示。

代码清单5-41　onerror事件句柄示例

```
transport.onerror= (event) => {
  console.log(event.name);
};
```

RTCErrorEvent 包含了类型为 RTCError 的属性 error，关于 RTCError 的说明见 5.10 节。

5.8 ICE 传输层

RTCIceTransport 接口定义了收发数据包的 P2P 传输通道，当需要获取 ICE 连接状态信息时，通过该接口进行访问。

当调用 setLocalDescription() 或 setRemoteDescription() 方法时，WebRTC 自动创建 RTCIceTransport 对象，对象中的 ICE 代理（ICE Agent）负责管理 ICE 的连接状态。

RTCIceTransport 的定义如代码清单 5-42 所示。

代码清单5-42　RTCIceTransport的定义

```
interface RTCIceTransport : EventTarget {
  readonly attribute RTCIceRole role;
  readonly attribute RTCIceComponent component;
  readonly attribute RTCIceTransportState state;
  readonly attribute RTCIceGathererState gatheringState;
  sequence<RTCIceCandidate> getLocalCandidates();
  sequence<RTCIceCandidate> getRemoteCandidates();
  RTCIceCandidatePair? getSelectedCandidatePair();
  RTCIceParameters? getLocalParameters();
  RTCIceParameters? getRemoteParameters();
  attribute EventHandler onstatechange;
  attribute EventHandler ongatheringstatechange;
  attribute EventHandler onselectedcandidatepairchange;
};
```

下面将对 RTCIceTransport 的属性、方法及事件进行详细介绍。

5.8.1 RTCIceTransport 属性

1. role 只读

该属性表示 ICE 角色，类型为 RTCIceRole，定义如代码清单 5-43 所示。

代码清单5-43　RTCIceRole的定义

```
enum RTCIceRole {
  "unknown",
  "controlling",
  "controlled"
};
```

RTCIceRole 包含的枚举值说明如表 5-15 所示。

表 5-15　RTCIceRole 枚举值说明

枚举值	说　　明
unknown	ICE 代理的角色还没有确定

（续）

枚举值	说　　明
controlling	ICE 控制代理
controlled	ICE 受控代理

ICE 区分不同角色，帮助协商过程顺利完成，我们在 3.6 节介绍 ICE 配对时，对 ICE 角色做过说明。

2. component 只读

该属性返回当前对象使用的传输协议，类型为 RTCIceComponent，类型定义如代码清单 5-44 所示。

代码清单5-44　RTCIceComponent的定义

```
enum RTCIceComponent {
  "rtp",
  "rtcp"
};
```

RTCIceComponent 包含的枚举值说明如表 5-16 所示。

表 5-16　RTCIceComponent 枚举值说明

枚举值	说　　明
rtp	当前对象使用的 RTP 协议
rtcp	当前对象使用的 RTCP 协议

3. state 只读

该属性表示 ICE 传输状态，类型为 RTCIceTransportState，类型定义如代码清单 5-45 所示。

代码清单5-45　RTCIceTransportState的定义

```
enum RTCIceTransportState {
  "new",
  "checking",
  "connected",
  "completed",
  "disconnected",
  "failed",
  "closed"
};
```

RTCIceTransportState 包含了用于描述 ICE 传输状态的枚举值，说明如表 5-17 所示。

表 5-17 RTCIceTransportState 枚举值说明

枚举值	说　明
new	RTCIceTransport 正在收集候选地址，或者正在等待对等端返回 ICE 候选者地址
checking	RTCIceTransport 收到了对等端返回的 ICE 候选者地址，正在进行配对
connected	RTCIceTransport 找到了一条可用的网络连接。为了找到一个更优的网络路径，RTCIceTransport 仍然会继续进行 ICE 候选者地址收集和配对
completed	RTCIceTransport 结束了 ICE 候选者地址的收集，并从对等端收到没有更多 ICE 候选者地址的指令，最终执行配对过程，成功找到了可用的网络连接
disconnected	RTCIceTransport 网络连接中断，这是一个可恢复的短暂状态，在弱网环境可能会频繁触发
failed	RTCIceTransport 完成了 ICE 候选者收集，但是因为没有成功连通的候选者对导致配对失败。 除非 ICE 重启，否则该状态不会恢复，同时该状态不会导致 DTLS 传输层关闭
closed	RTCIceTransport 对象已关闭，不再响应 STUN 请求

4. gatheringState 只读

该属性表示 ICE 候选者的收集状态，类型为 RTCIceGathererState，类型定义如代码清单 5-46 所示。

代码清单5-46　RTCIceGathererState的定义

```
enum RTCIceGathererState {
  "new",
  "gathering",
  "complete"
};
```

RTCIceGathererState 包含了收集状态枚举值的定义，说明如表 5-18 所示。

表 5-18 RTCIceGathererState 属性说明

枚举值	说　明
new	刚刚创建 RTCIceTransport，还没有开始收集 ICE 候选者信息
gathering	RTCIceTransport 正在收集 ICE 候选者信息
complete	RTCIceTransport 完成了 ICE 候选者信息的收集，已经向对等端发送了 ICE 候选者结束标识

5.8.2 RTCIceTransport 方法

1. getLocalCandidates() 方法

该方法返回本地 ICE 候选组。ICE 代理将收集到的新的 ICE 候选项放入候选组，同时触发事件 RTCPeerConnection:icecandidate。

```
localCandidates = RTCIceTransport.getLocalCandidates();
```

❑ 参数：无。

❑ 返回值：包含 RTCIceCandidate 对象的数组。每个 RTCIceCandidate 对象代表一个本地 ICE 候选项。

代码清单 5-47 所示，获取所有本地 ICE 候选项，将结果打印到控制台。

代码清单5-47　getLocalCandidates()方法示例

```
const localCandidates = pc.getSenders()[0].transport.iceTransport.getLocalCandidates();

localCandidates.forEach((candidate, index)) => {
  console.log("Candidate " + index + ": " + candidate.candidate);
});
```

2. getRemoteCandidates() 方法

该方法返回对等端 ICE 候选组。

当本地应用程序调用 RTCPeerConnection.addIceCandidate() 方法将对等端候选项加入 ICE 会话时，调用该方法可获得包含此候选项的数组。

```
remoteCandidates = RTCIceTransport.getRemoteCandidates();
```

❑ 参数：无。

❑ 返回值：包含 RTCIceCandidate 对象的数组。每个 RTCIceCandidate 对象代表一个从对等端收到的 ICE 候选项。

代码清单 5-48 所示，获取所有对等端 ICE 候选项，将结果打印到控制台。

代码清单5-48　getRemoteCandidates()方法示例

```
const remoteCandidates = pc.getSenders()[0].transport.iceTransport.getRemoteCandidates();
remoteCandidates.forEach((candidate, index)) => {
  console.log("Candidate " + index + ": " + candidate.candidate);
});
```

3. getSelectedCandidatePair() 方法

该方法返回 ICE 代理当前选择的候选对。

```
candidatePair = RTCIceTransport.getSelectedCandidatePair();
```

❑ 输入：无。

❑ 返回值：RTCIceCandidatePair 对象，描述了当前选择的 ICE 候选对。RTCIceCandidatePair 的定义如代码清单 5-49 所示。

代码清单5-49　RTCIceCandidatePair的定义

```
dictionary RTCIceCandidatePair {
  RTCIceCandidate local;
```

```
    RTCIceCandidate remote;
};
```

其中，local 表示候选对中的本地候选项，remote 表示候选对中的对等端候选项。
代码清单 5-50 演示获取并显示当前 ICE 候选对使用的网络协议。

代码清单5-50　getSelectedCandidatePair()方法示例

```
const iceTransport = pc.getSenders()[0].transport.iceTransport;
const localProto = document.getElementById("local-protocol");
const remoteProto = document.getElementById("remote-protocol");

iceTransport.onselectedcandidatepairchange = (event) => {
  const pair = iceTransport.getSelectedCandidatePair();
  localProtocol.innerText = pair.local.protocol.toUpperCase();
  remoteProtocol.innerText = pair.remote.protocol.toUpperCase();
}
```

4. getLocalParameters() 方法

该方法返回本地 ICE 参数。

当调用方法 RTCPeerConnection.setLocalDescription() 时，相应地设置了本地 ICE 参数。

```
parameters = RTCIceTransport.getLocalParameters();
```

❑ 参数：无。
❑ 返回值：RTCIceParameters 对象，如果未被设置，则返回 null。RTCIceParameters
的定义如代码清单 5-51 所示。

代码清单5-51　RTCIceParameters的定义

```
dictionary RTCIceParameters {
  DOMString usernameFragment;
  DOMString password;
};
```

其中，usernameFragment 和 password 分别表示用户名和密码。

5. getRemoteParameters() 方法

该方法返回对等端 ICE 的参数，返回值类型为 RTCIceParameters，其用法基本与
getLocalParameters() 方法一致，不再赘述。

5.8.3　RTCIceTransport 事件

1. statechange 事件

当 RTCIceTransport 状态发生改变时触发该事件，通过属性 RTCIceTransport.state 获取
当前状态值，对应事件句柄 onstatechange。

在 ICE 传输状态为 failed 时调用 handleFailure，如代码清单 5-52 所示。

代码清单5-52 statechange事件句柄示例

```
let iceTransport = pc.getSenders()[0].transport.iceTransport;
iceTransport.onstatechange = ev => {
  if (iceTransport.state === "failed") {
    handleFailure(pc);
  }
};
```

也可以使用 addEventListener 监听 statechange 事件。

2. gatheringstatechange 事件

当 ICE 候选者的收集状态值发生改变时触发该事件，通过属性 gatheringState 获取当前状态值，对应事件句柄 ongatheringstatechange。

该事件与 icegatheringstatechange 相似，但 icegatheringstatechange 代表整个连接的候选收集状态，包括所有 RTCIceTransport，而 gatheringstatechange 只代表单个 RTCIceTransport 的收集状态。

为每个 RTCIceTransport 的 ongatheringstatechange 事件句柄指定处理函数，如代码清单 5-53 所示。

代码清单5-53 gatheringstatechange事件句柄示例

```
pc.getSenders().forEach(sender => {
  sender.transport.iceTransport.ongatheringstatechange = ev => {
    let transport = ev.target;
    if (transport.gatheringState === "complete") {
      /* 这个传输通道已经完成了ICE候选者收集，但是其他通道可能仍在进行中 */
    }
  };
});
```

也可以使用 addEventListener 监听 gatheringstatechange 事件。

3. selectedcandidatepairchange 事件

当 ICE 代理选择了新的候选对时触发该事件，对应事件句柄 onselectedcandidatepair-change。

在 ICE 协商过程中，从本地和对等端收集 ICE 候选者信息，当找到了一个有望成功建立网络连接的候选对，即触发事件 selectedcandidatepairchange 时，使用 getSelectedCandidate-Pair() 方法可以获取此候选对。

ICE 继续配对，如果找到了更优的候选对，则替换掉当前的，并再次触发 selectedcandi-datepairchange 事件。

5.9　使用 DTMF

DTMF（Dual-tone Multi-frequency，双音多频）是一种实现快速可靠传输电话号码的技术，它具有很强的抗干扰能力和较高的传输速度。

举例说明一个 DTMF 的应用场景：用户拨打了 10086，会有相应的语音提示信息，比如"普通话请按 1。For English service，press 2."那么 10086 如何知道用户按了哪个键？这时需要一种技术将用户按的号码通知给后台，这就是 DTMF 的用途。

DTMF 用两个特定的单音频组合信号代表数字信号，两个单音频组合信号的频率不同，代表的数字或实现的功能也不同。普通拨号电话通常有 16 个按键，包括 10 个数字键 0～9 和 6 个功能键 *、#、A、B、C、D。按照组合原理，一般应有 8 种不同的单音频信号，因此可采用的频率也有 8 种，故称之为多频。

WebRTC 支持 DTMF 的主要目的是兼容 PSTN 及 VOIP 电话网，目前只支持发送 DTMF 拨号数据，但不支持接收，所以还不能用于 WebRTC 应用程序的两端。

WebRTC 通过 RTCRtpSender.dtmf 属性获取 RTCDTMFSender 对象，使用该对象发送 DTMF，RTCDTMFSender 的定义如代码清单 5-54 所示。

代码清单5-54　RTCDTMFSender的定义

```
interface RTCDTMFSender : EventTarget {
  void insertDTMF(DOMString tones, optional unsigned long duration = 100,
    optional unsigned long interToneGap = 70);
  attribute EventHandler ontonechange;
  readonly attribute boolean canInsertDTMF;
  readonly attribute DOMString toneBuffer;
};
```

5.9.1　RTCDTMFSender 属性

1. canInsertDTMF

该属性表示返回当前通道是否支持发送 DTMF 拨号数据，true 表示支持，false 表示不支持。不支持的原因是未建立连接或收发器，RTCRtpTransceiver.currentDirection 没有包含 send。

如代码清单 5-55 所示，判断是否支持发送 DTMF 拨号数据，如果支持则调用方法 insertDTMF 进行发送。

代码清单5-55　canInsertDTMF示例

```
if (sender.dtmf.canInsertDTMF) {
  const duration = 500;
  sender.dtmf.insertDTMF('1234', duration);
} else {
  console.log('DTMF function not available');
}
```

2. toneBuffer

该属性表示返回当前待发送的 DTMF 拨号数据，这些数据由 insertDTMF() 方法写入，成功发送出去的 DTMF 将从缓存中删除。

5.9.2　RTCDTMFSender 方法

insertDTMF() 方法

调用该方法将 DTMF 拨号数据追加到 toneBuffer，并开始异步发送，如果成功发送则触发 tonechange 事件。

```
RTCDTMFSender.insertDTMF(tones[, duration[, interToneGap]]);
```

- ❑ 参数：tones，包含 DTMF 拨号数据的字符串，如果 tones 为空字符串，则清空 toneBuffer；duration，DTMF 拨号数据持续时长，单位为毫秒，取值范围 40~6000ms，默认值 100ms；interToneGap，DTMF 拨号之间的等待时长，单位为毫秒，最小值为 30ms，默认值 70ms。
- ❑ 返回值：无。
- ❑ 异常：InvalidStateError，状态错误导致不能发送 DTMF 拨号数据；InvalidCharacter-Error，DTMF 包含了无效的拨号数据。

如代码清单 5-56 所示，当 RTCPeerConnection 建立连接成功时，调用 insertDTMF() 方法发送拨号数据 dialString。

代码清单 5-56　insertDTMF() 方法示例

```
function handleCallerIceConnectionStateChange() {
  log("Caller's connection state changed to " + pc.iceConnectionState);
  if (pc.iceConnectionState === "connected") {
    log("Sending DTMF: " + dialString);
    dtmfSender.insertDTMF(dialString, 400, 50);
  }
}
```

5.9.3　RTCDTMFSender 事件

tonechange 事件

每成功发送一条 DTMF 拨号数据，即触发异常 tonechange 事件，对应事件句柄 ontonechange。通过事件的属性 tone 可以判断具体的拨号数据，如果 tone 是空字符串，则表示所有拨号数据都已经发送完了。

代码清单 5-57 演示了 ontonechange 事件句柄的用法，如果 event.tone 不为空，则打印拨号数据，如果为空，则断开连接。

代码清单5-57　ontonechange事件句柄示例

```
dtmfSender.ontonechange = (event) => {
  if (event.tone !== "") {
    log("Tone played: " + event.tone);
  } else {
    log("All tones have played. Disconnecting.");
  }
};
```

5.10　RTC 错误处理

有些操作在出现错误时抛出 RTCError，其定义如代码清单 5-58 所示。

代码清单5-58　RTCError的定义

```
interface RTCError : DOMException {
  constructor(RTCErrorInit init, optional DOMString message = "");
  readonly attribute RTCErrorDetailType errorDetail;
  readonly attribute long? sdpLineNumber;
  readonly attribute long? sctpCauseCode;
  readonly attribute unsigned long? receivedAlert;
  readonly attribute unsigned long? sentAlert;
};
```

RTCError 的属性说明如表 5-19 所示。

表 5-19　RTCError 属性说明

属　　性	说　　明
errorDetail	WebRTC 指定的错误代码，类型为 RTCErrorDetailType
sdpLineNumber	当 errorDetail 为 sdp-syntax-error 时，sdpLineNumber 是出现错误的信号
sctpCauseCode	当 errorDetail 为 sctp-failure 时，sctpCauseCode 是导致 SCTP 协商失败的代码
receivedAlert	当 errorDetail 为 dtls-failure 时，receivedAlert 是收到的 DTLS 错误警告
sentAlert	当 errorDetail 为 dtls-failure 时，sentAlert 是发送的 DTLS 错误警告

RTCErrorDetailType 为枚举类型，其取值如代码清单 5-59 所示。

代码清单5-59　RTCErrorDetailType枚举取值

```
enum RTCErrorDetailType {
  "data-channel-failure",
  "dtls-failure",
  "fingerprint-failure",
  "sctp-failure",
  "sdp-syntax-error",
  "hardware-encoder-not-available",
  "hardware-encoder-error"
};
```

表 5-20 对 RTCErrorDetailType 的枚举值进行了说明。

表 5-20　RTCErrorDetailType 枚举值说明

枚举值	说　明
data-channel-failure	数据通道错误
dtls-failure	DTLS 协商失败
fingerprint-failure	RTCDtlsTransport 的对等端证书与 SDP 中的指纹不匹配
sctp-failure	SCTP 协商失败
sdp-syntax-error	SDP 语法错误
hardware-encoder-not-available	请求硬件编码资源失败
hardware-encoder-error	硬件编码不支持指定参数

5.11　通话的挂起与恢复

通话挂起是指在通话过程中一方临时暂停对话，并通过友好的方式提示对方进行等待；通话恢复是指由通话挂起恢复正常通话。

这两项技术经常用于电话客服或者电话转接的场景，比如当电话客服需要时间进行某项操作时，会提示客户进行等待，而为了让客户保持耐心，在等待期间会播放一段轻松的音乐。

将 RTCRtpTransceiver.direction 属性和 RTCRtpSender.replaceTrack() 方法相结合，可以实现通话挂起与恢复功能。

我们在本节例子中省略了 ICE 重新协商的过程，只关注通话部分的逻辑。如果要了解 ICE 重新协商的最佳实践，请回顾 4.3 节的内容。

5.11.1　通话挂起

我们来设想一个场景，一位客户正在与客服通话，客户提出了一项业务请求，客服表示可以满足但是需要一段时间处理，此时客服将通话挂起，提示客户进行等待。

客服方将从话筒采集到的语音替换为一段音乐，并停止播放从客户端发送过来的语音，将收发器的方向设置为只发送（sendonly）。

通过本章对 RTP 媒体 API 的介绍，我们已经知道，调用 replaceTrack 替换媒体轨道不需要进行重新协商，而对收发器方向的修改则需要重新进行 ICE 协商，在 doOffer 流程中生成了本地提案，并通过信令服务器发送给客户方。客服端代码逻辑如代码清单 5-60 所示。

代码清单5-60　playMusicOnHold示例

```
async function playMusicOnHold() {
  try {
```

```
    // audio是RTP收发器，musicTrack是播放音乐的音频轨道
    await audio.sender.replaceTrack(musicTrack);
    // 使接收到的音频静音
    audio.receiver.track.enabled = false;
    // 将direction设为只发送(sendonly)，此时需要重新协商
    audio.direction = 'sendonly';
    // 生成提案并发送给对等方
    await doOffer();
  } catch (err) {
    console.error(err);
  }
}
```

客户方也会进行相应处理，按照业务逻辑，客户方此时不应再发送语音数据，同时应该能够收听到等待音乐。

当客户方接收到客服方通过信令服务器传输过来的包含了 sendonly 的提案后，首先调用 setRemoteDescription 应用提案，然后调用 replaceTrack() 方法传入参数 null 移除音轨，这会导致停止发送音频数据。

客户方相应地将 direction 调整为只接收（recvonly），与客服方的 sendonly 保持一致，这避免了方向不一致导致反复协商。最后在 doAnswer 中生成自己的会话描述信息并发送给客服方，完成重新协商的过程。

整个过程如果出错，则进入错误处理流程，如代码清单 5-61 所示。

代码清单5-61　handleSendonlyOffer示例

```
async function handleSendonlyOffer() {
  try {
    // 首先应用sendonly提案
    await pc.setRemoteDescription(sendonlyOffer);
    // 停止发送音频
    await audio.sender.replaceTrack(null);
    // 相应地将direction调整为只接收
    audio.direction = 'recvonly';
    // 回应提案
    await doAnswer();
  } catch (err) {
    // 错误处理
  }
}
```

5.11.2　通话恢复

客服办理完业务，停止挂起状态，恢复通话，代码逻辑如代码清单 5-62 所示。首先使用从话筒采集到的音频轨道替换挂起状态播放的音乐，这个步骤可以马上生效，不需要进行重新协商。然后取消接收音频静音，这样就可以听到客户那边的语音了。将 direction 改为收发（sendrecv），这一步需要进行重新协商，在 doOffer 流程中生成了本地提案，并通过

信令服务器发送给客户方。

代码清单5-62　stopOnHoldMusic示例

```
async function stopOnHoldMusic() {
    // audio是RTP收发器，micTrack是从话筒采集的音频轨道
    await audio.sender.replaceTrack(micTrack);
    // 取消接收音频静音
    audio.receiver.track.enabled = true;
    // 将方向设为收发(sendrecv)
    audio.direction = 'sendrecv';
    // 生成提案并发送给对等方
    await doOffer();
}
```

客户方的音乐播放停止了，而且应该能够听到客服的语音信息，但是因为收发器方向还是只接收的状态，所以无法对话。

如代码清单 5-63 所示，对客服方取消挂起操作进行回应，客户方收到了从信令服务器发送过来的提案 SDP 信息，调用 setRemoteDescription() 方法进行设置，随后使用 replaceTrack 加入话筒音频轨道并将接收器方向改为收发（sendrecv)，最后在 doAnswer 流程中生成自己的会话描述信息并发送给客服方，完成 ICE 重新协商过程。至此，客户方可以正常发送自己的语音了，双方通话恢复正常。

代码清单5-63　onOffHold示例

```
async function onOffHold() {
    try {
        // 首先应用sendrecv提案
        await pc.setRemoteDescription(sendrecvOffer);
        // 开始发送话筒音轨
        await audio.sender.replaceTrack(micTrack);
        // 将收发方向设为sendrecv
        audio.direction = 'sendrecv';
        // 生成本地SDP应答，回复给对方
        await doAnswer();
    } catch (err) {
        // 错误处理
    }
}
```

5.12　示例

我们继续在第 4 章示例的基础上，运用本章介绍的知识，增加一些"高级"的功能。本节的代码可以从 GitHub 地址获取，如代码清单 5-64 所示。

代码清单5-64　获取示例代码

```
git clone https://github.com/wistingcn/dove-into-webrtc.git
```

```
cd dove-into-webrtc/rtpmedia/
```

该示例的运行方式与第 4 章的示例相同，这里不再赘述。

5.12.1 动态设置视频码率

我们的目标是在通话过程中实时更改视频码率，主要涉及对 RTCRtpEncodingParameters.maxBitrate 的修改。

首先在 Web 页面增加输入框，用来设置新的码率，如代码清单 5-65 所示。

代码清单5-65 设置视频码率

```
<div>
  设置视频码率(kbps):
  <input id="bitrate" type="number" maxlength="12" required>
  <input type="button" id="updateBitrate" value="更新" onclick="updateBitrate()"
    disabled>
</div>
```

"更新"按钮的初始状态是禁用，在用户尝试建立通话的 invite 流程中会启用此按钮。点击该按钮，将会触发调用 updateBitrate() 函数，其实现如代码清单 5-66 所示。

代码清单5-66 updateBitrate()函数的实现

```
function updateBitrate() {
  if(!pc || !isConnected) return;
  let bitrate = document.getElementById('bitrate').value;
  log("* Set MaxBitrate to : " + bitrate + "kbps");
  bitrate = bitrate * 1024;

  pc.getSenders().forEach(sender => {
    if(sender.track.kind === 'audio') return;

    let param = sender.getParameters();
    param.encodings[0].maxBitrate = bitrate;
    sender.setParameters(param)
    .then(() => {
      param = sender.getParameters();
      log(" * Video Sender Encodings * ");
      const senderParamsEncoding = param.encodings.map(encoding => JSON.stringify
        (encoding)).join("\n");
      log(senderParamsEncoding);
    })
    .catch(error => {
      error("Set MaxBitrate error! " + error.name);
    });
  });
}
```

如果 WebRTC 还没有建立连接，将会直接返回 updateBitrate() 函数。我们在代码中过滤掉了音频 RTP 发送器，只针对视频 RTP 发送器设置码率，由于 maxBitrate 能够接受的码率单位是 bps，而用户输入的单位是 kbps，所以要做一个单位转换。setParameters() 函数用于设置新的码率，如果设置成功，打印出新的编码参数，如果设置过程出错则打印失败信息。

运行本示例 Web 程序，将码率设置为 50kbps，设置成功后日志输出如代码清单 5-67 所示。

代码清单5-67　设置视频码率输出

```
[下午4:52:35] * Set MaxBitrate to : 50kbps
[下午4:52:35] * Video Sender Encodings *
[下午4:52:35] {"active":true,"maxBitrate":51200,"networkPriority":"low","priority
    ":"low"}
```

在 Chrome 浏览器打开地址：chrome://webrtc-internals/，找到 "Stats graphs for RTCOutboundRTPVideoStream"，可以看到码率的动态表，如图 5-2 所示。

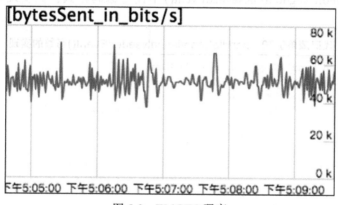

图 5-2　WebRTC 码率

5.12.2　使用 VP9 和 H264

WebRTC 默认使用的编码格式是 VP8，我们可以在通话过程中更换编码格式，在 VP9 和 H264 之间切换。更换编码格式不会中断通话，但是需要重新进行 ICE 协商。

首先在 Web 页面增加对编码格式的选择，如代码清单 5-68 所示。

代码清单5-68　选择视频编码格式

```
<div>
  选择视频编码格式：
  <select id="codecSelect">
    <option value="VP8" selected>VP8</option>
    <option value="VP9">VP9</option>
    <option value="H264">H264</option>
  </select>
  <input type="button" id="selectCodec" value="选择" onclick="selectCodec()">
</div>
```

在通话建立前和通话过程中，我们都可以选择编码格式。点击"选择"将触发调用 selectCodec() 函数，其实现流程如代码清单 5-69 所示。

代码清单5-69 selectCodec()函数的实现

```
function selectCodec() {
  selectedCodec = document.getElementById("codecSelect").value;
  log("* Select codec : " + selectedCodec);

  if (isConnected) {
    pc.restartIce();
  }
}
```

如果通话连接已经建立，isConnected 为 true，调用 restartIce() 函数触发重新协商。

不管是第一次建立连接还是重新协商，都会触发 negotiationneeded 事件，我们在该事件处理函数 handleNegotiationNeededEvent() 中设置编码格式，其实现如代码清单 5-70 所示。

代码清单5-70 handleNegotiationNeededEvent()函数的实现

```
async function handleNegotiationNeededEvent() {
  log("*** Negotiation needed");
  if (pc.signalingState != "stable") {
    log("-- The connection isn't stable yet; postponing...")
    return;
  }

  const codecCap = getCapabilitiesCodec(selectedCodec);
  try {
    pc.getTransceivers().forEach(t => {
      if(t.sender.track.kind !== 'video') return;
      t.setCodecPreferences(codecCap);
    });
  } catch(err) {
    error("setCodecPreferences error! " + err.name);
  }

  try {
    log("---> Setting local description to the offer");
    await pc.setLocalDescription();

    log("---> Sending the offer to the remote peer");
    sendToServer({
      name: myUsername,
      target: targetUsername,
      type: "video-offer",
      sdp: pc.localDescription
    });
  } catch(err) {
    log("*** The following error occurred while handling the negotiationneeded event:");
    reportError(err);
```

```
    };
  }
```

对 WebRTC 编码格式的设置实际上是一个"建议"，我们将最想使用的编码格式放在一组编码格式的最前面，然后调用 setCodecPreferences() 方法传入新的数组。

编码格式必须符合当前浏览器的编码能力，我们在 getCapabilitiesCodec() 函数中对编码格式进行筛选、排序，如代码清单 5-71 所示。

代码清单5-71　getCapabilitiesCodec()函数的实现

```
function getCapabilitiesCodec(codec) {
  let capCodes = RTCRtpSender.getCapabilities('video').codecs;
  let cap = null;
  switch(codec) {
    case 'VP8':
    case 'VP9':
      cap = capCodes.find(item => item.mimeType.match(codec));
      break;
    case 'H264':
      cap = capCodes.find(item => item.mimeType.match(codec) && item.sdpFmtpLine.match
        ('42e01f'));
  }

  capCodes = capCodes.filter(item => item !== cap);
  capCodes = [cap, ...capCodes];
  log("Sorted Capabilities =>" + JSON.stringify(capCodes));
  return capCodes;
}
```

浏览器往往对同一种编码格式提供多个编码能力，H264 编码就是这样，我们在本例中使用了支持 CBP 配置的编码能力，对应的配置 id 为 42e01f。

运行本示例 Web 程序，在通话过程中选择 H264 编码格式，日志输出如代码清单 5-72 所示。

代码清单5-72　设置H264编码格式日志输出（其他编码格式略）

```
[下午5:46:04] * Select codec : H264
[下午5:46:04] *** Negotiation needed
[下午5:46:09] * Video Sender Codecs *
[下午5:46:09] {"clockRate":90000,"mimeType":"video/H264","payloadType":106,
  "sdpFmtpLine":"level-asymmetry-allowed=1;packetization-mode=1;profile-level-
  id=42e01f"} {"clockRate":90000,"mimeType":"video/VP8","payloadType":96}
```

日志打印的 Codecs 信息从 sender.getParameters() 方法获取，反映了 WebRTC 当前使用的编码格式及参数，可以看到 H264 排在了第一个。

在 Chrome 浏览器打开地址：chrome://webrtc-internals/，找到"RTCOutboundRTPVideoStream"，能够看到当前使用的编码格式是 H264，如图 5-3 所示。

▼ RTCOutboundRTPVideoStream_3796240302 (outbound-rtp)	
	Statistics RTCOutboundRTPVideoStream_3796240302
timestamp	2020/5/27 下午5:53:33
ssrc	3796240302
isRemote	false
mediaType	video
kind	video
trackId	RTCMediaStreamTrack_sender_6
transportId	RTCTransport_0_1
codecId	RTCCodec_1_Outbound_106
[codec]	H264 (106, level-asymmetry-allowed=1;packetization-mode=1;profile-level-id=42e01f)

图 5-3 　 WebRTC 编码格式

5.12.3 　使用虚拟背景

　　我们在第 2 章的示例中演示了如何从摄像头获取视频画面，然后使用图片替换特定的背景颜色，从而实现虚拟背景效果。本例将演示如何把虚拟背景视频通过 WebRTC 传输给对等端。

　　首先在 Web 页面加入复选框，如代码清单 5-73 所示。

代码清单5-73 　使用虚拟背景

```
<div>
  <input type="checkbox" id="replace" value="true" onclick="replaceBackground()"
     disabled>替换背景
</div>
```

　　点击复选框，触发调用 replaceBackground() 函数，其实现如代码清单 5-74 所示。

代码清单5-74 　 replaceBackground()函数的实现

```
function replaceBackground() {
  if (!isConnected) return;

  if (!chroma) {
    chroma = new ChromaKey();
    chroma.doLoad();
  }

  const checkBox = document.getElementById('replace');
  if (checkBox.checked) {
    log("replace background checked!");
    const chromaTrack = chroma.capStream.getVideoTracks()[0];
    pc.getSenders().forEach(sender => {
      if(sender.track.kind !== 'video') return;
      sender.replaceTrack(chromaTrack);
    });
    document.getElementById("chroma_video").srcObject = chroma.capStream;
  } else {
    log("replace background unchecked!");
```

```
    const cameraTrack = webcamStream.getVideoTracks()[0];
    pc.getSenders().forEach(sender => {
      if(sender.track.kind !== 'video') return;
      sender.replaceTrack(cameraTrack);
    });
    document.getElementById("chroma_video").srcObject = webcamStream;
  }
}
```

类 ChromaKey 在 processor.js 文件中实现，用于实现抠图效果，其内部逻辑我们在 2.8 节已经介绍过了，成员变量 capStream 类型为 MediaStream，是包含抠图效果的媒体流。

当用户勾选了复选框，程序流程从 capStream 获取视频媒体轨道，然后调用 replaceTrack() 方法替换轨道，replaceTrack() 方法调用会马上生效，不需要重新协商。

当用户取消了复选框，程序流程从当前摄像头对应的媒体流 webcamStream 获取视频媒体轨道，调用 replaceTrack() 方法替换轨道。

本节介绍的功能可以结合在一起使用，请读者自行尝试。

5.13　本章小结

我们在本章介绍了 WebRTC 对媒体及传输管理的 API 接口，使用这些接口可以对 WebRTC 进行深度定制。在本章最后的示例部分我们实现了几个具备较强实战性的功能，可以直接应用到产品中。

本章的示例用到了信令的交换，同时实现了较为简单的信令服务器，为了突出本章主题，我们没有对信令部分做详细讲解。我们将在下一章介绍信令服务器的实现，并最终实现一个较为完善的信令服务器。

Chapter 6 第6章

信令服务器

WebRTC 使用信令服务器交换媒体和网络候选者信息，信令服务器承担着消息传输与交换的工作。WebRTC 规范规定了信令服务器的实现方式，任何能够进行网络信息交换的技术都可以用来实现信令服务，如 HTTP、XMPP 及 WebSocket 等。

一个理想的信令服务系统通常具备以下特点。

❑ 能够同时支撑多个 WebRTC 通话环境，即多个房间，且房间之间互不影响。

❑ 每个房间的参与人数不受限制。

❑ 实时性好。由于 WebRTC 是一个实时通信系统，要求信令能够实时发送，不能有明显的延时。

❑ 支持可靠信令传输。发送方能够准确知道信令是否发送成功，如果因为网络故障等原因导致信令发送失败，发送方能够收到通知，并支持重试。

❑ 可扩展性好。随着应用程序复杂度的提升，信令服务器除了用于传输信令数据，也能用于传输应用数据，这就要求信令服务系统具备较好的可扩展性，以适应应用程序的变化。

❑ 性能好。服务器端能够以较低的资源开销支撑尽可能多的房间。

在实际开发过程中，使用技术的成熟度、稳定性、后期维护成本等也都是实现信令服务器的考虑因素。

我们将在本章介绍一种性能稳定的信令服务器实现方式，适用于构建大型 WebRTC 应用，其核心是采用 Node.js 作为服务器端语言，Express 作为 Web 框架，Socket.IO 作为通信框架。

这套编程框架具备以下优点。

1. 前后端语言统一

由于 Node.js 使用的是 JavaScript，这样前后端都采用 JavaScript 作为基础语言。使用

JavaScript ES6+ 语法，使前后端编程语言与风格能够统一起来，减少了编程语言的学习成本，有助于提升开发效率，提升产品质量。

2. 实时性好

JavaScript 是一种异步非阻塞语言，Node.js 天生支持异步，Socket.IO 专门为实时通信打造，这些优点使得这套框架具备良好的实时性，尤其适合构建实时应用。

3. 性能好

Node.js 的异步非阻塞特性结合 Chrome V8 引擎，使得 Node.js 应用具备非常好的性能，适合高并发场景。

4. 成熟、稳定

Express 和 Socket.IO 都是非常成熟的框架，在大量成熟产品中得到验证，而且具备快速开发的优势。

为了能有更好的开发体验，笔者推荐将这套框架与 TypeScript 语言结合使用，以利用 TypeScript 类型检测、语法提示等功能。通常使用 TypeScript 开发的程序结构更为清晰，Bug 也相对少一些。但是 TypeScript 不是这套框架的必选项，因为最终 TypeScript 需要编译成 Node.js 运行，所以直接使用 Node.js 也没有问题。读者可以结合项目的实际情况决定是否使用 TypeScript。

6.1 使用 Node.js

Node.js（简称 Node）由 Ryan Dahl 开发，发布于 2009 年 5 月，是一个基于 Chrome V8 引擎和 libuv 库的 JavaScript 运行环境。它运行在服务端，支持 Windows、Linux、macOS 等大部分操作系统，由于使用了事件驱动、非阻塞式 I/O 模型，Node.js 有着惊人的性能，非常适合在分布式设备上运行数据密集型的实时应用。

如下场景应该优先使用 Node 来构建。

❑ 实时聊天应用。
❑ 复杂的 SPA 应用。
❑ 实时协作工具。
❑ 流媒体应用。
❑ 基于 JSON API 的应用。

Node 应用程序在单个进程中运行，无须为每个请求创建新线程。在其标准库中提供了一组异步 IO 原语，以防止 JavaScript 代码阻塞。标准库也同样使用非阻塞模式编写，这使得非阻塞行为成为 Node 的默认规范，这是 Node 的优势之一，是其与 Python、Java 等语言的根本区别。

即使是在执行网络读取、访问数据库或文件系统等 IO 操作，Node 也不会出现阻塞，它会在 IO 操作期间处理其他任务，在 IO 完成后恢复操作。

Node 的这种单线程、非阻塞模式与 Nginx 类似，使得 Node 能够在一台服务器上处理数万个并发连接，避免了多线程模式下 CPU 频繁切换线程带来的资源消耗，开发者无须关注多线程模式带来的同步问题，简化了应用模型。

Node 具有独特的优势，使得 Web 前端开发人员无须切换技术便可编写服务器端代码。

在 Node 中，开发者可以自由使用最新的 ECMAScript 标准语法，我们在本书的示例代码中使用了 ES6+ 语法。

Node 拥有庞大的生态，在其开发包管理库 NPM 中提供了一百万个以上的开源工具包。很多 Web 前端使用的技术也可以在 Node 中使用，比如使用 node-canvas 库在服务器端进行绘图操作。

Node 的另一个重要优点是它可以非常方便地使用 JSON。JSON 是 Web 上非常重要的数据交换格式，也是与对象数据库（例如 MongoDB）进行交互的通用语言。JSON 非常适合 JavaScript 程序使用，当在 Node 中使用 JSON 时，数据可以清晰地在服务器、客户端、数据库之间流动，使用同一种语法，而无须重新格式化。

作为一名服务器端开发人员，熟练掌握以下 JavaScript 知识，可以更好地使用 Node。

❑ 箭头函数。

❑ 异步编程和回调。

❑ 计时器。

❑ Promise 承诺。

❑ 理解并使用 async 与 await 语法。

❑ 闭包。

❑ 事件循环。

我们举个例子来熟悉一下 Node 的使用。代码清单 6-1 创建了一个最为常见的 Web 服务器，对于所有 HTTP 请求，都会回复 "Hello World!"。

代码清单6-1　Node Web服务器示例

```
const http = require('http')
const hostname = '127.0.0.1'
const port = process.env.PORT
const server = http.createServer((req, res) => {
  res.statusCode = 200
  res.setHeader('Content-Type', 'text/plain')
  res.end('Hello World!\n')
})
server.listen(port, hostname, () => {
  console.log(`Server running at http://${hostname}:${port}/`)
})
```

Node 自带出色的标准库，尤其对网络操作提供了很好的支持。我们在代码清单 6-1 中使用了标准库里的网络模块 http，调用 http 模块的 createServer() 方法创建 HTTP 服务器。在回调函数中处理新的 HTTP 请求，回调函数参数 req 代表请求对象，类型是 http.
IncomingMessage，res 是响应对象，类型是 http.ServerResponse。

req 和 res 两个对象对于处理 HTTP 请求至关重要。req 提供请求的详细信息，可以从中
获取请求头及请求数据；res 用于设置响应代码及响应头，将数据返回给客户端。

1. Node.js 的安装与使用

我们可以通过以下两种方法安装 Node。

一种方法是在以下地址获取所有主要平台的官方软件包，然后手动解压安装。

```
https://nodejs.org/en/download/
```

另一种方法更加方便，是通过程序包管理器进行安装，每个操作系统都有自己的软件
包管理器。在 macOS 上，Homebrew 是常用的软件包管理器，在 CLI 命令行中运行以下命
令，可以非常轻松地安装 Node。

```
brew install node
```

在 Ubuntu 系统上，可以非常方便地使用 apt-get 命令进行安装。

```
sudo apt-get update
sudo apt-get install nodejs
```

安装成功后，执行以下命令查看版本号。

```
root@webrtc:~# node -v
v12.16.1
```

执行 Node 程序也非常简单，命令如下所示。

```
node server.js
```

> 📷 **注意** 由于 V8 引擎对内存使用有限制，Node 应用程序通常在占用内存 1.4GB 左右时出现
> 内存分配错误，这种情况可以通过在启动程序时传入 max-old-space-size 参数解决，
> 参数单位是 MB。
> \# 指定内存使用上限为 4GB
> node --max-old-space-size=4096 index.js
> \# 也可以全局设置
> export NODE_OPTIONS=--max_old_space_size=4096

---

2. Node.js 的调试

V8 提供了标准的调试 API，Node 的调试受益于 V8，可以在程序内部进行调试。在启
动 Node 程序时，在 node 命令之后加上 inspect 参数即可启动调试器，此时终端将打出日志
信息，提示调试器是否启动成功，如代码清单 6-2 所示。

代码清单6-2　启动调试器

```
$ node inspect myscript.js
< Debugger listening on ws://127.0.0.1:9229/80e7a814-7cd3-49fb-921a-2e02228cd5ba
< For help, see: https://nodejs.org/en/docs/inspector
< Debugger attached.
Break on start in myscript.js:1
> 1 (function (exports, require, module, __filename, __dirname) { global.x = 5;
  2 setTimeout(() => {
  3   console.log('world');
debug>
```

在源代码中插入 debugger 参数设置断点，当程序执行到断点即会中止运行，如代码清单 6-3 所示。

代码清单6-3　设置断点

```
// myscript.js
global.x = 5;
setTimeout(() => {
  debugger;
  console.log('world');
}, 1000);
console.log('hello');
```

当调试器开始运行时，断点将会出现在 debugger 的位置，程序中止运行，出现输入提示，等待输入指令再执行后续的操作，如代码清单 6-4 所示。

代码清单6-4　运行调试器

```
$ node inspect myscript.js
< Debugger listening on ws://127.0.0.1:9229/80e7a814-7cd3-49fb-921a-2e02228cd5ba
< For help, see: https://nodejs.org/en/docs/inspector
< Debugger attached.
Break on start in myscript.js:1
> 1 (function (exports, require, module, __filename, __dirname) { global.x = 5;
  2 setTimeout(() => {
  3   debugger;
debug> cont
< hello
break in myscript.js:3
  1 (function (exports, require, module, __filename, __dirname) { global.x = 5;
  2 setTimeout(() => {
> 3   debugger;
  4   console.log('world');
  5 }, 1000);
debug> next
break in myscript.js:4
  2 setTimeout(() => {
  3   debugger;
> 4   console.log('world');
  5 }, 1000);
  6 console.log('hello');
```

```
debug> next
< world
break in myscript.js:5
  3   debugger;
  4   console.log('world');
> 5 }, 1000);
  6 console.log('hello');
  7
debug> .exit
```

调试器的常用命令如下所示。

❑ cont 或 c：继续运行。

❑ next 或 n：运行到下一个断点。

❑ step 或 s：步进到函数内部。

❑ out 或 o：从函数内部跳出。

❑ pause：暂停执行。

❑ sb：在当前行设置断点

❑ sb(line)：在指定行 (line) 设置断点。

❑ sb(fn)：在函数名 (fn) 声明处设置断点。

❑ cb：清除断点。

❑ bt：打印栈信息。

❑ list：列出当前运行点前后 5 行源代码。

❑ watch(expr)：观察表达式 expr。

❑ unwatch(expr)：移除观察表达式 expr。

❑ repl：打开调试交互，用于执行调试脚本。

Node 的调试器还可以与 Chrome 开发者工具一起工作，支持通过网页调试 Node 程序。在启动 Node 程序时加上 --inspect 参数即可，该参数默认使用端口 9229，也可以指定一个自定义端口号，如 --inspect=9222 将在端口 9222 上接受 Chrome 开发者工具的连接。如代码清单 6-5 所示，使用 --inspect 参数启动调试器，以支持在 Chrome 开发者工具中调试 Node 程序。

代码清单6-5　使用--inspect参数启动调试器

```
$ node --inspect peerserver.js
Debugger listening on ws://127.0.0.1:9229/d54afb65-55ba-47eb-8b85-1b4010eb0deb
For help, see: https://nodejs.org/en/docs/inspector
[17:28:04] Server is listening on port 6503
Debugger attached.
Debugger listening on ws://127.0.0.1:9229/d54afb65-55ba-47eb-8b85-1b4010eb0deb
For help, see: https://nodejs.org/en/docs/inspector
```

打开 Chrome 浏览器开发者工具，连接 Node 程序，如图 6-1 所示。

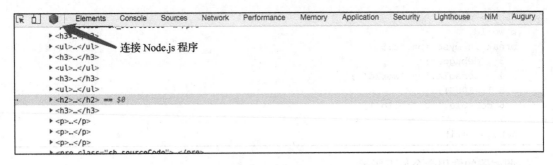

图 6-1　Chrome 连接 Node 程序

连接成功后弹出新的窗口，在该窗口中调试 Node 程序。

3. npm 包管理工具

安装 Node 时默认安装包管理工具 npm，npm 的常用命令如下。

❑ npm -g install <包名>：全局安装指定的包，install 也可以简写成 i。

❑ npm install：在当前目录下安装 package.json 文件定义的依赖包。

❑ npm install <包名>：在当前目录下安装指定的包。

❑ npm install <包名 @1.x>：安装指定版本的包。

❑ npm uninstall <包名>：卸载指定的包。

❑ npm update <包名>：在当前目录下更新指定的包。

❑ npm ls：查看已安装的包。

❑ npm run <command>：执行 package.json 文件中 scripts 对象中 command 属性对应的命令。

❑ npm start：执行 scripts 对象中 start 属性对应的命令，如果没有定义 start 属性，则运行 node server.js。

❑ npm init：在当前目录创建 package.json 文件。

❑ npm -l：显示完整的使用帮助信息。

在国内使用 npm 经常遇到下载速度慢的问题，这时候可以使用淘宝团队做的国内镜像，淘宝镜像与 npm 官方镜像每 10 分钟同步一次。淘宝镜像的使用方法有以下两种。

第一种是使用 cnpm 工具。运行如下命令安装 cnpm，cnpm 的使用方法与 npm 相同。

```
npm install -g cnpm --registry=https://registry.npm.taobao.org  #全局安装cnpm
cnpm -v        # 通过查看cnpm的版本来测试是否安装成功
cnpm install # 安装package.json文件定义的依赖包
```

第二种是通过改变 npm 地址使用淘宝镜像，此时可以不安装 cnpm 命令。

```
npm config get registry # 查看npm的默认地址，通常是 https://registry.npmjs.org/
npm config set registry https://registry.npm.taobao.org # 将默认地址改为淘宝镜像地址
```

npx 随 npm 一起安装，是一款非常有用的工具。npx 用于调用当前目录下安装的 npm 包里的可执行文件，使用以下命令可以检查 npx 是否存在。

```
npx -v #检查npx版本
```

如果 npx 不存在，使用以下命令进行安装。

```
npm i -g npx
```

如果不使用 npx，就需要采用文件路径的方式调用当前目录下的工具，命令如下所示。

```
node_modules/.bin/mocha --version
```

使用 npx，则可以忽略文件路径，命令如下所示。

```
npx mocha --version
```

如果当前路径下没有安装使用 npx 调用的工具，则 npx 会自动进行安装。

```
# 没安装http-server时，npx会先自动进行安装，然后再调用http-server
npx http-server
```

使用 npx 的好处是避免了全局安装，使每个项目都能保持相对独立，比如在两个目录下安装了不同版本的 Angular，可以在不同目录下分别使用 npx ng 执行不同版本的 ng 命令，如果全局安装则只能使用同一个版本的 ng 命令。

4. package.json 项目描述文件

package.json 是项目的描述文件，包含定义项目的元信息，比如项目名称、版本、执行方式、依赖包等。

npm install 命令会自动安装 package.json 文件定义的依赖包。

package.json 是纯文本文件，所以使用任意编辑器都可以手动创建、编辑 package.json 文件，也可以使用 npm init 命令根据提示输入相应的内容完成创建。package.json 的示例文件如代码清单 6-6 所示。

代码清单6-6　package.json示例文件

```
{
  "name": "wiser-server",
  "version": "1.0.0",
  "scripts": {
    "build": "tsc; cp start.sh dist/",
    "pack": "webpack"
  },
  "description": "Wiser server,Wiser is a dedicated cloud for telecommuting and
    video conferencing, born for privacy and security.",
  "author": "liwei<bjliwei@qq.com>",
  "license": "AGPL",
  "main": "server.ts",
  "dependencies": {
    "base-64": "^0.1.0",
    "body-parser": "^1.19.0",
    "color": "^3.1.2",
    "compression": "^1.7.4",
    "cookie-parser": "^1.4.4",
```

```
    "cors": "^2.8.5",
    "crypto-js": "^4.0.0",
    "debug": "^4.1.1",
    "express": "^4.17.1",
    "express-session": "^1.17.0",
    "got": "^10.5.5",
    "helmet": "^3.21.2",
    "mediasoup": "^3.0.12",
    "morgan": "^1.9.1",
    "multer": "^1.4.2",
    "socket.io": "^2.3.0",
    "sqlite3": "^4.1.1",
    "ts-node": "^8.8.1",
    "typeorm": "^0.2.22",
    "yargs": "^15.1.0"
  },
  "devDependencies": {
    "@types/express": "^4.17.2",
    "@types/yargs": "^15.0.3",
    "@types/node": "^13.1.2",
    "@types/socket.io": "^2.1.4",
    "@types/got": "^9.6.9",
    "ts-loader": "^6.2.1",
    "typescript": "^3.6.4",
    "webpack": "^4.41.6",
    "webpack-cli": "^3.3.11",
    "webpack-node-externals": "^1.7.2"
  }
}
```

package.json 文件包含的主要字段说明如下。

❑ name：包名称。如果希望发布程序包，则 package.json 中最重要的是包名称和版本字段，因此它们是必填字段。包名称和版本共同构成一个完全、唯一的标识符。如果不打算发布程序包，则包名称和版本字段是可选的。包名称长度必须小于或等于 214 个字符，不能以点或下划线开头，而且不能包含非 URL 安全的字符。

❑ version：版本号。通常格式为 major.minor.revision，用于版本控制。

❑ description：包的描述文字，是一个字符串。通过 npm search 命令可以准确找到指定的包，并对包有一个初步的了解。

❑ keywords：关键字数组。用于在 npm 中做分类搜索，关键字有助于其他人快速找到你的包。

❑ scripts：包含脚本命令的字典对象，主要用于安装、编译、测试及卸载包。使用 "npm run <命令>" 的形式执行 scripts 定义的脚本命令。

❑ license：包使用的许可证。许可证向用户说明使用包有哪些限制，常用的许可证有 MIT、GPL、AGPL 等。

❑ dependencies：包含运行环境依赖包的字典对象，执行 npm install 命令时会安装这些依赖包。命令 npm install <pageName> --save 将依赖包写入运行依赖项。dependencies 中关于版本标识的说明如表 6-1 所示。

表 6-1　dependencies 版本标识

版 本 标 识	说　　　明
version	版本与 version 完全匹配
>version	版本必须大于 version
>=version	版本必须大于、等于 version
<version	版本必须小于 version
<=version	版本必须小于、等于 version
~version	版本约等于 version
^version	版本与 version 兼容
*	匹配任意版本
version1 - version2	版本必须大于、等于 version1 且小于、等于 version2

❑ devDependencies：包含开发环境依赖关系的字典对象，执行 npm install 命令时将安装这些依赖包。命令 npm install <pageName> --save-dev 将依赖包写入开发依赖项。

❑ author：包作者。格式是 Name <email@example.com> (http://example.com)。

❑ main：包的 ID 字段，是程序的入口。也就是说，如果包名是 foo，用户可以使用 require ("foo") 导出包对象，如果不存在该字段，则 require() 方法会查找包目录下的 index. js、index.node、index.json 文件作为默认入口。

5. 输出日志

在 Web 应用中，JavaScript 程序使用 console 对象记录日志。在 Node 程序里同样也可以使用 console 对象，console 对象按照日志的严重程度，提供了以下几个级别的函数。

❑ console.log：记录普通日志。

❑ console.info：记录普通信息。

❑ console.warn：记录警告信息。

❑ console.error：记录错误信息。

产生日志时，log 和 info 会将信息输出到标准输出 stdout 中，warn 和 error 则将信息输出到标准错误 stderr 中。使用 console 对象的构造函数 Console() 可以实现自己的日志对象。

如代码清单 6-7 所示，创建一个可写流 output，指向文件 stdout.log，同时又创建另外一个可写流 errorOutput，指向文件 stderr.log。将 output 和 errorOutput 传给构造函数 Console()，分别对应标准输出和标准错误，返回日志对象 logger。使用 logger.log 记录的日志将写入 stdout.log 文件，相应地，使用 logger.error 记录的日志将写入 stderr.log 文件。

代码清单6-7　自定义日志对象

```
const output = fs.createWriteStream('./stdout.log');
const errorOutput = fs.createWriteStream('./stderr.log');
const logger = new console.Console({ stdout: output, stderr: errorOutput });
const count = 5;
logger.log('count: %d', count);
```

6.2　使用 TypeScript

TypeScript 是由微软开发的开源、跨平台编程语言，它是 JavaScript 的超集，最终被编译为 JavaScript 代码运行。TypeScript 添加了可选的静态类型系统以及很多尚未正式发布的 ECMAScript 新特性（如装饰器）。

由于 JavaScript 是弱类型语言，当项目规模较大时，代码往往难以维护，并且代码质量难以保障，Bug 频出。而 TypeScript 可以作为强类型语言使用，与开发工具结合除了能够在编写代码阶段检测出潜在的 Bug，还支持更加智能的语法提示。

Visual Studio Code 是使用 TypeScript 语言开发的开发工具，所以天然支持 TypeScript，因此成为开发 TypeScript 的首选代码编辑器。

1. TypeScript 安装与使用

安装 TypeScript 的方式主要有两种。

一种是通过 npm 包管理工具，命令如下所示。

```
npm install -g typescript
```

另一种是安装 Visual Studio 的 TypeScript 插件。Visual Studio 2017 之后的版本都默认包含 TypeScript。

TypeScript 是 JavaScript 的超集，所以完全支持 JavaScript 的代码。代码清单 6-8 是一段 JavaScript 代码，我们将其保存到文件 greeter.ts 中。

代码清单6-8　TypeScript示例1

```
function greeter(person) {
return "Hello, " + person;
}
let user = "Jane User";
document.body.innerHTML = greeter(user);
```

在命令行运行 TypeScript 编译器 tsc。

```
tsc greeter.ts
```

tsc 命令输出了文件 greeter.js，由于我们还没有使用任何 TypeScript 的特性，所以它的内容和 greeter.ts 是一样的。

接下来给 person 参数指定类型 string，如代码清单 6-9 所示。

代码清单6-9　TypeScript示例2

```
function greeter(person: string) {
  return "Hello, " + person;
}
let user = "Jane User";
document.body.innerHTML = greeter(user);
```

再次使用 tsc 工具进行编译，重新生成 greeter.js 文件。tsc 将 string 类型去掉了，生成 JavaScript 代码。

如果我们不小心传入了如下这种不是字符串的参数。

```
greeter([0, 1, 2]);
```

tsc 工具会在编译阶段报错。

```
greeter.ts(7,26): error TS2345: Argument of type 'number[]' is not assignable to
  parameter of type 'string'.
```

通常情况下，我们都会使用 Visual Studio Code 这类可视化的开发工具，那么在开发阶段就会收到类型不匹配的错误提示，这样就避免了错误传参导致的 Bug。

2. TypeScript 的数据类型

TypeScript 支持的数据类型与 JavaScript 大体相同，此外还提供了实用的枚举等类型方便我们使用。

（1）布尔值（boolean）

boolean 是最基本的数据类型，对应 true 和 false 值。

```
let isDone: boolean = false;
```

（2）数字（number）

和 JavaScript 一样，TypeScript 里所有的数字都是浮点数。这些浮点数的类型是 number。除了支持十进制和十六进制值，TypeScript 还支持 ECMAScript 2015 引入的二进制和八进制值。

```
let decLiteral: number = 6;
let hexLiteral: number = 0xf00d;
let binaryLiteral: number = 0b1010;
let octalLiteral: number = 0o744;
```

（3）字符串（string）

TypeScript 使用 string 表示文本数据类型，与 JavaScript 相同，可以使用双引号（"）或单引号（'）表示字符串。

```
let name: string = "bob";
name = "smith";
```

还可以使用模版字符串定义多行文本和内嵌表达式。这种字符串被反引号（`）包围，

并且以 ${ expr } 的形式嵌入表达式。

```
let name: string = `Gene`;
let age: number = 37;
let sentence: string = `Hello, my name is ${ name }. I'll be ${ age + 1 } years
    old next month.`;
```

（4）数组（Array）

定义数组的方式有两种。第一种是在元素类型后面接 []，表示由此类型元素组成的一个数组。

```
let list: number[] = [1, 2, 3];
```

第二种方式是使用数组泛型，Array< 元素类型 >。

```
let list: Array<number> = [1, 2, 3];
```

（5）元组（Tuple）

元组类型表示一个已知元素数量和类型的数组，各元素的类型不必相同。比如，可以定义一对值分别为 string 和 number 类型的元组。

```
let x: [string, number];
x = ['hello', 10]; // 正确
x = [10, 'hello']; // 错误，类型不匹配
```

（6）枚举（enum）

enum 类型是对 JavaScript 标准数据类型的一个补充。

```
enum Color {Red, Green, Blue}
let c: Color = Color.Green;
```

默认情况下，从 0 开始为元素编号，也可以手动的指定成员的数值。例如，我们将上面的例子改成从 1 开始编号，代码如下所示。

```
enum Color {Red = 1, Green, Blue}
let c: Color = Color.Green;
```

或者，全部采用手动赋值，代码如下所示。

```
enum Color {Red = 1, Green = 2, Blue = 4}
let c: Color = Color.Green;
```

（7）any 类型

有时候，我们想为那些在编程阶段还不清楚类型的变量指定一个类型。这些变量的值可能来自动态的内容，比如用户输入或第三方代码库。在这种情况下，我们不希望类型检查器对这些值进行检查，那么就可以使用 any 类型标记这些变量。

```
let notSure: any = 4;
notSure = "maybe a string instead";  // 将String赋值给any类型
notSure = false; // 也可以将boolean赋值给any类型
```

（8）void 类型

从某种程度上讲，void 类型与 any 类型相反，表示没有任何类型。当一个函数没有返回值时，可以将其返回类型指定为 void。

```
function warnUser(): void {
  console.log("This is my warning message");
}
```

声明一个 void 类型的变量没有什么大用，因为我们只能为它赋予 undefined 或 null。

```
let unusable: void = undefined;
```

（9）null 和 undefined 类型

默认情况下 null 和 undefined 是所有类型的子类型，可以把 null 和 undefined 赋值给 number 类型的变量。然而，如果在编译选项中指定了 --strictNullChecks，null 和 undefined 只能赋值给 void 和它们自身。

```
let u: undefined = undefined;
let n: null = null;
```

（10）never 类型

never 类型表示永不出现的值的类型。返回 never 的函数必须存在无法达到的终点。

```
function infiniteLoop(): never {
  while (true) {
  }
}
```

（11）object 类型

object 表示非原始类型，也就是除 number、string、boolean、symbol、null 和 undefined 之外的类型。

```
declare function create(o: object | null): void;
create({ prop: 0 }); // OK
create(null); // OK
create(42); // Error
create("string"); // Error
create(false); // Error
create(undefined); // Error
```

（12）类型断言

类型断言是一个非常有用的功能。从服务器端接收到一个对象，开发者知道它是什么类型，但是编译器不知道，这时候就可以使用类型断言将对象的类型告诉编译器，避免编译器报错。

类型断言有两种形式，一种是尖括号语法，示例如下。

```
let someValue: any = "this is a string";
let strLength: number = (<string>someValue).length;
```

另一种是 as 语法，示例如下。

```
let someValue: any = "this is a string";
let strLength: number = (someValue as string).length;
```

3. TypeScript 的接口与类

TypeScript 接口是一系列抽象方法的声明。在 TypeScript 中，接口是一个非常灵活的概念，需要由具体的类去实现。

TypeScript 使用 interface 声明接口，如代码清单 6-10 所示。

代码清单6-10　TypeScript声明接口

```
interface Person {
    firstName: string;
    lastName: string;
}
function greeter(person: Person) {
  return "Hello, " + person.firstName + " " + person.lastName;
}
let user = { firstName: "Jane", lastName: "User" };
document.body.innerHTML = greeter(user);
```

JavaScript 在 ES6 之后的版本里完善了对类的支持。TypeScript 实现了所有 ES6 中类的功能，并进行了扩展。下面介绍 TypeScript 扩展的部分。

TypeScript 增加了 3 种成员访问修饰符：public、private 和 protected。其中 public 指属性或方法是公有的，在任何地方都可以访问到；private 指属性或方法是私有的，只能在类内部访问；protected 和 private 类似，区别是 protected 在子类中是允许被访问的，访问修饰符的用法如代码清单 6-11 所示。

代码清单6-11　成员访问修饰符

```
class Animal {
  protected name;
  public constructor(name) {
    this.name = name;
  }}
class Cat extends Animal {
  constructor(name) {
    super(name);
    console.log(this.name);
  }
}
```

readonly 是只读属性关键字，只允许出现在属性声明、索引签名或构造函数中，用法如代码清单 6-12 所示。

代码清单6-12　readonly关键字

```
class Animal {
  readonly name;
```

```
  public constructor(name) {
    this.name = name;
  }}
let a = new Animal('Jack');
console.log(a.name); // 打印出Jack
a.name = 'Tom';        // 错误，不能给只读属性赋值
```

修饰符和 readonly 还可以在构造函数参数中使用，等同于在类中定义该属性的同时给该属性赋值，使代码更简洁。

```
class Animal {
  public constructor(public name) {
  }
}
```

抽象类是不允许被实例化的，且抽象方法必须被子类实现。TypeScript 使用 abstract 定义抽象类和抽象方法，如代码清单 6-13 所示。

代码清单6-13　抽象类

```
abstract class Animal {
  public name;
  public constructor(name) {
    this.name = name;
  }
  public abstract sayHi();}
class Cat extends Animal {
  public sayHi() {
    console.log(`Meow, My name is ${this.name}`);
  }}
let cat = new Cat('Tom');
```

4. TypeScript 的配置文件 tsconfig.json

tsconfig.json 指定了编译项目的根文件和编译选项，在不带任何输入文件的情况下调用 tsc，编译器会在当前目录查找并使用 tsconfig.json 文件。

代码清单 6-14 是我们实际使用的 tsconfig.json 文件。由于 tsconfig.json 文件包含的编译选项较多，通常我们只需要关注主要的部分，其他取默认值即可。

代码清单6-14　tsconfig.json文件

```
{
  "compilerOptions": {
    "target": "ES2019",
    "module": "commonjs",
    "outDir": "./dist",
    "removeComments": true,
    "downlevelIteration": true,
    "strict": false,
    "strictNullChecks": true,
    "strictFunctionTypes": true,
```

```
      "strictBindCallApply": true,
      "noImplicitThis": true,
      "alwaysStrict": true,
      "noUnusedLocals": true,
      "noImplicitReturns": true,
      "noFallthroughCasesInSwitch": true,
      "esModuleInterop": true,
      "experimentalDecorators": true,
      "emitDecoratorMetadata": true
  }
}
```

tsconfig.json 的编译选项说明如下。

❏ target：指定编译之后的目标版本，如 ES3、ES5、ES2019、ES2020、ESNEXT 等。

❏ module：指定要使用的模块标准，如 none、commonjs、amd、system、es2020 等。

❏ outDir：指定编译输出目录，编译输出的文件将放置在这个目录中。

❏ removeComments：指定是否删掉编译后文件中的注释，值为 true 即删掉注释，默认为 false。

❏ downlevelIteration：当 target 为 'ES5' 或者 'ES3' 时，为 'for-of' 语法迭代器提供完全支持。

❏ strict：指定是否启动所有类型检查，值为 true 则同时开启所有严格类型检查，默认为 false。

❏ strictNullChecks：值为 true 时，null 和 undefined 值都不能赋给非这两种类型的值，除了 any 类型，别的类型也不能赋给它们。有个例外是 undefined 可以赋值给 void 类型。

❏ strictFunctionTypes：指定是否使用函数参数双向检查。

❏ strictBindCallApply：设为 true 后会对 bind、call 和 apply 绑定的方法参数执行严格的检查。

❏ noImplicitThis：值为 true 且 this 表达式的值为 any 类型的时候，报告错误。

❏ alwaysStrict：指定始终以严格模式检查每个模块，并且在编译之后的 js 文件中加入 "use strict" 字符串，用来告诉浏览器该 js 文件为严格模式。

❏ noUnusedLocals：检查是否有定义了但是没有使用的变量，默认值为 false。

❏ noImplicitReturns：检查函数是否有返回值，设为 true 后，如果函数没有返回值则会提示错误，默认为 false。

❏ noFallthroughCasesInSwitch：检查 switch 语句中是否有 case 没有使用 break 跳出，默认为 false。

❏ esModuleInterop：通过为导入内容创建命名空间，实现 CommonJS 和 ES 模块之间的互操作。

❏ experimentalDecorators：是否启用实验性的装饰器特性。

❏ emitDecoratorMetadata：是否为装饰器提供元数据支持。

5. 在 Node 中使用 TypeScript

TypeScript 官方提供了 Node 标准库的类型定义 @types/node，在 Node 中使用 TypeScript 首先要安装 @types/node，命令如下所示。

```
npm i -D @types/node
```

除了标准库的类型定义，在 npm 仓库中能够找到目前绝大多数第三方软件包的类型定义，这些类型定义包通常以 @types 开头，比如 express 的定义包。

```
npm i -D @types/express
```

npm 成功安装后，依赖关系被写入 package.json 文件，我们实现信令服务器所需要的第三方类型定义包，如代码清单 6-15 所示。

代码清单6-15　第三方类型定义包

```
"devDependencies": {
  "@types/express": "^4.17.2",
  "@types/yargs": "^15.0.3",
  "@types/node": "^13.1.2",
  "@types/socket.io": "^2.1.4",
  "@types/got": "^9.6.9",
  "ts-loader": "^6.2.1",
  "typescript": "^3.6.4",
  "webpack": "^4.41.6",
  "webpack-cli": "^3.3.11",
  "webpack-node-externals": "^1.7.2"
}
```

在标准的 Node 程序中，通常使用 require 导入软件包。

```
const bodyParser = require('body-parser');
const compression = require('compression');
```

TypeScript 支持 require 导入模块，但是使用 require 导入的软件包不包含类型定义，TypeScript 使用 import 指令导入模块。

```
import * as fs from 'fs';
import * as https from 'https';
import * as socketio from 'socket.io'
import express from 'express';
```

import * as xx from 'xx' 的语法通常用来导入使用 module.exports 导出的模块，而 import xx from 'xx' 语法则用来导入使用 export default 导出的模块。

import 指令导入了软件包本身及其类型定义，在 Node 程序中使用导入的类型。

```
let httpsServer: https.Server;
let io: socketio.Server
```

通常有以下 2 种方法运行由 TypeScript 编写的 Node 程序。

第一种：使用 tsc 编译成 js 文件运行。

```
~# tsc
~# cd dist
~# node server.js
```

第二种：使用 ts-node。ts-node 是专门为 Node 程序提供的 TypeScript 运行环境。

```
ts-node server.ts
```

6.3 使用 Express

Express 是一个基于 Node 平台，快速、开放、极简的 Web 开发框架，它的作者是 TJ Holowaychuk，第一个版本发布于 2010 年 11 月。Express 是目前最流行的 Node Web 框架，并且是许多热门 Node Web 框架的基础库。Express 具有以下特点。

- ❑ 强大的路由系统。
- ❑ 异步特性，性能较好。
- ❑ 超高的代码测试覆盖率，保障了代码质量。
- ❑ HTTP 助手（重定向、缓存等）。
- ❑ "视图" 系统支持多种流行的模板引擎。
- ❑ 支持 HTTP 内容协商。
- ❑ 快速开发。

尽管 Express 本身遵循极简主义的开发模式，但是开源社区开发人员创建了大量中间件软件包，用来解决大部分 Web 开发的问题。这些中间件包括：cookie 处理、会话（session）处理、用户登录、URL 参数、上传数据等。我们可以在 Express 官网找到中间件列表。

1. 安装 Express

首先按照上文介绍的方法安装 Node，然后创建目录 myapp，进入目录并将其作为当前工作目录。

```
$ mkdir myapp
$ cd myapp
```

使用 npm init 命令为应用创建 package.json 文件。

```
$ npm init
```

npm init 命令要求用户输入几个参数，例如此应用的名称和版本，我们可以按回车键接受默认设置。

在 myapp 目录下安装 Express 并将其保存到 package.json 文件的 dependencies 依赖列表中。

```
$ npm install express --save
```

如果只是临时安装 Express，不想将它添加到依赖列表中，可执行如下命令。

```
$ npm install express --no-save
```

> 注 npm 5.0 以上版本默认将安装的模块添加到 package.json 文件的 dependencies 列表
> 意 中, 不需要指定 --save 参数。

2. 创建 Express 应用

代码清单 6-16 实现了一个最简单的 Express 应用, 这实际上是一个可以正常工作的异步 Web 服务器, 该服务器监听在 3000 端口, 当在浏览器访问地址 http://localhost:3000/ 时, 页面会显示 "Hello World!" 而对于其他非根 URL (/) 的访问, 都会返回 "404 Not Found"。

代码清单6-16 最简单的Express应用示例

```
const express = require('express')
const app = express()
const port = 3000
app.get('/', (req, res) => res.send('Hello World!'))
app.listen(port, () => console.log(`Example app listening at http://localhost:${port}`))
```

代码清单 6-16 中, app 是 Express 应用程序对象, req 代表 HTTP 请求的对象, res 代表 HTTP 响应的对象。

调用 express() 函数返回的 app 实际上是一个 JavaScript 函数, 支持被当作 Node 原生 HTTP 服务器的回调句柄使用, 这样做的好处是可以使用一个 app 对象同时提供 HTTP 和 HTTPS 两种服务, 如代码清单 6-17 所示。

代码清单6-17 同时支持HTTP和HTTPS

```
const express = require('express')
const https = require('https')
const http = require('http')
const app = express()

http.createServer(app).listen(80)
https.createServer(options, app).listen(443)
```

3. Express 生成器

运行 Express 生成器可以快速生成一个应用, 如代码清单 6-18 所示。

代码清单6-18 express生成器

```
$ npx express myapp
  warning: the default view engine will not be jade in future releases
  warning: use `--view=jade' or `--help' for additional options
    create : myapp/
    create : myapp/public/
    create : myapp/public/javascripts/
    create : myapp/public/images/
    create : myapp/public/stylesheets/
```

```
create : myapp/public/stylesheets/style.css
create : myapp/routes/
create : myapp/routes/index.js
create : myapp/routes/users.js
create : myapp/views/
create : myapp/views/error.jade
create : myapp/views/index.jade
create : myapp/views/layout.jade
create : myapp/app.js
create : myapp/package.json
create : myapp/bin/
create : myapp/bin/www
change directory:
  $ cd myapp
install dependencies:
  $ npm install
run the app:
  $ DEBUG=myapp:* npm start
```

我们使用 Express 生成器自动生成一个应用骨架 myapp，生成的代码包含了一个 Web
应用必备的通用逻辑，使用以下命令安装依赖包。

```
$ cd myapp
$ npm install
```

执行以下命令启动应用。

```
$ DEBUG=myapp:* npm start
> myapp@0.0.0 start /Users/liwei/Develop/express/myapp
> node ./bin/www
  myapp:server Listening on port 3000 +0ms
```

在浏览器打开地址 http://localhost:3000/ 就可以看到 myapp 的欢迎页面。

> 注意 我们在示例中使用了 npx 命令，如果已经全局安装了 Express 生成器，则不需要
> 使用 npx，直接调用 Express 生成器即可。使用 npx 命令会自动在当前目录安装
> Express，能够保持项目的独立性，这是笔者推荐的安装方式。

4. 路由

路由是指 Express 响应客户端 Http 请求的函数集合，特定端点是指 URI 路径和 HTTP
请求方法（GET、POST 等）的组合。

每个路由可以具备一个或多个处理函数，这些函数在匹配该路由时执行。

Express 中，路由定义采用以下结构。

```
app.METHOD(PATH, HANDLER)
```

其中：

❑ app 是 Express 的一个实例；

❑ METHOD 是 HTTP 的请求方法，如 get、post 等；

❑ PATH 是服务器上的路径；

❑ HANDLER 是匹配路径时执行的函数。

Express 路由的示例如代码清单 6-19 所示。

代码清单6-19　Express路由示例

```
// 响应首页的get请求
app.get('/', function (req, res) {
  res.send('Hello World!')
})
// 响应首页的post请求
app.post('/', function (req, res) {
  res.send('Got a POST request')
})
// 响应/user路径的put请求
app.put('/user', function (req, res) {
  res.send('Got a PUT request at /user')
})
// 响应/user路径的delete请求
app.delete('/user', function (req, res) {
  res.send('Got a DELETE request at /user')
})
```

5. 中间件

Express 是一个路由和中间件驱动的 Web 框架，其自身遵循极简主义，只实现最基本的功能，Web 业务流程处理基本上是一系列中间件函数的调用。

中间件函数能够访问请求对象（req）、响应对象（res）以及下一个中间件函数（next）。

中间件函数可以执行以下任务。

❑ 执行任何代码逻辑。

❑ 更改请求和响应对象。

❑ 结束请求 / 响应循环。

❑ 调用下一个中间件函数（next()）。

如果当前中间件函数没有结束请求 / 响应循环，那么它必须调用 next() 函数，将控制权传递给下一个中间件函数。否则，请求将保持挂起状态。

Express 应用程序可以使用以下类型的中间件。

（1）应用层中间件

使用 app.use() 和 app.METHOD() 函数将应用层中间件绑定到应用程序对象，其中 METHOD 是中间件函数处理的 HTTP 方法。我们将在下文对这两个函数进行介绍。

```
app.use('/user/:id', (req, res, next) => {
  console.log('Request Type:', req.method);
  next();
});
```

（2）路由器层中间件

路由器层中间件的工作方式与应用层中间件基本相同，差异之处在于它绑定到 express.Router() 函数的实例。

```
const router = express.Router();
router.use((req, res, next) => {
  console.log('Time:', Date.now());
  next();
});
```

（3）错误处理中间件

错误处理中间件函数的定义方式与其他中间件函数基本相同，区别在于错误处理函数有 4 个参数而不是 3 个，参数形式如：(err, req, res, next)。

```
app.use((err, req, res, next) => {
  console.error(err.stack);
  res.status(500).send('Something broke!');
});
```

（4）内置中间件

Express 中唯一内置的中间件函数是 express.static。此函数用于服务静态资源。

```
app.use(express.static('public'));
```

（5）第三方中间件

开源社区以 Node 模块的形式提供了大量第三方中间件，在使用前需要通过 npm 进行安装。

```
const cookieParser = require('cookie-parser');
// 挂载cookie解析中间件
app.use(cookieParser());
```

6.服务静态文件

在 Web 项目中，通常会包含一些静态文件，如图片、CSS 文件、JavaScript 文件等。Express 内置了服务静态文件的中间件，即 express.static，使用方法如下。

```
app.use(express.static('public'))
```

public 是存放静态文件的目录，该目录下的文件都会以相对地址的形式追加到 URL 中，URL 中不包含 public，现在可以使用以下地址访问静态文件。

```
http://localhost:3000/images/kitten.jpg
http://localhost:3000/css/style.css
http://localhost:3000/js/app.js
http://localhost:3000/images/bg.png
http://localhost:3000/hello.html
```

可以多次调用 express.static 中间件，以使用多个静态文件目录，Express 将会按照顺序在多个目录中查找请求的文件，命令如下所示。

```
app.use(express.static('public'))
app.use(express.static('files'))
```

也可以为静态文件指定一个虚拟路径前缀，所谓虚拟路径是指该路径在文件系统中并不存在，命令如下所示。

```
app.use('/static', express.static('public'))
```

这样就可以从 /static 路径访问静态文件。

```
http://localhost:3000/static/images/kitten.jpg
http://localhost:3000/static/css/style.css
http://localhost:3000/static/js/app.js
http://localhost:3000/static/images/bg.png
http://localhost:3000/static/hello.html
```

我们之前提供的 public 目录是一个相对路径，相对于当前进程的启动目录。在实际应用中，推荐使用绝对路径。

```
app.use('/static', express.static(path.join(__dirname, 'public')))
```

7. Express 对象

每一个 Express 程序都需要至少生成一个应用对象，该对象通常使用约定名称 app，其包含的主要属性和方法如下。

❑ app.mountpath：该属性表示一个或多个挂载了子应用的 URL 路径模式。

❑ app.locals：该属性表示应用程序的本地变量。

❑ app.router：该属性表示内建的路由实例。

❑ app.METHOD(path, callback [, callback ...])：METHOD 指一系列用于处理 HTTP 请求的方法，如 get、post、delete、put 等。path 指访问路由，callback 指一个或多个回调函数。

```
app.post('/', (req, res) => {
  res.send('POST request to homepage')
})
```

❑ app.all(path, callback [, callback ...])：该方法与 app.METHOD() 类似，但是它匹配所有的 HTTP 请求。

```
app.all('/secret', function (req, res, next) {
  console.log('Accessing the secret section ...')
  next() // pass control to the next handler
})
app.all('*', requireAuthentication, loadUser)
```

❑ app.enable(name)：该方法将 name 对应的属性值设置为 true。

```
app.enable('trust proxy')
app.enabled('trust proxy')
// 返回 => true
```

❑ app.enabled(name)：该方法检查 name 属性值是否为 true。

❑ app.listen([port[, host[, backlog]]][, callback])：在指定的 IP 和端口上监听网络连接。

```
app.listen(3000)
app.listen(port, () => console.log(`Example app listening at ${port}`))
```

❑ app.param(name, callback)：该方法为路由参数 name 设置回调函数 callback。name
值与 req.name 相同。callback 函数的参数包括请求对象 req、响应对象 res、next 中
间件、name 参数值和 name 参数名。

```
app.param('user', (req, res, next, id) => {
  // 处理用户id
})
```

❑ app.use([path,] callback [, callback...])：该方法在 path 路径挂载一个或多个 callback
中间件函数。如果未指定 path，则匹配所有请求。

```
app.use('/abc?d', (req, res, next) => {
  next();
});
```

❑ app.route(path)：该方法返回一个对应 path 路径的路由实例，可以使用该实例处理
访问 path 路径的 HTTP 请求。

❑ app.engine(ext, callback)：该方法将模板机制 callback 注册为 ext。

```
app.engine('html', require('ejs').renderFile)
```

8. HTTP 请求对象

Express 中通常约定使用 req 代表一个 HTTP 请求对象，req 包含的主要属性和方法
如下。

❑ req.app：指向应用程序实例。

❑ req.baseUrl：表示挂载路由实例的 URL 路径，与 app.mountpath 相似，不同之处在
于 app.mountpath 返回匹配的 URL 路径模式。

❑ req.body：包含请求正文。默认情况下，该属性为空值。当使用 body-parser 或
multer 正文解析中间件时，该属性被赋值。

❑ req.cookies：该属性包含 cookie 信息，如果请求中没有 cookie，则为空值。

❑ req.fresh：若客户端缓存未过期，该属性返回 true，否则返回 false。当客户端请求
头中包含 Cache-Control: no-cache 时，表示不缓存，该属性总是返回 false。

❑ req.host：该属性包含 HTTP Host 头信息。如果 trust proxy 设置为 true，则该属性从
X-Forwarded-Host 头中获取值。

❑ req.ip：表示发起当前请求的客户端的 IP 地址。如果 trust proxy 设置为 true，则该属
性从 X-Forwarded-For 头中获取值。

❑ req.method：表示 HTTP 请求的方法。

❏ req.params：该属性包含路由参数。比如有一条路由 /user/:name，当用户请求 /user/ tj，可以通过 req.params.name 获取 name 属性值，此时值为 tj。

❏ req.path：包含请求 URL 的路径部分，比如请求的 URL 是 example.com/users?sort=desc，则 req.path 值是 /users。

❏ req.protocol：该属性是请求使用的协议，取值为 HTTP 或者 HTTPS。

❏ req.query：包含路由中每个查询字符串参数的属性值。比如用户请求的 URI 是 /shoes? order=desc，则 req.query.order 值为 desc。

❏ req.accepts(types)：该方法依据请求头（request header）Accept 检查 types 指定的内容是否可接受。如果可接受，则返回最佳匹配；如果不可接受，则返回 false。

```
// 请求头 Accept: text/html
req.accepts('html')
// 返回 => "html"

// 请求头 Accept: text/*, application/json
req.accepts('png')
// 返回 => false
```

❏ req.get(field)：该方法返回指定的 HTTP 请求头，不区分大小写。

```
req.get('content-type')
// 返回 => "text/plain"
req.get('Something')
// 返回 => undefined
```

9. HTTP 响应对象

Express 中通常约定使用 res 代表一个 HTTP 响应对象，res 包含的主要属性和方法如下。

❏ res.app：指向应用程序实例。

❏ res.headersSent：该属性表示是否发送了 HTTP 头，类型是布尔值。

❏ res.locals：该属性包含响应局部变量的对象，该局部变量以请求为范围，因此仅在该请求 / 响应周期内使用。

❏ res.append(field [, value])：该方法将指定的内容 value 附加到 HTTP 响应头 field。该 value 参数可以是字符串或数组。

```
res.append('Link', ['<http://localhost/>', '<http://localhost:3000/>'])
res.append('Set-Cookie', 'foo=bar; Path=/; HttpOnly')
res.append('Warning', '199 Miscellaneous warning')
```

❏ res.attachment([filename])：该方法将 HTTP 响应头 Content-Disposition 字段设置为 "attachment"。如果指定了 filename，则根据扩展名设置 Content-Type，并设置 Content-Disposition 的 "filename =" 参数。

```
// Content-Disposition: attachment
res.attachment()
```

```
// Content-Disposition: attachment; filename="logo.png"
// Content-Type: image/png
res.attachment('path/to/logo.png')
```

❑ res.cookie(name, value [, options])：该方法设置 cookie 的 name 为 value。

```
res.cookie('name', 'tobi', { domain: '.example.com', path: '/admin', secure: true })
res.cookie('rememberme', '1', { expires: new Date(Date.now() + 900000), httpOnly:
  true })
```

❑ res.clearCookie(name [, options])：该方法清除 name 指定的 cookie。

❑ res.download(path [, filename] [, options] [, fn])：该方法作为附件传输文件 filename，文件的本地路径是 path，该方法使用 res.sendFile() 传输文件。

```
res.download('/report-12345.pdf')
res.download('/report-12345.pdf', 'report.pdf')
res.download('/report-12345.pdf', 'report.pdf', (err) => {
  if (err) {
    // 错误处理
  } else {
    // 增加下载计数等操作
  }
})
```

❑ res.end([data] [, encoding])：该方法结束响应过程。

```
res.end()
res.status(404).end()
```

❑ res.format(object)：该方法根据 HTTP 请求头 Accept 的类型，响应不同的内容。

```
res.format({
  'text/plain': () => {
    res.send('hey')
  },
  'application/json': () => {
    res.send({ message: 'hey' })
  },
  default: () => {
    res.status(406).send('Not Acceptable')
  }})
```

❑ res.json([body])：该方法发送一个 JSON 响应。

❑ res.jsonp([body])：该方法发送带有 JSONP 支持的 JSON 响应。

❑ res.location(path)：该方法将响应 Location 头设置为指定的 path 参数。

❑ res.redirect([status,] path)：该方法返回响应代码 status，并将请求重定向到 path 指定的 URL。如果未指定 status，则默认使用响应码 302。如果 path 的值是 back，则重定向到 referer 指定的路径。

```
res.redirect(301, 'http://example.com')
res.redirect('back')
```

❏ res.render(view [, locals] [, callback])：该方法渲染 view 视图，并将生成的 HTML 发送给客户端。locals 包含 view 视图模板使用的变量。

```
res.render('user', { name: 'Tobi' }, (err, html)  => {
  res.send(html)
})
```

❏ res.send([body])：该方法发送 HTTP 响应。body 参数的类型可以是 Buffer、Json 对象或者字符串。

```
res.send(Buffer.from('whoop'))
res.send({ some: 'json' })
res.status(404).send('Sorry, we cannot find that!')
```

❏ res.sendFile(path [, options] [, fn])：该方法发送 path 路径上的文件。

❏ res.set(field [, value])：该方法将 HTTP 响应头 field 设置为 value。

```
res.set('Content-Type', 'text/plain')
res.set({
  'Content-Type': 'text/plain',
  'Content-Length': '123',
  ETag: '12345'
})
```

❏ res.status(code)：该方法将 HTTP 响应状态码设置为 code。

```
res.status(403).end()
res.status(400).send('Bad Request')
res.status(404).sendFile('/absolute/path/to/404.png')
```

❏ res.type(type)：该方法根据 type 将 Content-Type 响应头设置为对应的 MIME 种类。

```
res.type('html') // => 'text/html'
res.type('json') // => 'application/json'
res.type('png') // => 'image/png'
```

❏ res.vary(field)：该方法将 field 加入 Vary 响应头。

6.4　使用 Socket.IO

Socket.IO 是一个开源实时通信库，可在浏览器和服务器之间进行实时、双向和基于事件的通信。它构建于 Engine.IO 之上，当建立连接时，首先尝试建立长轮询连接，然后再尝试升级到 WebSocket 传输模式。Socket.IO 的这种工作模式，使其在不支持 WebSocket 的低版本浏览器上，也可以正常工作。

Socket.IO 库包括如下两部分。

❏ 用作服务器端的 Node 服务器。

❏ JavaScript 客户端，可用于浏览器和 Node 环境。

可以看到，Socket.IO 并不是 WebSocket 的一种实现。Socket.IO 确实会尝试使用 WebSocket 进行传输，但是它在每个传输的数据包中都增加了一些元数据：数据包类型、命名空间和数据包 ID。这些元数据是 WebSocket 不支持的，因此 WebSocket 客户端无法成功连接到 Socket.IO 服务器，而 Socket.IO 客户端也将无法连接到 WebSocket 服务器。

Socket.IO 的主要特性如下。

❑ 可靠性：能够适应各种网络环境，确保网络连接成功。

❑ 自动断线重连：除非特意设置，否则断开连接的客户端将一直尝试重新连接，直到服务器再次可用，连接成功为止。

❑ 断线检测：通过在服务器和客户端设置计时器，并在连接握手期间共享超时值（pingInterval 和 pingTimeout 参数），可以实现断线检测功能。断线检测基于 Engine.IO 实现的心跳机制，当有一方不再响应时，另外一方可以及时获得通知。

❑ 支持传输二进制数据：可以发送 / 接收任何可序列化的数据结构，包括 ArrayBuffer 和 Blob 数据。

❑ 支持多路传输：Socket.IO 允许创建多个命名空间，每个命名空间都是一个单独的通信通道，共享相同的基础网络连接。

❑ 支持房间：房间是一个非常有用的功能，可以将用户进行分组，房间彼此隔离。我们的信令服务器主要借助 Socket.IO 的房间功能实现。

1. 安装与使用 Socket.IO

在服务器端使用 npm 工具进行安装。

```
npm install socket.io
```

Socket.IO 在服务器端的使用方法有以下三种。

❑ 单独使用。Socket.IO 可以不借助外部的 HTTP 服务器而独立使用，其 io(port) 方法会默认创建一个 HTTP 服务器。

```
const io = require('socket.io')(80);
```

❑ 与 Node 标准库结合使用。Socket.IO 可以使用 Node 标准库里提供的 HTTP 服务器。

```
const app = require('http').createServer(handler)
const io = require('socket.io')(app);
app.listen(80);
```

❑ 与 Express 结合使用。Socket.IO 可以非常方便地与 Express 结合。

当包含 Socket.IO 的服务器进程启动后，会默认导出一个客户端文件，其相对地址是 /socket.io/socket.io.js。客户端如果需要使用 Socket.IO，可以在 Web 页面引用这个地址。

```
<script src="/socket.io/socket.io.js"></script>
```

2. Socket.IO 与 Express 结合使用

通常情况下，Socket.IO 都是与 Express 结合使用的，这样既可以借助 Express 提供 Web

服务，又可以使用Socket.IO提供实时通信服务，两者的结合非常自然，如代码清单6-20所示。

代码清单6-20　Socket.IO与Express结合使用

```
const app = require('express')();
const server = require('http').Server(app);
const io = require('socket.io')(server);

server.listen(80);
app.get('/', (req, res) => {
  res.sendFile(__dirname + '/index.html');
});

io.on('connection', (socket) => {
  socket.emit('news', { hello: 'world' });
  socket.on('my other event', (data) => {
    console.log(data);
  });
});
```

当用户访问网站首页内容时，Express将响应index.html文件，在该文件中实现Socket.IO客户端的逻辑，如代码清单6-21所示。注意，我们用相对地址引用了socket.io.js，不需要手动将该文件放置在这个地址内，服务器端默认在该地址响应对socket.io.js的请求。

代码清单6-21　Web客户端（index.html）

```
<script src="/socket.io/socket.io.js"></script>
<script>
  const socket = io.connect('http://localhost');
  socket.on('news', (data) => {
    console.log(data);
    socket.emit('my other event', { my: 'data' });
  });
</script>
```

上述示例中，我们使用了默认的命名空间"/"，客户端默认连接到此命名空间。
如果需要使用新的命名空间，可以使用of()函数，如代码清单6-22所示。

代码清单6-22　创建命名空间

```
const nsp = io.of('/my-namespace');
nsp.on('connection', (socket) => {
  console.log('someone connected');
});
nsp.emit('hi', 'everyone!');
```

相应地，客户端在建立连接的时候，需要指定命名空间。

```
const socket = io('/my-namespace');
```

在服务器端，当有新的连接进来时，会触发 connection 事件，通过该事件可以获取 socket 对象，该对象即代表一条已经建立的通信链路。

3. Socket.IO 收发消息

每一个命名空间里，都可以定义任意数量的通道（channel），这些通道也称为房间。已经建立连接的 socket 可以调用方法加入房间，如代码清单 6-23 所示。

代码清单6-23　加入房间

```
io.on('connection', (socket) => {
  socket.join('some room');
});
```

每个 socket 都有一个随机、独一无二的 id，为了方便起见，socket 默认加入一个房间，该房间号由 socket 的 id 标识。

客户端和服务器端都可以既作为消息发送端又作为消息接收端，通常使用 emit() 方法发送消息。

```
socket.emit( 'greetings', 'Hello from the server!', socket.id );
```

消息接收端监听 greetings 事件，并指定处理该事件的回调函数。

```
socket.on( 'greetings', (message) => {
  console.log( 'Got a message from the server: "' + message + '"');
});
```

（1）监听消息

Socket.IO 接收端监听消息的语法如下。

```
socket.on(eventName, callback)
```

其中，eventName 是事件名称，callback 是回调函数。使用方法如代码清单 6-24 所示。

代码清单6-24　socket.on()方法示例

```
socket.on('news', (data) => {
  console.log(data);
});
// 多个参数
socket.on('news', (arg1, arg2, arg3) => {
  // ...
});
// 消息确认
socket.on('news', (data, callback) => {
  callback(0);
});
```

请注意 Socket.IO 的消息确认功能，callback(0) 传入的 0 值会传输给发送端，发送端收到 0 后确认消息已收到，如果没有收到 0 值，则说明消息发送失败了。callback 回调可以接受传入任意值。

（2）发送消息

Socket.IO 发送消息的方法如下。

发送给客户端。

```
socket.emit('hello', 'can you hear me?', 1, 2, 'abc');
```

发送给所有客户端，不包括发送者。

```
socket.broadcast.emit('broadcast', 'hello friends!');
```

发送给房间 game 里的所有客户端，不包括发送者。

```
socket.to('game').emit('nice game', "let's play a game");
```

发送给房间 game1 和 game2 里的所有客户端，不包括发送者。

```
socket.to('game1').to('game2').emit('nice game', "let's play a game (too)");
```

发送给房间 game 里的所有客户端，包括发送者。

```
io.in('game').emit('big-announcement', 'the game will start soon');
```

发送给命名空间 myNamespace 里的所有客户端，包括发送者。

```
io.of('myNamespace').emit('bigger-announcement', 'the tournament will start soon');
```

发送给命名空间 myNamespace 里，房间 room 中的所有客户端，包括发送者。

```
io.of('myNamespace').to('room').emit('event', 'message');
```

单独发送给某个 socket id。

```
io.to(socketId).emit('hey', 'I just met you');
```

发送需要确认的消息，用于防止消息丢失。

```
socket.emit('question', data, callback);
```

其中，data 可以为任意数据，callback 是回调函数。

不使用消息压缩。

```
socket.compress(false).emit('uncompressed', "that's rough");
```

发送不可靠消息，如果客户端没有准备好，该消息可能会丢弃。

```
socket.volatile.emit('maybe', 'do you really need it?');
```

指定是否发送二进制数据。

```
socket.binary(false).emit('what', 'I have no binaries!');
```

发送给所有已连接的客户端。

```
io.emit('an event sent to all connected clients');
```

4. Socket.IO 连接参数

Socket.IO 服务器端常用的连接参数如表 6-2 所示。服务器端还有其他的参数，通常不需要更改，取默认值即可。

表 6-2 Socket.IO 服务器端常用的连接参数

连接参数	默认值	描述
pingTimeout	5000	等待探测包回复超时时长，发出探测包后，如果在这个时间段内没有收到回复包，即认为连接关闭，单位为毫秒
pingInterval	25 000	探测包发送间隔时长，单位为毫秒
transports	['polling', 'websocket']	允许使用的连接方式，polling 为使用轮询，websocket 即使用 WebSocket 通信协议

pingTimeout 和 pingInterval 在服务器端进行设置，但是主要影响的是客户端的行为，这两个值在建立连接握手阶段传输给了客户端。如果网络断线，客户端将在 pingTimeout + pingInterval 的时长收到 disconnect 事件，也就是默认值 30s 感知到网络异常。可以根据应用程序对网络的敏感程度定制这两个值。

transports 是一个数组，指定了传输模式，数组顺序很重要，默认首先使用轮询模式，然后升级到 WebSocket。需要注意的是，升级过程会触发 disconnect 事件。考虑到支持 WebRTC 的浏览器也支持 WebSocket，所以也可以不使用轮询，只使用 WebSocket，此时为 transport 指定 ['websocket'] 即可。

Socket.IO 客户端常用的连接参数如表 6-3 所示。

表 6-3 Socket.IO 客户端常用的连接参数

连接参数	默认值	描述
forceNew	false	是否复用现有连接，false 表示复用连接
reconnection	true	是否自动重连，默认为 true，即自动重连
reconnectionAttempts	Infinity	重连次数，默认为无限次
reconnectionDelay	1000	重连间隔时长，单位为毫秒。实际重连时长为 reconnectionDelay +/- randomizationFactor，即 500~1500ms
randomizationFactor	0.5	随机因子。$0 \leqslant randomizationFactor \leqslant 1$
reconnectionDelayMax	5000	重连最大间隔时长，单位为毫秒
timeout	20000	连接超时时长，单位为毫秒。超时后将触发事件 connect_error 和 connect_timeout

需要注意 forceNew 和 transports 这两个参数，其他参数通常取默认值即可。

默认情况下，当客户端连接到不同的命名空间时，其底层使用的是同一个连接，这样有利于资源复用。但是在某些场景下，需要同一个客户端建立多个连接，这时候就要指定 forceNew 参数。

```
// 建立两条不同的连接
const socket = io();
const adminSocket = io('/admin', { forceNew: true });
```

对于 transports 参数，需要注意和服务器端保持一致，如果服务器端指定了只使用 WebSocket，则客户端也要同样设置为 ['websocket']，否则会导致建立连接失败。

6.5 实现信令服务器

下面我们运用本章介绍的知识实现一个完整的 WebRTC 信令服务器 signaling，它具有以下特点。

❑ 既可以作 Web 服务器又可以作信令服务器。

❑ 同时支持多个房间。

❑ 每个房间不限定人数。

❑ Web 服务与信令全部使用 SSL 加密协议。

❑ 信令发送超时机制。

❑ 信令接收确认。

❑ 结构清晰，易于扩展。

signaling 的完整代码地址如下。

```
https://github.com/wistingcn/dove-into-webrtc/tree/master/signaling
```

使用以下命令获取 signaling 源代码并运行。

```
// 获取源代码
git clone https://github.com/wistingcn/dove-into-webrtc.git
// 进入项目目录
cd dove-into-webrtc/signaling/
// 安装依赖包
cnpm i
// 启动信令服务器
npm start
```

运行 signaling 需要注意以下两点。

❑ 如果当前用户没有管理员权限，需要使用 sudo npm start 启动信令服务器。

❑ 确保 443 端口没有被其他应用占用，否则会报错。

```
Error: listen EADDRINUSE: address already in use :::443
```

1. Web 服务器

我们在 signaling 的 Web 目录下放入了客户端页面文件，在之前章节的示例中，使用 http-serve 作为 Web 服务器服务这些页面文件，本节我们将 Web 服务与信令服务整合到一个应用中，直接使用 Express 作为 Web 服务器，如代码清单 6-25 所示。

代码清单6-25　实现Web服务器

```
const runHttpsServer = async () => {
  app.use('/', express.static('web', {
    maxAge: '-1'
  }));

  app.get('*', (req,res,next) => {
    res.status(404).send({res: '404'});
  });

  httpsServer = https.createServer(tls, app);
  httpsServer.listen(443, () => {
    logger.info(`Listening at 443...`);
  });
}
```

signaling 使用了 Express 内置中间件 express.static，将 Web 目录挂载到 URL 的根路径下，这样在浏览器打开根目录就可以获取 index.html 首页文件。

安全起见，Express 使用了 HTTPS 协议，监听当前服务器的所有地址。

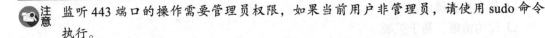 注意　监听 443 端口的操作需要管理员权限，如果当前用户非管理员，请使用 sudo 命令执行。

2. Socket.IO 服务器

Socket.IO 服务器使用了上文创建的 httpsServer，同样监听在 443 端口。为了能够更快速地识别网络故障，我们设置 pingTimeout 和 pingInterval 参数，这样就能够在网络中断 8s 后收到 disconnect 事件，而不是默认的 30s，如代码清单 6-26 所示。

代码清单6-26　实现Socket.IO服务器

```
const runWebSocketServer = async () => {
  io = socketio.listen(httpsServer, {
    pingTimeout: 3000,
    pingInterval: 5000,
  });

  logger.info("Running socketio server....");
  io.on('connection', async (socket) => {
    const { roomId, peerId } = socket.handshake.query;

    if (!roomId || !peerId) {
      logger.warn('connection request without roomId and/or peerId');
      socket.disconnect(true);
      return;
    }

    logger.info('connection request [roomId:"%s", peerId:"%s"]', roomId, peerId);
```

```
    try {
      const room = await getOrCreateRoom(roomId);
      let peer = room.getPeer(peerId);

      if (!peer) {
        peer = new Peer(peerId, socket, room);
        room.handlePeer(peer);
        logger.info('new peer, %s, %s', peerId, socket.id);
      } else {
        peer.handlePeerReconnect(socket);
        logger.info('peer reconnect, %s, %s', peerId, socket.id);
      }
    } catch(error) {
      logger.error('room creation or room joining failed [error:"%o"]', error);
      socket.disconnect(true);
      return;
    };
  });
}
```

连接进来的客户端必须传入 roomId 和 peerId 两个参数，其中 roomId 为房间名称，相同 roomId 的客户端位于同一房间；peerId 是客户端的唯一标识。

如果客户端断开连接（socket 连接已经关闭），signaling 并不会马上将客户端对应的 Peer 对象移除，而是会等待一段时间。在这段时间内，如果客户端又重新连接进来，则仍然使用原来的 Peer 对象。这个功能为客户端断开一段时间后再重新接入，在客户端发生网络切换时（如切换 Wi-Fi），这个功能尤其有用。

需要注意的是，客户端断开再重新接入后，唯一标识客户端的 peerId 没有变，但是使用了新的 socket 连接，Socket.IO 创建了新的 socket 对象，之前使用的 socket 对象已经关闭，Peer 需要将原来的 socket 对象替换成现在的，以确保在新的连接上正常通信，这个逻辑在 Peer 类里实现。

3. 房间管理

signaling 实现了 Room 类，每个 Room 对象都代表一个房间。为了支持任意数量的房间，声明集合类型的全局变量 rooms，使用 roomId 作为键，其值对应一个 room 对象。

```
const rooms = new Map<string, Room>();
app.locals.rooms = rooms;
```

当有新的 socket 连接加入时，signaling 会根据连接传入的 roomId 查找 Room 对象，如果找到了 Room 对象，说明房间已经创建，则加入房间；如果没有找到 Room 对象，说明房间还没有创建，则创建一个新的房间，如代码清单 6-27 所示。

代码清单6-27　加入或创建房间

```
const getOrCreateRoom = async (roomId: string) => {
  let room = rooms.get(roomId);
  if (!room) {
```

```
    logger.info('creating a new Room [roomId:"%s"]', roomId);
    room = await Room.create( roomId );
    rooms.set(roomId, room);
    room.on('close', () => rooms.delete(roomId));
  }
  return room;
}
```

每个 Room 对象都包含一个 peers 集合，以支持任意数量的客户端，该集合的键为 peerId，值是 Peer 对象。Room 类的实现如代码清单 6-28 所示。

代码清单6-28　Room类实现部分代码

```
import { EventEmitter } from 'events';
import {Peer} from './Peer';
import { getLogger } from 'log4js';
const logger = getLogger('Room');
export class Room extends EventEmitter {
  static async create(roomId:string ) {
    logger.info('create() [roomId:"%s"]', roomId);
    return new Room(roomId);
  }
  public peers = new Map<string,Peer>();
  public closed = false;
  private bornTime = Date.now();
  private activeTime = Date.now();
  constructor( public id: string ){
    super();
    logger.info('constructor() [roomId:"%s"]', id);
    this.setMaxListeners(Infinity);
  }
  public setupSocketHandler(peer: Peer) {
  // 用于收发信令消息
  }
  private async _handleSocketRequest(peer: Peer, request: Request, cb) {
  // 用于收发信令消息
  }
  // 以下省略
  ...
}
```

4. 客户端管理

每个 Peer 对象代表一个连接进来的客户端。Peer 对象的属性 socket 对应一个 Socket.IO 连接，在 socket 的 disconnect 事件处理函数中，每隔 DISCONNECT_CHECK_DELAY 定义的时长就会检查一次 socket 的状态，如果 socket 是连接状态，说明客户端重新连接进来了。检查的次数由 DISCONNECT_CHECK_COUNT 定义，如果在这个次数内客户端没有重新连接进来，则关闭 Peer，清除掉 Peer 的所有信息。Peer 类的实现如代码清单 6-29 所示。

代码清单6-29 Peer类实现

```
import { EventEmitter } from 'events';
import * as socketio from 'socket.io';
import {Room} from './Room';
import { getLogger } from 'log4js';
const logger = getLogger('Peer');
const DISCONNECT_CHECK_COUNT = 6;
const DISCONNECT_CHECK_DELAY = 3000; //ms
export class Peer extends EventEmitter {
  closed = false;
  joined = false;
  displayName: string;
  picture: string;
  platform: string;
  address: string;
  enterTime = Date.now();
  disconnectCheck = 0;
  intervalHandler;
  constructor(
    public id: string,
    public socket: socketio.Socket,
    public room: Room) {
    super();
    logger.info('constructor() [id:"%s", socket:"%s"]', id, socket.id);

    this.address = socket.handshake.address;
    this.setMaxListeners(Infinity);
    this.handlePeer();
  }
  close() {
    logger.info('peer %s call close()', this.id);
    this.closed = true;
    if (this.socket){
      this.socket.disconnect(true);
    }
    this.emit('close');
  }
  public handlePeerReconnect(socket: socketio.Socket) {
    this.socket.leave(this.room.id);
    this.socket.disconnect(true);
    logger.info('peer %s reconnnected! disconnect previous connection now.', this.id);
    this.socket = socket;
    this.socket.join(this.room.id);
    this.room.setupSocketHandler(this);
    this.handlePeer();
  }
  private handlePeer() {
    this.socket.on('disconnect', (reason) => {
      if (this.closed) {
        return;
      }
      logger.debug('"socket disconnect" event [id:%s], reason: %s', this.id, reason);
```

```
      this.intervalHandler = setInterval((() => {
        this.checkClose();
      }, DISCONNECT_CHECK_DELAY);
    });
    this.socket.on('error', (error) => {
      logger.info('socket error, peer: %s, error: %s', this.id, error);
    });
  }
  public checkClose() {
    if (!this.socket.connected) {
      this.disconnectCheck++;
      if ( this.disconnectCheck > DISCONNECT_CHECK_COUNT ) {
        clearInterval(this.intervalHandler);
        this.close();
      }
    } else {
      clearInterval(this.intervalHandler);
      this.intervalHandler = null;
      this.disconnectCheck = 0;
    }
  }
  peerInfo() {
    const peerInfo = {
      id          : this.id,
      displayName: this.displayName,
      picture     : this.picture,
      platform: this.platform,
      address   : this.address,
      durationTime: (Date.now() -  this.enterTime) / 1000,
    };
    return peerInfo;
  }
}
```

5. 信令消息

由于信令消息通常在一个房间内流通，所以 signaling 选择在 Room 类里实现信令的收发逻辑。setupSocketHandler() 方法为 Socket.IO 的 request 事件设置了回调函数，所有信令消息都通过 request 触发，信令消息的类型由 request.method 指定。setupSocketHandler() 方法的实现如代码清单 6-30 所示。

代码清单6-30　setupSocketHandler()方法实现

```
public setupSocketHandler(peer: Peer) {
  peer.socket.on('request', (request: Request, cb) => {
    this.setActive();
    logger.debug(
      'Peer "request" event [room:"%s", method:"%s", peerId:"%s"]',
      this.id, request.method, peer.id);

    this._handleSocketRequest(peer, request, cb)
      .catch((error) => {
```

```
                logger.error('"request" failed [error:"%o"]', error);

                cb(error);
            });
        });
    }
```

信令消息的处理逻辑在 handleSocketRequest() 方法中实现，signaling 实现了以下几种信令消息。

- ❑ join：实现了客户端加入房间的逻辑，加入成功后通过消息确认回调函数返回所有已加入的客户端列表。随后发送 newPeer 消息给其他客户端，告知有新成员加入。
- ❑ sdpOffer：实现了 SDP 提案信令的交换，将 SDP 信息发送给 request.data.to 指定的客户端。
- ❑ sdpAnswer：实现了 SDP 应答信令的交换，将 SDP 信息发送给 request.data.to 指定的客户端。
- ❑ newIceCandidate：实现了对 ICE Trickle 的支持，将新的 ICE 候选者发送给 request.data.to 指定的客户端。

信令消息的处理流程具备很好的扩展性，如果需要增加新的信令，增加 request.method 的处理流程即可，无须更改程序的整体框架。handleSocketRequest() 方法的实现如代码清单 6-31 所示。

代码清单6-31　handleSocketRequest()方法的实现

```
private async _handleSocketRequest(peer: Peer, request: Request, cb) {
    switch (request.method) {
      case 'join':
      {
        const {
          displayName,
          picture,
          platform,
        } = request.data;

        if ( peer.joined ) {
          cb(null , {joined: true});
          break;
        }

        peer.displayName = displayName;
        peer.picture = picture;
        peer.platform = platform;
        const peerInfos = new Array<any>();
        this.peers.forEach((joinedPeer) => {
  peerInfos.push(joinedPeer.peerInfo());

        });
        cb(null, { peers: peerInfos, joined: false });
```

```
            this._notification(
              peer.socket,
              'newPeer',
              {...peer.peerInfo()},
              true
            );
            logger.debug(
              'peer joined [peer: "%s", displayName: "%s", picture: "%s", platform: "%s"]',
              peer.id, displayName, picture, platform);
            peer.joined = true;
            break;
          }
        case 'sdpOffer':
          {
              const { to } = request.data;
              cb();

              const toPeer = this.getPeer(to);
              this._notification(toPeer?.socket, 'sdpOffer', request.data);
              break;
          }
        case 'sdpAnswer':
          {
              const { to } = request.data;
              cb();

              const toPeer = this.getPeer(to);
              this._notification(toPeer?.socket, 'sdpAnswer', request.data);
              break;
          }
        case 'newIceCandidate':
          {
              const { to } = request.data;
              cb();
              const toPeer = this.getPeer(to);
              this._notification(toPeer?.socket, 'newIceCandidate', request.data);
              break;
          }
        default:
          {
            logger.error('unknown request.method "%s"', request.method);
            cb(500, `unknown request.method "${request.method}"`);
          }
      }
  }
}
```

6.6 实现信令客户端

为了能够更加方便地与信令服务器通信，我们实现了连接信令服务器的客户端代码。代码文件的路径是 signaling/web/signalingclient.js，实现如代码清单 6-32 所示。

代码清单6-32　连接信令服务器的客户端

```
class SignalingClient {
  constructor() {
  }
  connect(uri) {
    this.socket = io.connect(uri);
    this.socket.on('connect', async () => {
      this.onConnected();
    });

    this.socket.on('disconnect', () => {
      error('*** SocketIO disconnected!');
    });

    this.socket.on('connect_error', (err) => {
      error('*** SocketIO client connect error!' + err);
    });

    this.socket.on('connect_timeout', () => {
      error('*** SocketIO client connnect timeout!');
    });

    this.socket.on('error', () => {
      error('*** SocketIO error occors !' + error.name);
    });

    this.socket.on('notification', async (notification) => {
      const msg = notification.data;
      log("Receive'" + notification.method + "' message: " + JSON.stringify(msg));
      switch(notification.method) {
        case 'newPeer':
          this.onNewPeer(msg);
          break;
        case 'sdpAnswer':
          this.onSdpAnswer(msg);
          break;
        case 'sdpOffer':
          this.onSdpOffer(msg);
          break;
        case 'newIceCandidate' :
          this.onNewIceCandidate(msg);
          break;
      }
    });
  }
  sendRequest(method, data = null) {
    return new Promise((resolve, reject) => {
      if (!this.socket || !this.socket.connected) {
        reject('No socket connection.');
      } else {
        this.socket.emit('request', { method, data },
          this.timeoutCallback((err, response) => {
```

```
        if (err) {
          error('sendRequest %s timeout! socket: %o', method);
          reject(err);
        } else {
          resolve(response);
        }
      })
    );
  }
  });
}
timeoutCallback(callback) {
  let called = false;
  const interval = setTimeout(() => {
    if (called) {
      return;
    }
    called = true;
    callback(new Error('Request timeout.'));
  }, 5000);
  return (...args) => {
    if (called) {
      return;
    }
    called = true;
    clearTimeout(interval);
    callback(...args);
  };
}
}
```

信令客户端以面向对象的方式实现，SignalingClient 类封装了 Socket.IO 的事件和方法，主要功能如下。

❑ 发起 Socket.IO 连接，处理连接相关的事件。

❑ 接收信令后，以事件句柄的方式对外提供信令处理接口。

❑ 提供了发送信令消息的方法 sendRequest()，并实现了对消息超时和确认的支持。

SignalingClient 提供的事件回调句柄如下。

❑ onConnected：当 Socket.IO 连接成功时，回调该事件句柄，对应 Socket.IO 的事件 connect。

❑ onNewPeer：当收到新的客户端加入的信令消息时，回调该事件句柄，对应信令消息 newPeer。

❑ onSdpAnswer：当收到 SDP 应答时，回调该事件句柄，对应信令消息 sdpAnswer。

❑ sdpOffer：当收到 SDP 提案时，回调该事件句柄，对应信令消息 sdpOffer。

❑ onNewIceCandidate：当收到新的 ICE 候选者时，回调该事件句柄，对应信令消息 newIceCandidate。

SignalingClient 需要与服务器端一起配合，实现消息超时和确认功能。SignalingClient
使用了 Socket.IO 提供的 emit() 方法，将消息发送给服务器端。

```
this.socket.emit('request', { method, data },callback);
```

当服务器端收到了 request 消息，并且调用了 cb() 函数时，也会相应返回客户端的
callback 函数，此时客户端便知道服务器端收到了消息，并能够获取服务器端的返回值，完
成消息确认过程。

服务器端调用 cb() 函数传入的参数，也会相应成为 callback 的参数，当直接调用 cb()
或者 cb(null) 时，表示没有返回值。

如果服务器端没有收到 request 消息，就不会调用 cb() 函数进行确认，此时客户端
callback 没有返回，一直等到 5000ms 超时，callback 函数返回错误。这时候客户端就知道
消息发送失败了，可以提示消息发送失败，或者尝试重新发送消息。

6.7　示例

为了演示 WebRTC 信令服务器的实现方法，我们在之前的章节使用了 WebSocket 作
为信令传输协议，在本章的示例中，我们将 WebSocket 替换为 Socket.IO，服务器端使用
signaling，客户端使用 SignalingClient。

本示例实现的代码位于 signaling 的 Web 目录下，启动 signaling 后，在浏览器打开以
下地址即可看到本示例的效果。

```
https://localhost
// 如果不在本地打开
https://<ip>
```

我们在之前章节实现的动态设置码率、动态设置编码格式、替换背景等功能逻辑都没
有变，本节只需要使用 SignalingClient 替换信令通信的部分代码。

1. 信令服务 URL

首先，我们需要在建立连接时提供房间 ID 和客户端 ID。为了便于演示，我们为
roomID 指定固定值，在更加复杂的应用中，roomID 可以为 UUID 值，只需要确保各参与
方能够登录到同一个 roomID。我们使用 makeRandomString() 函数为 peerID 生成随机字符
串，在一定程度上保证各参与方具有唯一的 ID 标识，如代码清单 6-33 所示。

代码清单6-33　信令服务URL

```
const signaling_host = location.host;
const signaling_port = location.port || 443;
const roomID = 'signalingtestroom';
const peerID = makeRandomString(8);
const socketURL = `/?roomId=${roomID}&peerId=${peerID}`;
function makeRandomString(length) {
```

```
let outString = '';
const inOptions = 'abcdefghijklmnopqrstuvwxyz0123456789';

for (let i = 0; i < length; i++) {
  outString += inOptions.charAt(Math.floor(Math.random() * inOptions.length));
}

return outString;
};
```

2. 使用信令客户端

我们声明了全局变量 signaling，并在 window.onload 事件句柄中进行初始化，如代码清单 6-34 所示。

代码清单6-34　signaling声明与初始化

```
let signaling = null; // signaling client
window.onload = () => {
  logBox = document.querySelector(".logbox");
  if (!logBox){
    console.error('get logbox error!');
  }
  signaling = new SignalingClient();
}
```

当用户点击"加入"时，触发 connect() 函数调用，该函数首先调用 signaling.connect (socketURL) 与服务器端建立连接，然后给事件句柄设置处理函数。这样就将底层的通信部分替换成了 SignalingClient，如代码清单 6-35 所示。

代码清单6-35　设置SignalingClient事件句柄

```
function connect() {
  log(`Connecting to signaling server: ${socketURL}`);
  signaling.connect(socketURL);
  signaling.onConnected = async () => {
    log('SocketIO client connected to signaling server!');
    const allusers = await signaling.sendRequest('join', {
      displayName: document.getElementById("name").value
    });

    if(allusers.peers && allusers.peers.length) {
      handleUserlistMsg(allusers.peers, true);
    } else if (allusers.joined) {
      log("You have joined!");
    }
  };

  signaling.onNewPeer = (msg) => {
    handleUserlistMsg([msg]);
  };
```

```
signaling.onSdpOffer = (msg) => {
  handleVideoOfferMsg(msg);
};

signaling.onSdpAnswer = (msg) => {
  handleVideoAnswerMsg(msg);
}

signaling.onNewIceCandidate = (msg) => {
  handleNewICECandidateMsg(msg);
};
}
```

当需要给其他客户端发送信令消息时，调用 sendRequest() 方法进行发送，如代码清单
6-36 所示。

代码清单6-36　调用sendRequest()方法发送信令消息

```
function handleICECandidateEvent(event) {
  if (event.candidate) {
    log("*** Outgoing ICE candidate: " + event.candidate.candidate);

    signaling.sendRequest('newIceCandidate', {
      from: peerID,
      to: inviteUser.id,
      candidate: event.candidate
    });
  }
}
```

6.8　本章小结

我们在本章介绍了一种信令服务器的实现技术，即 TypeScript+ Node.js + Express + Socket.
IO 结合，实现高性能、实时、可扩展的信令服务器。本章对这几种技术的关键部分进行了
介绍，但是限于篇幅，没有覆盖全部细节，建议读者阅读完本章后，再结合其他资料加深
理解。

本章使用这些技术实现了一个可以实际使用的信令服务器 signaling，这些代码是开源
的，包括客户端和服务器端代码，读者可以根据自己的需要使用和修改。

最后，本章示例将之前实现的 WebSocket 通信替换成了 signaling。

数据通道

WebRTC 数据通道是一种直接建立在浏览器之间的传输通道，专门用于传输非媒体流的数据。它为 Web 开发人员提供了一种灵活且可配置的方式，可绕开服务器直接交互数据。使用我们在第 6 章介绍的信令服务器也可以传输数据，但相比基于 Socket.IO 的信令服务器，数据通道具有以下特点。

- ❑ 数据交换不经过服务器，不受服务器性能及带宽瓶颈的限制，同时减少了数据被拦截的概率。
- ❑ 底层传输使用了 DTLS，具有较高的安全性。
- ❑ 上层使用 SCTP，默认使用可靠且有序的方式进行数据传输。

数据通道支持传输字符串、文件、图片等数据。数据通道 API 的使用方式与 WebSocket 非常相似，但是 WebSocket 运行于 TCP 之上，而数据通道则运行于 SCTP 之上。

7.1 SCTP

流控制传输协议（Stream Control Transmission Protocol，SCTP）是在 2000 年由 IETF 的 SIGTRAN 工作组定义的一个传输层协议。它是面向连接、端到端、全双工、带有流量和拥塞控制的可靠传输协议，与 TCP 和 UDP 处于同一级别，可以直接运行在 IP 之上。

SCTP 的连接称为关联。SCTP 支持多流机制，一个关联可以有多个流，每个流都给定一个编号，编号包含在 SCTP 报文中。关联中的流相互独立，一个流出现阻塞不会影响同一关联中的其他流。相比之下，类似的阻塞问题在 TCP 中却很容易出现。

SCTP 与 TCP、UDP 的对比如表 7-1 所示。

表 7-1 SCTP 与 TCP、UDP 的对比

对比项	TCP	UDP	SCTP
可靠性	可靠	不可靠	可配置可靠、不可靠两种模式。默认使用可靠模式
数据包分发	有序	无序	可配置有序、无序两种方式。默认使用有序方式
传输	面向字节	面向消息	面向消息
流控	支持	不支持	支持
拥塞控制	支持	不支持	支持

SCTP 采用的是类似 TCP 的流控和拥塞控制机制，但有所增强。整个传输过程分为慢启动阶段和拥塞避免阶段。与 TCP 不同的是，SCTP 的拥塞窗口的初始值是 2 个 MTU，可以获得比 TCP 更快的窗口增长。SCTP 的拥塞控制采用了选择确认（SACK）快速重传和快速恢复组合的方式，是 TCP 各种主流改进机制的集成。因为 SCTP 采用了块结构和控制块机制，所以可以比 TCP 有更高的传输性能。由于 SCTP 有多条通往对端的路径，所以在发送端，它对每一条路径都有一套拥塞控制参数。这类似于有多个通往对端的 TCP 连接，SCTP 为多条路径的流量控制和拥塞控制提供统一的管理机制。

1. SCTP 关联

SCTP 提供多宿主特性，单个 SCTP 端点能够支持多个 IP 地址。该特性为应用程序提供了比 TCP 更高的可用性。如果一台主机有多个网络接口，且能够通过多个 IP 地址访问该主机，则这台主机就是多宿主主机。

SCTP 使用"关联"一词代替 TCP 使用的"连接"，这样做的原因是，一个连接只涉及两个 IP 地址间端到端的通信，而一个关联指代两台主机之间的通信，它可能涉及两个以上 IP 地址的通信。当端点之间建立一个关联之后，如果某个网络链路发生故障，SCTP 就可以切换到关联的另一个地址继续提供服务，从而避免了网络故障导致的服务中断。

SCTP 关联与 TCP 连接的对比如图 7-1 所示。

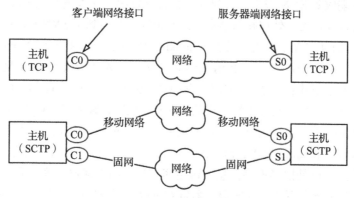

图 7-1 SCTP 关联与 TCP 连接

SCTP 通过自带的心跳机制（heartbeat）可以探测网络链路的可用性，如果某条链路上的心跳超出设定值仍没有响应，则认为该链路不可用。

2. 关联的建立与关闭

建立 SCTP 关联须通过 4 次握手，关闭 SCTP 的关联则需要 3 次握手，同时，数据只有在关联建立之后和关联关闭之前才可以发送。与 TCP 不同，SCTP 不支持半连接状态，也就是说任何一方关闭关联后，对方便不能再发送数据了。图 7-2 展示了 TCP 和 SCTP 的建立连接过程。

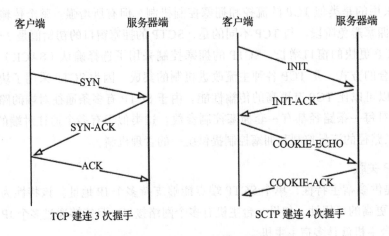

图 7-2 TCP 和 SCTP 的建立连接过程

TCP 的 3 次握手带来了一些安全问题。为了建立 TCP 连接，首先客户端向服务器端发送一个 SYN 报文，然后服务器端回复 SYN-ACK 报文进行确认，接着客户端使用 ACK 报文确认已接收到报文，最终成功建立连接。如果恶意客户端使用虚假的源地址伪造 IP 报文，TCP 的安全问题就暴露出来了。例如，恶意客户端发送大量 SYN 报文，对服务器端造成攻击。服务器端收到 SYN 报文后，要为连接分配资源，在大量产生 SYN 报文的情况下，最终耗尽自己的资源，无法处理新的请求。这种情况就是遭到了 SYN Flooding 攻击。

SCTP 可以通过 4 次握手的机制及引入 cookie 的概念，有效阻止 SYN Flooding 攻击。在 SCTP 中，客户端使用一个 INIT 报文请求建立关联，服务器端收到 INIT 报文后使用 INIT-ACK 报文进行响应，其中包括了 cookie（关联的唯一标识）。客户端随后使用 COOKIE-ECHO 报文进行响应，其中包含了服务器端发送的 cookie。现在，服务器端可以为这个关联分配资源了，并通过向客户端发送一个 COOKIE-ACK 报文对其进行响应，最后成功建立关联。

为了避免 SYN Flooding 攻击，SCTP 还采用了一种比较 "聪明" 的办法，即服务器端不维护半连接信息，而是把半连接信息发送给客户端，如果客户端确实需要建立这个连接，再把半连接信息返回服务器端，这时服务器端就可以根据返回的半连接信息建立连接了。

图 7-3 展示了 TCP 与 SCTP 关闭过程的对比。在 TCP 中，建立连接的一方可以关闭自

己的套接字（socket），然后发送 FIN 报文说明这个端点不会再发送数据，但是在关闭套接字之前，它仍然可以继续接收数据，这个状态被称为 TCP 连接的半关闭状态。

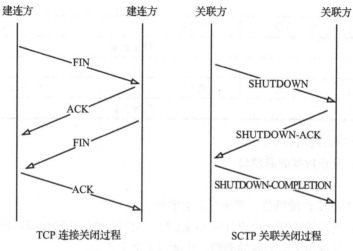

图 7-3　TCP 与 SCTP 的关闭过程

实际上，应用程序很少使用这种半关闭状态，因此 SCTP 的设计者选择放弃这种状态，并将其替换成一个显式的终结序列。在 SCTP 中，当一方关闭自己的套接字时，会产生一个 SHUTDOWN 原语，此时建立关联的双方需要全部关闭，且将来任何一方都不允许再进行数据传输了。

3. 数据块

SCTP 是一种面向消息的传输协议，从上层应用传递下来的数据以消息的形式传输。为便于传输，SCTP 提供消息的拆分和组装，以及消息的传输功能。

SCTP 进行数据传输的基本单位是块。每个 SCTP 包含一个 SCTP 公共标头、一个或多个块。块有两种基本类型：控制块和数据块。控制块用于 SCTP 的连接控制，如连接的建立、关闭、传输路径的维护等；数据块用于传送应用层的用户数据。上层用户的每一个消息均被封装在一个数据块中，如果消息长度大于传输路径的最大传输单元（MTU），则消息将被拆分成多个数据块传输，在接收端组装后再向上层提交。如果消息较短，则多个消息可以放入同一个 SCTP 包中，但要求总体大小不能超过 MTU，即多个数据块共用一个头部，从而提高传输效率。数据块可以和控制块封装在同一个 SCTP 包进行传输。

SCTP 数据包公共的标头部分占用数据包的前 12 个字节，如表 7-2 所示。

表 7-2　SCTP 数据包标头

位	0—7	8—15	16—23	24—31
0	源端口		目标端口	
32	校验标签			

（续）

位	0–7	8–15	16–23	24–31
64	校验和			
96	块 1 类型	块 1 标记	块 1 长度	
128	块 1 数据			
…		…		
…	块 N 类型	块 N 标记	块 N 长度	
…	块 N 数据			

标头各个字段的说明如下。

❑ 源端口：发送数据的源端口。

❑ 目标端口：接收数据的目标端口。

❑ 校验标签：32 位随机值，用于区分数据包。

❑ 校验和：使用循环冗余校验算法（CRC32）检测在数据传输过程中可能引入的错误。

❑ 块类型：数据块传输内容的类型，长度为 1 个字节。

❑ 块标记：由 8 个标志位组成，其定义随块类型而变化。默认值为零，表示上层应用没有为数据指定标识符。

❑ 块长度：指定块的总长度（以字节为单位）。

❑ 块数据：实际传输的数据块。

7.2 RTCPeerConnection 数据通道扩展接口

WebRTC 在 RTCPeerConnection 的扩展接口提供了数据通道 API 的入口，这些 API 接收 / 发送数据的使用方法与 WebSocket 一致。RTCPeerConnection 数据通道扩展接口如代码清单 7-1 所示。

代码清单7-1 RTCPeerConnection数据通道扩展接口

```
partial interface RTCPeerConnection {
  readonly attribute RTCSctpTransport? sctp;
  RTCDataChannel createDataChannel(USVString label,
                        optional RTCDataChannelInit dataChannelDict = {});
  attribute EventHandler ondatachannel;
};
```

sctp 是扩展接口的只读属性，类型为 RTCSctpTransport，表示收发 SCTP 的数据传输通道。RTCSctpTransport 的详细介绍可参见 7.3 节。

1. createDataChannel() 方法

createDataChannel() 方法会创建一个新的数据通道，用于传输图片、文件、文本、数据包等任意数据。该方法会触发 negotiationneeded 事件，其使用语法如下。

```
const dataChannel = RTCPeerConnection.createDataChannel(label[, options]);
```

❑ 参数：label，为通道指定的名称，类型为字符串，长度不能超过 65 535 个字节；
options，可选参数，类型为 RTCDataChannelInit，提供了数据通道的配置选型。
❑ 返回值：该方法返回类型为 RTCDataChannel 的数据通道对象。我们会在下文对
RTCDataChannel 类型进行详细介绍。
❑ 异常：该方法调用失败时，抛出的异常值如表 7-3 所示。

表 7-3　createDataChannel() 方法的异常值

异 常 值	说 明
InvalidStateError	RTCPeerConnection 处于关闭状态
TypeError	指定的 label 或者 protocol 字符串长度超过了 65536 字节
SyntaxError	同时为 maxPacketLifeTime 和 maxRetransmits 选项指定值，但是只能为其中一个指定非空值
ResourceInUse	指定的 ID 与另外一个正在使用的数据通道相同
OperationError	如果没有指定 id，则 WebRTC 自动创建 ID 失败

字典类型 RTCDataChannelInit 包含定制数据通道行为的配置选项，其定义如代码清单 7-2 所示。

代码清单7-2　RTCDataChannelInit的定义

```
dictionary RTCDataChannelInit {
  boolean ordered = true;
  [EnforceRange] unsigned short maxPacketLifeTime;
  [EnforceRange] unsigned short maxRetransmits;
  USVString protocol = "";
  boolean negotiated = false;
  [EnforceRange] unsigned short id;
};
```

RTCDataChannelInit 包含的各属性说明如表 7-4 所示。

表 7-4　RTCDataChannelInit 属性说明

配 置 项	类 型	说 明
ordered	布尔	可选配置。表示是否保持发包顺序，true 表示确保接收包的顺序与发出时一致；false 表示不保证一致。默认值是 true
maxPacketLifeTime	数值	可选配置。表示发送消息间隔的最大毫秒数，如果超出该值仍未收到确认，则开始重传。当为该配置项指定值时，默认开启不可靠传输模式。默认值是 null
maxRetransmits	数值	可选配置。表示发送消息失败后的重传次数。当为该配置项指定值时，默认开启不可靠传输模式。默认值是 null
protocol	字符串	可选配置。数据通道使用的子协议名称

(续)

配 置 项	类 型	说　明
negotiated	布尔	可选配置。取值为 false 时，数据通道在带内协商，一方调用 createData-Channel() 方法，另一方使用监听事件 datachannel。 　　取值为 true 时，数据通道在带外协商，双方都调用 createDataChannel() 方法，使用商定的 ID 进行通话。 默认值是 false
id	数值	可选配置。数据通道的 16 位标识 ID，如果没有指定该配置项，WebRTC 会自动创建一个

数据通道可以配置在不同的模式中。一种是使用重传机制的可靠传输模式，这是默认模式，可以确保数据成功传输到对等端。另一种是不可靠传输模式，这种模式可以通过为 maxRetransmits 指定最大重传次数，或者通过 maxPacketLifeTime 设置传输间隔时间实现。注意，maxRetransmits 和 maxPacketLifeTime 这两个配置项不能同时指定，否则会出错。在两个属性的值都是 null 时，使用的是可靠传输模式，而这两个属性中任意一个为非 null 值时，即开启不可靠传输模式。

我们使用 createDataChannel() 方法和事件句柄 ondatachannel 建立一条数据通道。通常在发起端调用 createDataChannel() 方法，获得数据通道对象。如果通道成功建立，则应答端触发 datachannel 事件，从事件参数 event.channel 获取代表数据通道的对象。

发起端调用 createDataChannel() 方法的示例如代码清单 7-3 所示。

代码清单7-3　createDataChannel方法示例

```
const pc = new RTCPeerConnection(options);
const channel = pc.createDataChannel("chat");
channel.onopen = (event) => {
  channel.send('Hi you!');
}
channel.onmessage = (event) => {
  console.log(event.data);
}
```

2. RTCPeerConnection: datachannel 事件

当发起端调用 createDataChannel() 方法创建数据通道时，应答端触发 datachannel 事件，对应事件句柄 ondatachannel。事件参数类型是 RTCDataChannelEvent，定义如代码清单 7-4 所示。

代码清单7-4　RTCDataChannelEvent的定义

```
interface RTCDataChannelEvent : Event {
  constructor(DOMString type, RTCDataChannelEventInit eventInitDict);
  readonly attribute RTCDataChannel channel;
};
```

RTCDataChannelEvent 事件只包含一个属性，即 channel，代表与发起端相对应的数据通道。

应答端使用 ondatachannel 事件句柄的示例如代码清单 7-5 所示。

代码清单7-5　ondatachannel事件句柄示例

```
const pc = new RTCPeerConnection(options);
pc.ondatachannel = (event) => {
    const channel = event.channel;
  channel.onopen = (event) => {
      channel.send('Hi back!');
    }
    channel.onmessage = (event) => {
      console.log(event.data);
    }
}
```

7.3　RTCSctpTransport

每个 RTCPeerConnection 连接都关联一个基础的 SCTP 协议传输通道，即属性 sctp，它的类型是 RTCSctpTransport，定义如代码清单 7-6 所示。

代码清单7-6　RTCSctpTransport的定义

```
interface RTCSctpTransport : EventTarget {
  readonly attribute RTCDtlsTransport transport;
  readonly attribute RTCSctpTransportState state;
  readonly attribute unrestricted double maxMessageSize;
  readonly attribute unsigned short? maxChannels;
  attribute EventHandler onstatechange;
};
```

RTCSctpTransport 包含的各属性说明如表 7-5 所示。

表 7-5　RTCSctpTransport 的属性说明

属　　性	类　　型	说　　明
transport	RTCDtlsTransport	只读，DTLS 层的传输通道
state	RTCSctpTransportState	只读，SCTP 的传输状态
maxMessageSize	双精度数值	只读，单次调用 send() 方法能够发送的最大字节数
maxChannels	短整型数值	只读，能够同时打开的最大通道数

RTCSctpTransportState 是枚举类型，枚举值定义如代码清单 7-7 所示。

代码清单7-7　RTCSctpTransportState的定义

```
enum RTCSctpTransportState {
  "connecting",
```

```
  "connected",
  "closed"
};
```

RTCSctpTransportState 定义了 SCTP 的传输状态,各状态的含义说明如下。

❑ connecting:RTCSctpTransport 正在协商建立连接,这是 SCTP 传输通道的初始状态。

❑ connected:协商完成,建立 SCTP 传输通道。

❑ closed:SCTP 传输通道已关闭。

当 SCTP 传输通道的状态发生变化时,触发事件 statechange,该事件对应事件句柄 onstatechange。

7.4 RTCDataChannel

RTCDataChannel 接口表示两个对等方之间的双向数据通道。每个数据通道都关联一个 RTCPeerConnection 对等连接,每个对等连接理论上最多可以有 65534 个数据通道。RTCDataChannel 接口定义如代码清单 7-8 所示。

代码清单7-8 RTCDataChannel接口定义

```
[Exposed=Window]
interface RTCDataChannel : EventTarget {
  readonly attribute USVString label;
  readonly attribute boolean ordered;
  readonly attribute unsigned short? maxPacketLifeTime;
  readonly attribute unsigned short? maxRetransmits;
  readonly attribute USVString protocol;
  readonly attribute boolean negotiated;
  readonly attribute unsigned short? id;
  readonly attribute RTCDataChannelState readyState;
  readonly attribute unsigned long bufferedAmount;
  [EnforceRange] attribute unsigned long bufferedAmountLowThreshold;
  attribute EventHandler onopen;
  attribute EventHandler onbufferedamountlow;
  attribute EventHandler onerror;
  attribute EventHandler onclosing;
  attribute EventHandler onclose;
  void close();
  attribute EventHandler onmessage;
  attribute DOMString binaryType;
  void send(USVString data);
  void send(Blob data);
  void send(ArrayBuffer data);
  void send(ArrayBufferView data);
};
```

1. 属性

RTCDataChannel 的属性说明如表 7-6 所示。

表 7-6　RTCDataChannel 的属性说明

属　　性	类　　型	说　　明
label	字符串	只读属性，通道名称
ordered	布尔	只读属性，是否保持发包顺序
maxPacketLifeTime	数值	只读属性，发送消息间隔的最大毫秒数
maxRetransmits	数值	只读属性，发送消息失败后的重传次数
protocol	字符串	只读属性，数据通道使用的子协议名称
negotiated	布尔	只读属性，带内协商还是带外协商
id	数值	只读属性，数据通道的唯一标识
readyState	RTCDataChannelState	只读属性，数据通道的状态
bufferedAmount	数值	只读属性，等待发送的缓存队列长度，单位是字节
bufferedAmountLow-Threshold	数值	可读写，用于设置低位缓存的阈值，当缓存队列减少到该阈值时，触发事件 bufferedamountlow。该属性的初始值是 0，应用程序可以随时改变该属性值
binaryType	字符串	可读写，用于控制如何发送二进制数据，可设置为 blob 或 arraybuffer

readyState 属性表示当前数据通道的状态，是 RTCDataChannelState 枚举类型，定义如代码清单 7-9 所示。

代码清单7-9　RTCDataChannelState的定义

```
enum RTCDataChannelState {
  "connecting",
  "open",
  "closing",
  "closed"
};
```

RTCDataChannelState 包含如下枚举值。

❑ connecting：正在尝试建立数据传输通道，这是 RTCDataChannel 对象的初始状态。

❑ open：数据传输通道已建立，可以正常通信。

❑ closing：正在关闭数据传输通道。

❑ closed：数据传输通道已关闭，或者建立失败。

2. 方法

（1）close() 方法

该方法用于关闭数据传输通道，每一个对等方都可以调用该方法关闭数据通道。关闭连接是异步进行的，通过监听 close 事件可以获取关闭完成的通知。

调用该方法将触发以下动作。

❑ RTCDataChannel.readyState 设置为 closing。

❑ close() 方法调用返回，同时启动后台任务继续执行下面的任务。

❑ 传输层对未完成发送的数据进行处理，协议层决定继续发送还是丢弃。

❑ 关闭底层传输通道。

❑ RTCDataChannel.readyState 变为 closed。

❑ 如果底层传输通道关闭失败，触发 NetworkError 事件。

❑ 如果成功，则触发 close 事件。

该方法的调用语法如下。

```
RTCDataChannel.close();
```

❑ 参数：无。

❑ 返回值：无。

代码清单 7-10 演示了 close() 方法的实现。该示例创建了一个数据通道，并在收到第一条消息后调用 close() 方法关闭该通道，当通道成功关闭时，触发 close 事件，且在该事件句柄 onclose 中获得通知。

代码清单7-10 close()方法示例

```
const pc = new RTCPeerConnection();
const dc = pc.createDataChannel("my channel");
dc.onmessage = (event) => {
  console.log("received: " + event.data);
  dc.close();
};

dc.onopen = () => {
  console.log("datachannel open");
};

dc.onclose = () => {
  console.log("datachannel close");
};
```

（2）send() 方法

该方法通过数据通道将数据发送到对等端，调用语法如下。

```
RTCDataChannel.send(data);
```

❑ 参数：data，要发送的数据，类型可以是字符串、Blob、ArrayBuffer 或 ArrayBufferView。发送数据的大小受 RTCSctpTransport.maxMessageSize 的限制。

❑ 返回值：无。

❑ 异常值：如果该方法调用失败，返回异常值如表 7-7 所示。

表 7-7　send() 方法异常值

异　常　值	说　　　明
InvalidStateError	当前数据通道不是 open 状态
TypeError	发送数据的大小超出了 maxMessageSize
OperationError	当前缓存队列满了

代码清单 7-11 演示了 send() 方法的实现。该示例创建了一条数据通道，当通道成功建立时，触发 open 事件，在该事件的句柄函数 onopen 里将 obj 对象发送给对等端。

代码清单7-11　send()方法示例

```
const pc = new RTCPeerConnection(options);
const channel = pc.createDataChannel("chat");
channel.onopen = (event) => {
  let obj = {
    "message": msg,
    "timestamp": new Date()
  }
  channel.send(JSON.stringify(obj));
}
```

3. 事件

（1）bufferedamountlow 事件

当缓存队列字节数从高于 bufferedAmountLowThreshold 降低到 bufferedAmountLow-Threshold 之下时触发 bufferedamountlow 事件，对应事件句柄 onbufferedamountlow，事件类型为 Event。

通常情况下，当数据通道的缓存队列字节数低于设定值时，意味着数据正常发送，没有堆积，这时候可以继续向缓存队列追加数据。代码清单 7-12 演示了这个过程。

代码清单7-12　onbufferedamountlow事件句柄示例

```
let pc = new RTCPeerConnection();
let dc = pc.createDataChannel("SendFile");
let source = /* source data object */

dc.bufferedAmountLowThreshold = 65536;
pc.onbufferedamountlow = ev => {
  if (source.position <= source.length) {
    dc.send(source.readFile(65536));
  }
}
```

（2）close 事件

当数据通道被关闭时触发 close 事件，对应事件句柄 onclose，事件类型为 Event。close() 方法执行了关闭的动作，关闭过程是异步的，可在 close 事件中获取事件结果。

我们在介绍 close() 方法的时候给出了 onclose 事件句柄的使用示例，此处不再赘述。

（3）error 事件

当数据通道出现错误时，触发 error 事件，对应事件句柄 onerror，事件类型为 RTCError-Event。

我们在第 5 章已经介绍过 RTCErrorEvent 和其类型为 RTCError 的属性 error，这里不再赘述。

使用事件句柄 onerror 处理数据通道错误事件的示例如代码清单 7-13 所示。

代码清单7-13　onerror事件句柄示例

```
dc.onerror = ev => {
  const err = ev.error;
  console.error("WebRTC error: ", err.message);
  switch(err.errorDetail) {
    case "sdp-syntax-error":
      console.error("    SDP syntax error in line ", err.sdpLineNumber);
      break;
    case "idp-load-failure":
      console.error("      Identity provider load failure: HTTP error ",err.
        httpRequestStatusCode);
      break;
    case "sctp-failure":
      console.error("    SCTP failure: ", err.sctpCauseCode);
      break;
    case "dtls-failure":
      if (err.receivedAlert) {
        console.error("    Received DLTS failure alert: ", err.receivedAlert);
      }
      if (err.sentAlert) {
        console.error("    Sent DLTS failure alert: ", err.receivedAlert);
      }
      break;
  }
  console.error("    Error in file ", err.filename, " at line ", err.lineNumber,
    ", column ", err.columnNumber);
}
```

（4）message 事件

当从对等端收到消息时，触发 message 事件，对应事件句柄 onmessage。事件类型为 MessageEvent，它代表目标对象收到的消息事件，也用于 WebSocket 的消息事件中。MessageEvent 的定义如代码清单 7-14 所示。

代码清单7-14　MessageEvent的定义

```
interface MessageEvent : Event {
  constructor(DOMString type, optional MessageEventInit eventInitDict = {});

  readonly attribute any data;
```

```
readonly attribute USVString origin;
readonly attribute DOMString lastEventId;
readonly attribute MessageEventSource? source;
readonly attribute FrozenArray<MessagePort> ports;

void initMessageEvent(DOMString type, optional boolean bubbles = false,
  optional boolean cancelable = false, optional any data = null, optional
  USVString origin = "", optional DOMString lastEventId = "", optional
  MessageEventSource? source = null, optional sequence<MessagePort> ports = []);
};

dictionary MessageEventInit : EventInit {
  any data = null;
  USVString origin = "";
  DOMString lastEventId = "";
  MessageEventSource? source = null;
  sequence<MessagePort> ports = [];
};
```

由于我们只需要使用 MessageEvent 的属性，所以只对属性进行说明，如表 7-8 所示。

表 7-8　MessageEvent 的属性说明

属　　性	类　　型	说　　明
data	任意	接收到的数据，可以为任意类型
origin	字符串	描述消息发送源
lastEventId	字符串	代表当前事件的 ID
source	MessageEventSource	消息发送源对象
ports	MessagePort[]	发送消息使用的端口

data 属性代表接收到的数据，是 message 事件必须要使用的属性。代码清单 7-15 演示了 onmessage 事件句柄的使用方法，该示例将接收到的消息展示到页面中。

代码清单7-15　onmessage事件句柄示例

```
dc.onmessage = ev => {
  let newParagraph = document.createElement("p");
  let textNode = document.createTextNode(event.data);
  newParagraph.appendChild(textNode);

  document.body.appendChild(newParagraph);
}
```

（5）open 事件

当用于收发数据的底层传输通道被打开且可用时，触发 open 事件，对应事件句柄 onopen，事件类型为 Event。

我们本章的例子里有几处使用到了 onopen 事件句柄，读者可以作为参考，这里不再赘述。

7.5 带内协商与带外协商

建立数据通道的常用方法是在发起端调用 createDataChannel() 方法，在接收端监听 datachannel 事件，当通道建立完成后，两端都触发 open 事件，从而在两端都能获取数据通道的对象。

这是 WebRTC 建立数据通道的默认方法，被称为带内协商。这种方法的优点是可以随时动态创建数据通道。

WebRTC 规范里还引入了另外一种建立数据通道的方法，名为带外协商。这种方法在两端都调用 createDataChannel() 方法，任何一端都无须监听 datachannel 事件。

- ❑ 对等方 A 调用 createDataChannel() 方法，为可选参数 options 指定选项。negotiated 为 true 表示使用带外协商，同时指定 ID 值为 0。

  ```
  dataChannel = pc.createDataChannel(label,{negotiated: true, id: 0})
  ```

- ❑ 通过信令服务器或其他带外传输方式将 ID 值传给对等方 B。
- ❑ 对等方 B 以同样的方式调用 createDataChannel() 方法，传入相同的 ID 值。
- ❑ 开始 SDP 协商。
- ❑ 两端都触发 open 事件。

使用带外协商模式的过程如代码清单 7-16 所示。

代码清单7-16　带外协商模式

```
let dataChannel = pc.createDataChannel("MyApp Channel", {
  negotiated: true
});

dataChannel.addEventListener("open", (event) => {
  beginTransmission(dataChannel);
});
requestRemoteChannel(dataChannel.id);
```

7.6 文字聊天与文件传输

本节我们综合使用数据通道 API 实现文字聊天和文件的发送与接收。我们还会讨论使用 API 的注意事项以及一些参数的最佳设置，这些经验都来自实际项目，能够帮助读者避免在使用过程中出错。

我们实现的功能主要有以下几点。

- ❑ 实现双向数据通道。
- ❑ 实现发送与接收文字聊天信息。
- ❑ 实现分段文件传输，支持传输 1GB 以上的大文件。
- ❑ 自动生成下载链接。

完整的实现代码 GitHub 地址如下。

```
https://github.com/wistingcn/dove-into-webrtc/tree/master/datachannel
```

使用以下方式获取代码并运行。

```
git clone https://github.com/wistingcn/dove-into-webrtc.git
cd dove-into-webrtc/datachannel
cnpm install
sudo npm start
```

运行成功后，在浏览器打开地址。

```
https://localhost/
```

为了演示数据通道建立连接效果，需要在至少两个浏览器窗口打开以上地址，推荐使用
Chrome 浏览器，运行效果如图 7-4 所示。

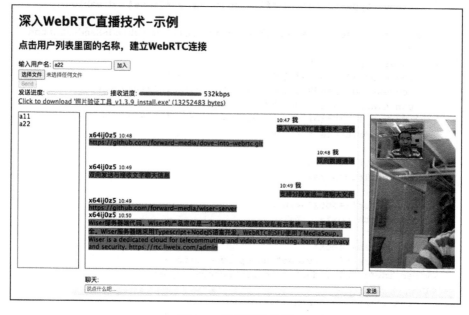

图 7-4　示例运行效果

1. 页面元素

我们在 HTML 页面增加聊天输入框、文件选择、进度条等元素，如代码清单 7-17 所示。

代码清单7-17　HTML页面内容

```html
<html>
<head>
  <title>Dove into Webrtc example for DataChannel</title>
  <meta charset="utf-8">
  <link href="peer.css" rel="stylesheet">
```

```html
    <script type="text/javascript" src="signalingclient.js"></script>
    <script src="/socket.io/socket.io.js"></script>
    <script src="adapter.js"></script>
</head>
<body>
    <div class="container">
        <div class="infobox">
            <h1>深入WebRTC直播技术-示例</h1>
            <h2>点击用户列表里面的名称，建立WebRTC连接</h2>
            <div>
                输入用户名：
                <input id="name" type="text" maxlength="12" required autocomplete="username"
                    inputmode="verbatim" placeholder="Username">
                <input type="button" name="login" value="加入" onclick="connect()">
            </div>
            <div>
                <form id="fileInfo">
                    <input type="file" id="fileInput" name="files"  disabled/>
                </form>
                <button id="sendFile" onclick="sendFile()" disabled>Send</button>
            </div>
            <div class="progress">
                <span class="label">发送进度：</span>
                <progress id="sendProgress" max="0" value="0"></progress>
                <span class="label">接收进度：</span>
                <progress id="receiveProgress" max="0" value="0"></progress>
                <span id="bitrate"></span>
            </div>
            <div id="bitrate"></div>
            <a id="download"></a>
        </div>
        <ul class="userlistbox"></ul>
        <div class="chatbox">
        </div>
        <div class="camerabox">
            <video id="received_video" autoplay></video>
            <video id="local_video" autoplay muted></video>
        </div>
        <div class="empty-container"></div>
        <div class="chat-controls">
            聊天:<br/>
            <input id="textInput" type="text" size="100" maxlength="256" placeholder=
                "说点什么吧..." autocomplete="off" disabled>
            <input type="button" id="sendText" name="send" value="发送" onclick=
                "handleSendButton()" disabled>
        </div>
    </div>
    <script type="text/javascript" src="peerclient.js"></script>
</body>
</html>
```

由于在 body 的最后引用了 peerclient.js 文件，使得我们可以直接在 JavaScript 代码中获取页面元素，这时页面已经完成加载，不用担心获取元素失败。

文件选择和聊天输入框默认都是 disabled 禁用状态，等数据通道成功打开后再开启。获取页面元素的代码如代码清单 7-18 所示。

代码清单7-18　获取页面元素

```
const chatBox = document.querySelector(".chatbox");
const fileInput = document.querySelector('input#fileInput');
const textInput = document.querySelector('input#textInput');
const downloadAnchor = document.querySelector('a#download');
const sendProgress = document.querySelector('progress#sendProgress');
const receiveProgress = document.querySelector('progress#receiveProgress');
const sendFileButton = document.querySelector('button#sendFile');
const sendTextButton = document.querySelector('input#sendText');
const bitrateSpan = document.querySelector('span#bitrate');
fileInput.onchange = (e) => {
  sendFileButton.disabled = false;
}

textInput.onkeypress = (e) => {
  if(e.keyCode === 13 ) {
    handleSendButton();
  }
}
```

我们为聊天输入框 textInput 加入对 keypress 事件的处理，用户完成文字输入后，按下回车键（keyCode 为 13），即可调用 handleSendButton() 方法发送聊天信息。

2. 创建数据通道

不需要在连接建立之后再创建数据通道，实际上有了 RTCPeerConnection 对象，就可以创建数据通道了。此时如果连接尚未建立，则 ICE 协商过程将包括数据通道的协商；如果连接已经建立，则会再次触发 negotiationneeded 事件，重新进行 ICE 协商。

创建数据通道的时机需要根据应用程序的具体情况来确定。在本节，我们选择在加入媒体流时创建数据通道，也就是在建立连接之前，这样数据通道和媒体流就能够一起进行 ICE 协商了，如代码清单 7-19 所示。

代码清单7-19　创建数据通道的时机

```
try {
  webcamStream.getTracks().forEach(
    track => pc.addTrack(track, webcamStream)
  );
} catch(err) {
  handleGetUserMediaError(err);
}

newDataChannel();
```

在函数 newDataChannel() 里调用 createDataChannel() 方法创建数据通道并对数据通道进行设置，如代码清单 7-20 所示。

代码清单7-20 newDataChannel()函数的实现

```
function newDataChannel() {
  log("*** Create Data Channel.");

  dcFile = pc.createDataChannel(peerID, {protocol: 'file', id: channelId++});
  dcFile.binaryType = 'arraybuffer';
  dcFile.bufferedAmountLowThreshold = 65536;
  log("new data channel , id: " + dcFile.id + ",binaryType: " + dcFile.binaryType +
    ", protocol: " + dcFile.protocol);
  setupDataChannelEvent(dcFile);
}
```

关于数据通道的创建和设置，有一些比较重要的内容需要说明。

❑ 多个数据通道的对应关系。如果发起端创建了多个数据通道，接收端会为每个数据通道触发一次 datachannel 事件，那么接收端如何区分数据通道并与发起端一一对应呢？ WebRTC 规范手册里没有明确说明这一点，在实际项目中可以通过指定不同的 protocol 进行区分。protocol 表示子协议名称，可以为任意字符串。接收端在 datachannel 事件中可以获取发起端指定的 protocol，这样就能与发起端对应了。

❑ 关于 binaryType 的设置。通过为 binaryType 指定 blob 类型或者 arraybuffer 类型，可以使用数据通道传输二进制数据，当然并非只能传输二进制数据，而是依然可以使用该数据通道正常传输字符串数据。使用这一特性可以在传输文件前发送文件名称及文件大小等元数据信息。

❑ 关于缓存队列的控制。数据通道 API 不支持设置缓存区大小，所以缓存区很容易被填满而导致传输失败。推荐的解决方法是设置 bufferedAmountLowThreshold 属性，该属性为缓存区设置了一条"水位线"，当缓存区从高位降到水位线时，触发 bufferedamountlow 事件，当缓存区大小降到 bufferedAmountLowThreshold 值以下时，再调用 send() 方法发送数据。

创建完数据通道后，调用 setupDataChannelEvent() 方法为数据通道设置事件处理函数，如代码清单 7-21 所示。

代码清单7-21 setupDataChannelEvent()方法设置事件处理函数

```
function setupDataChannelEvent(channel) {
  channel.onopen = () => {
    log(`Data Channel opened !!! - '${channel.protocol}'`);
    fileInput.disabled = false;
    textInput.disabled = false;
    sendTextButton.disabled = false;
  }
  channel.onerror = (ev) => {
    const err = ev.error;
```

```
        error(`Data Channel '${channel.protocol}' error! ${err.errorDetail} - ${err.message}`);
    }

    channel.onmessage = (event) => {
        handleDataMessage(channel, event.data);
    }
}
```

　　建立数据通道后，触发 open 事件，调用 onopen 事件句柄。在该事件句柄中解除文件选择、聊天输入框的禁用状态，这样用户就可以选择要传输的文件或者输入聊天信息了。从数据通道接收到的消息在 handleDataMessage() 方法中进行处理。

3. 聊天功能

　　在函数 handleSendButton() 中获取用户输入的聊天信息，并通过数据通道发送给对等端，如代码清单 7-22 所示。

代码清单7-22　handleSendButton()函数示例

```
function handleSendButton() {
    const text = textInput.value;
    if (!text.length) return;

    dcFile.send(JSON.stringify({
        text: text,
        method: 'message',
        id: peerID
    }
    ));
    textInput.value = '';
    const time = new Date();
    const timeString = `${time.getHours()}:${time.getMinutes()}`;
    const html = `<div class="sentMessage"><div><span style="font-size: x-small">${timeString}
        </span><b> 我</b></div><div><span class="sentText">${text}</span></div></div>`;
    chatBox.innerHTML += html;
    chatBox.scrollTop = chatBox.scrollHeight - chatBox.clientHeight;
}
```

　　调用数据通道的 send() 方法发送数据时，给数据增加了 method 属性，当属性值为 message 时，表示该消息是聊天消息。下文还会讲到当发送文件元数据时，method 属性值为 file。

　　我们将发送出去的消息构造成 HTML 片段，并追加到聊天框的 innerHTML 中。本地发送的消息在聊天框中靠右显示。我们使用 CSS 的 Flex 布局来实现这个功能，详见 GitHub 上的源代码。

　　handleDataMessage() 方法处理所有接收到的消息，包括聊天、文件元数据、文件数据。当收到的消息是字符串，并且 method 为 message 时，调用 handleReceivedMessage() 进行处理，如代码清单 7-23 所示。

代码清单7-23　handleReceivedMessage()

```
function handleReceivedMessage(msg) {
  const time = new Date();
  const timeString = `${time.getHours()}:${time.getMinutes()}`;
  const html = `<div><div><b>${msg.id} </b><span style="font-size: x-small">${timeString}
    </span></div><div><span class="receivedMessage">${msg.text}</span></div></div>`;
  log(html);
  chatBox.innerHTML += html;
  chatBox.scrollTop = chatBox.scrollHeight - chatBox.clientHeight;
}
```

为了将聊天消息显示在聊天框里，我们同样构造了 HTML 片段，追加到聊天框的 innerHTML 中，接收到的消息在聊天框中靠左显示。

4. 分段传输

Chromium 和 Firefox 的 SCTP 实现都使用了开源的 usrsctp，此实现中的默认最大缓冲区为 256KB。如果通过数据通道发送大于 256KB 的数据块，通常会引发 EMSGSIZE 错误，导致浏览器通道关闭。考虑到浏览器的兼容性，我们将缓存队列的"水位线"bufferedAmount-LowThreshold 设置为 64KB（65535 字节）。

另外调用 send() 方法发送数据时也有大小限制，其上限是 maxMessageSize，这个值可以在应用程序中动态获取。

对于文件传输来说，只能分段传输，具体做法如下。

❑ 获取用户选择的文件对象 File。
❑ 调用 File 的 slice() 方法，该方法会分段读取 File 对象数据，并返回一个 Blob 对象。
❑ 调用 Blob 对象的 arrayBuffer() 方法，异步读取 arrayBuffer 数据。
❑ 如果数据通道当前剩余缓存大于 bufferedAmountLowThreshold，则等待 bufferedamountlow 事件。
❑ 发送 arrayBuffer 数据。

文件对象 File 的定义如代码清单 7-24 所示。

代码清单7-24　File定义

```
interface File : Blob {
  constructor(sequence<BlobPart> fileBits,
              USVString fileName,
              optional FilePropertyBag options = {});
  readonly attribute DOMString name;
  readonly attribute long long lastModified;
};
```

File 包含了文件名（name）和修改时间（lastModified）的属性，它继承自 Blob，Blob 的定义如代码清单 7-25 所示。

代码清单7-25　Blob的定义

```
interface Blob {
  constructor(optional sequence<BlobPart> blobParts,
              optional BlobPropertyBag options = {});
  readonly attribute unsigned long long size;
  readonly attribute DOMString type;
  Blob slice(optional [Clamp] long long start,
             optional [Clamp] long long end,
             optional DOMString contentType);

  [NewObject] ReadableStream stream();
  [NewObject] Promise<USVString> text();
  [NewObject] Promise<ArrayBuffer> arrayBuffer();
};
```

在 Blob 的定义中，slice() 方法用于创建一个分段的 Blob，使用语法如下。

```
const newBlob = blob.slice(start, end, contentType);
```

其中，start 表示 newBlob 的起始字节；end 表示 newBlob 的结束字节；contentType 表示内容种类，默认为空值。由于 File 继承自 Blob，所以 File 文件对象也可以调用 slice() 方法分段读取文件。

arrayBuffer() 方法从 Blob 中实际读取数据，返回一个 Promise，如果决议成功，则得到 ArrayBuffer 类型的二进制数据，该方法的使用语法如下。

```
const aPromise = blob.arrayBuffer();
blob.arrayBuffer().then(buffer => /* process the ArrayBuffer */);
const buffer = await blob.arrayBuffer();
```

5. 发送文件

首先，将文件的名称、大小发送到对等端，如代码清单 7-26 所示。

代码清单7-26　使用sendFile()方法发送文件元数据

```
function sendFile() {
  const file = fileInput.files[0];
  log("select file, name: " + file.name + " size: " + file.size);
  dcFile.send(JSON.stringify({
    method: 'file',
    name: file.name,
    size: file.size
  }));

  sendProgress.max = file.size;
  readFileData(file);
}
```

对文件进行分段读取时，需要权衡分段的大小。低于 1KB 的小分段会导致发送端频繁调用 send() 方法，接收端频繁触发 message 事件，增加了 CPU 开销；而大于 maxMessageSize

的分段在传输过程中又会丢失数据。

在创建数据通道时，将 bufferedAmountLowThreshold 设置为 65535 字节。调用 send() 方法发送数据前，先检测剩余的缓存是否大于这个值，如果大于则等待 bufferedamountlow 事件触发。

注意我们这里将 await 和 Promise 语法结合使用，ES6 增加这个语法主要用于解决回调嵌套问题。

读取并发送文件数据的方法 readFileData()，如代码清单 7-27 所示。

代码清单7-27　readFileData()方法读取并发送文件数据

```
async function readFileData(file) {
  let offset = 0;
  let buffer = null;
  const chunkSize = pc.sctp.maxMessageSize;
  while(offset < file.size) {
    const slice = file.slice(offset, offset + chunkSize);
    buffer = await slice.arrayBuffer();
    if (dcFile.bufferedAmount > 65535) {
      // 等待缓存队列降到阈值之下
      await new Promise(resolve => {
        dcFile.onbufferedamountlow = (ev) => {
          log("bufferedamountlow event! bufferedAmount: " + dcFile.bufferedAmount);
          resolve(0);
        }
      });
    }

    // 可以发送数据了
    dcFile.send(buffer);
    offset += buffer.byteLength;
    sendProgress.value = offset;

    // 更新发送速率
    const interval = (new Date()).getTime() - lastReadTime;
    bitrateSpan.textContent = `${Math.round(chunkSize * 8 /interval)}kbps`;
    lastReadTime = (new Date()).getTime();
  }
}
```

6. 接收文件

为了方便组织文件数据，我们定义了一个接收文件的类 PeerFile，并创建了一个该类的全局对象 receiveFile，如代码清单 7-28 所示。

代码清单7-28　接收文件的类PeerFile

```
class PeerFile {
  constructor(){}
  reset() {
    this.name = '';
```

```
      this.size = 0;
      this.buffer = [];
      this.receivedSize = 0;
      this.time = (new Date()).getTime();
    }
}

const receiveFile = new PeerFile();
```

PeerFile 包含的属性是文件名称（name）、文件大小（size）、接收缓存（buffer）、已接收字节数（receivedSize）和上次接收时间（time）。

PeerFile 还包含了一个 reset() 方法，用于还原所有属性值。

我们需要接收两类文件数据：文件元数据和文件内容数据，其中文件元数据以字符串的形式发送。接收端使用 typeof() 方法对文件类型进行判断，如果是字符串，则对 method 进行判断，当 method 为 file 时，该消息为文件元数据，要从元数据获取文件名及文件大小。如果不是字符串，则判断为文件内容数据，将数据追加到接收缓存之中。当接收到的总数据与文件大小相同时，表明文件数据接收完毕。

接收文件数据的实现代码如代码清单 7-29 所示。

代码清单7-29 接收文件数据

```
function handleDataMessage(channel, data) {
  log(`Receive data channel message ,type: ${typeof(data)}`);
  if (typeof(data) === 'string') {
    // 字符串
    log(`Receive string data from '${channel.protocol}', data: ${data}`);
    const mess = JSON.parse(data);
    if(mess.method === 'file') {
      // 文件元数据
      receiveFile.reset();
      receiveFile.name = mess.name;
      receiveFile.size = mess.size;
      receiveProgress.max = mess.size;
    } else if (mess.method === 'message') {
      // 聊天消息
      handleReceivedMessage(mess);
    }
    return;
  }
  // 文件内容数据
  log(`Receive binary data from '${channel.protocol}', size: ${data.byteLength}`);
  receiveFile.buffer.push(data);
  receiveFile.receivedSize += data.byteLength;

  // 更新进度条
  receiveProgress.value = receiveFile.receivedSize;

  // 更新接收速率
  const interval = (new Date()).getTime() - receiveFile.time;
```

```
bitrateSpan.textContent = ` ${Math.round(data.byteLength * 8 / interval)}kbps`;
receiveFile.time = (new Date()).getTime();

if(receiveFile.receivedSize === receiveFile.size) {
  // 文件接收完毕，开始下载
  downloadFile(receiveFile);
}
}
```

成功接收文件数据后，调用 downloadFile() 方法生成下载链接，如代码清单 7-30 所示。

代码清单7-30　生成下载链接

```
function downloadFile(file) {
const received = new Blob(file.buffer);

downloadAnchor.href = URL.createObjectURL(received);
downloadAnchor.download = file.name;
downloadAnchor.textContent =
  `Click to download '${file.name}' (${file.size} bytes)`;
downloadAnchor.style.display = 'block';
}
```

7.7　本章小结

本章介绍了 WebRTC 数据通道的 API。为了加深理解，我们还对数据通道的底层传输协议 SCTP 进行了详细介绍。数据通道 API 的数量较少，但是如果使用不当，经常会出现问题。最后，我们使用数据通道 API 实现了一个支持文字聊天和文件传输的 Web 应用程序。结合示例，我们讨论了使用数据通道 API 的注意事项。通过本章的介绍，希望读者能够掌握事件通道 API 的使用方法，并应用到实际项目中。

第 8 章 *Chapter 8*

统计数据

在实时通信过程中，WebRTC 应用程序相关的统计数据在不断变化。为了能够更加方便地对应用程序进行实时监控，以及在出现故障时及时排查问题，WebRTC 提供了统计数据相关的 API 接口。这些 API 提供的数据是实时更新的，可以随时反映应用程序的运行状况。

Chrome 浏览器内置了查看这些统计信息的接口，地址如下。

```
chrome://webrtc-internals/
```

当本机存在 WebRTC 应用程序时，打开上述地址就能看到图形化、实时更新的统计数据。

本章将详细介绍这些统计 API，希望通过本章的介绍，读者不但能明确各个监控项的含义，还能使用这些 API 实现自己的监控系统。

8.1 统计数据入口

对等连接 RTCPeerConnection 对象提供了获取统计数据的入口方法 getStats()。

```
partial interface RTCPeerConnection {
  Promise<RTCStatsReport> getStats(optional MediaStreamTrack? selector = null);
};
```

getStats 的使用语法如下。

```
aPromise = pc.getStats(selector)
```

❑ 参数：selector，可选参数，类型为 MediaStreamTrack，表示获取该媒体轨道对象的统计数据。默认值为 null，表示获取整个对等连接的统计数据。

❑ 返回值：返回 Promise 值，决议成功则得到一个 RTCStatsReport 对象。

❑ 异常：若决议失败，则返回异常值 InvalidAccessError，表示没有找到 selector 对应的 RTP 对象。

除了能够通过对等连接 RTCPeerConnection 获取 RTCStatsReport 对象，WebRTC 还提供了另外一个获取统计对象的入口，即通过 RTP 媒体管理 API 获取 RTCStatsReport 统计对象，如代码清单 8-1 所示。

代码清单8-1　RTP媒体管理API获取统计对象

```
// 获取当前对等连接的视频RTP接收器对象
const rtpVideoReceiver = pc.getReceivers().find(rece => rece.track.kind === 'video');
// 获取当前对等连接的视频RTP发送器对象
const rtpVideoSender = pc.getSenders().find(sender => sender.track.kind === 'video');
// 获取视频RTP接收器的RTCStatsReport对象
const receiVideoStats = await rtpVideoReceiver.getStats();
// 获取视频RTP发送器的RTCStatsReport对象
const sendVideoStats = await rtpVideoSender.getStats();
```

通过 RTCPeerConnection 对象获取的 RTCStatsReport 包含所有的统计数据，而通过 RTP 媒体管理 API 获取的 RTCStatsReport 只包含与 RTP 对应的统计数据。也就是说，通过 RTP 媒体管理 API 获取的 RTCStatsReport 只是部分数据，并不完整。

RTCStatsReport 的定义如代码清单 8-2 所示。

代码清单8-2　RTCStatsReport的定义

```
interface RTCStatsReport {
  readonly maplike<DOMString, object>;
};
```

RTCStatsReport 包含一个 Map 集合对象，键是字符串，值是从 RTCStats 派生的监控对象。

使用 getStats() 方法获取统计信息的示例如代码清单 8-3 所示。该示例每隔 1s 获取一次统计信息，并将获取到的统计信息更新到 stats-box 状态框中。

代码清单8-3　getStats()方法使用示例

```
setInterval(() => {
  pc.getStats(null).then(stats => {
    let statsOutput = "";

    stats.forEach(report => {
      statsOutput += `<h2>Report: ${report.type}</h3>\n<strong>ID:</strong> ${report.
        id}<br>\n` + `<strong>Timestamp:</strong> ${report.timestamp}<br>\n`;

      Object.keys(report).forEach(statName => {
        if (statName !== "id" && statName !== "timestamp" && statName !== "type") {
          statsOutput += `<strong>${statName}:</strong> ${report[statName]}<br>\n`;
        }
```

```
      });
    });

    document.querySelector(".stats-box").innerHTML = statsOutput;
  });
}, 1000);
```

8.2　RTCStats 及其扩展

RTCStats 包含统计对象的基础属性，实际使用的监控项继承了 RTCStats 的属性，并增加了自己的扩展项。RTCStats 的定义如代码清单 8-4 所示。

代码清单8-4　RTCStats的定义

```
dictionary RTCStats {
  required DOMHighResTimeStamp timestamp;
  required RTCStatsType type;
  required DOMString id;
};
```

RTCStats 包含的成员属性如下。

❑ timestamp：对象采样时的时间。

❑ type：对象所代表的种类，类型是 RTCStatsType。

❑ id：对象的 ID 值。

1. RTCStatsType

RTCStatsType 是一个枚举类型，表明 RTCStats 对象代表的种类，其定义如代码清单 8-5 所示。

代码清单8-5　RTCStatsType的定义

```
enum RTCStatsType {
"codec",
"inbound-rtp",
"outbound-rtp",
"remote-inbound-rtp",
"remote-outbound-rtp",
"media-source",
"csrc",
"peer-connection",
"data-channel",
"stream",
"track",
"transceiver",
"sender",
"receiver",
"transport",
"sctp-transport",
```

```
"candidate-pair",
"local-candidate",
"remote-candidate",
"certificate",
"ice-server"
};
```

RTCStatsType 包含的枚举值及其对应的统计数据对象如下。

❑ codec：当前对等连接收发 RTP 流所使用的编码格式，对应 RTCCodecStats 对象。

❑ inbound-rtp：本地流入方向的 RTP 流数据，对应 RTCInboundRtpStreamStats 对象。

❑ outbound-rtp：本地流出方向的 RTP 流数据，对应 RTCOutboundRtpStreamStats 对象。如果 RTP 发送器关联多个 RTP 流，则每个 RTP 流对应一个 RTCOutboundRtpStreamStats 对象，通过 ssrc 属性进行区分。

❑ remote-inbound-rtp：远端流入方向的 RTP 流数据，与本地流出方向的 RTP 流对应。数据在远端采集，并通过 RTCP 发送者报告回传。对应 RTCRemoteInboundRtpStreamStats 对象。

❑ remote-outbound-rtp：对等端流出方向的 RTP 流数据，与本地流入方向的 RTP 流对应。数据在远端采集，通过 RTCP 发送者报告回传。对应 RTCRemoteOutboundRtpStreamStats 对象。

❑ media-source：与 RTCRtpSender 关联的媒体轨道数据。如果媒体轨道的 kind 值为 video，则对应 RTCVideoSourceStats；如果 kind 值为 audio，则对应 RTCAudioSourceStats。

❑ csrc：本地流入方向 RTP 流的贡献源（CSRC）的数据，对应 RTCRtpContributing-SourceStats 对象。

❑ peer-connection：对等连接 RTCPeerConnection 的统计数据，对应 RTCPeerConnectionStats 对象。

❑ data-channel：数据通道的统计数据，对应 RTCDataChannelStats 对象。

❑ stream：媒体流统计数据，对应 RTCMediaStreamStats 对象。注意，在新的规范里，stream 已经被淘汰。

❑ track：与 RTCRtpSender 关联的媒体轨道的统计数据。如果媒体轨道 kind 值为 video，则对应 RTCSenderVideoTrackAttachmentStats；如果 kind 值为 audio，则对应 RTCSenderAudioTrackAttachmentStats 对象。

❑ transceiver：与 RTP 收发器 RTCRtpTransceiver 相关的统计数据，对应 RTCRtpTransceiverStats 对象。

❑ sender：与 RTP 发送器 RTCRtpSender 相关的统计数据。如果其关联的媒体轨道 kind 值为 video，则对应 RTCVideoSenderStats 对象；如果 kind 值为 audio，则对应 RTCAudioSenderStats 对象。

❑ receiver：与 RTP 接收器 RTCRtpReceiver 相关的统计数据，对应的对象取决于与其关联的媒体轨道 kind 值。如果 kind 值为 void，则对应的对象为 RTCVideoReceiverStats；
如果 kind 值为 audio，则对应的对象为 RTCAudioReceiverStats。

❑ transport：与对等连接 RTCPeerConnection 关联的传输对象的统计数据，对应 RTC-
TransportStats 对象。

❑ sctp-transport：与 RTCSctpTransport 对象关联的 SCTP 传输数据，对应 RTCSctp-
TransportStats 对象。

❑ candidate-pair：与 RTCIceTransport 关联的 ICE 候选对统计数据，对应 RTCIceCandidate-
PairStats 对象。

❑ local-candidate：与 RTCIceTransport 关联的本地 ICE 候选者配对数据，对应 RTCIceCandidate-
Stats 对象。

❑ remote-candidate：与 RTCIceTransport 关联的远端 ICE 候选者配对数据，对应 RTCIce-
CandidateStats 对象。

❑ certificate：RTCIceTransport 使用的证书信息，对应 RTCCertificateStats 对象。

❑ ice-server：当前连接使用的 STUN 和 TURN 服务器信息，对应 RTCIceServerStats
对象。

我们通常需要使用 type 值区分具体的统计对象，下面逐一介绍统计数据对象。

2. RTCCodecStats

RTCCodecStats 对象中维护了与编码格式相关的数据，定义如代码清单 8-6 所示。

代码清单8-6　RTCCodecStats的定义

```
dictionary RTCCodecStats : RTCStats {
        unsigned long payloadType;
        RTCCodecType  codecType;
        DOMString     transportId;
        DOMString     mimeType;
        unsigned long clockRate;
        unsigned long channels;
        DOMString     sdpFmtpLine;
};
```

RTCCodecStats 包含如下属性。

❑ payloadType：RTP 编解码使用的载荷种类。

❑ codecType：属性类型为 RTCCodecType，枚举类型，枚举值为 'encode' 和 'decode'，
分别表示编码和解码。

❑ transportId：使用此编码格式的传输通道的 ID 值。使用该 ID 值可以对应到 RTC-
TransportStats 对象。

❑ mimeType：此编码格式的 mime 种类，如 video/vp8。

❑ clockRate：此编码格式的采样率。

❑ channels：此编码格式的通道数。

❑ sdpFmtpLine：SDP 中与此编码格式对应的 a=fmtp 代码行。

3. RTCInboundRtpStreamStats

RTCInboundRtpStreamStats 代表本地流入方向 RTP 媒体流的统计对象，定义如代码清单 8-7 所示。

代码清单8-7　RTCInboundRtpStreamStats的定义

```
dictionary RTCInboundRtpStreamStats : RTCReceivedRtpStreamStats {
        DOMString              trackId;
        DOMString              receiverId;
        DOMString              remoteId;
        unsigned long          framesDecoded;
        unsigned long          keyFramesDecoded;
        unsigned long          frameWidth;
        unsigned long          frameHeight;
        unsigned long          frameBitDepth;
        double                 framesPerSecond;
        unsigned long long     qpSum;
        double                 totalDecodeTime;
        double                 totalInterFrameDelay;
        double                 totalSquaredInterFrameDelay;
        boolean                voiceActivityFlag;
        DOMHighResTimeStamp    lastPacketReceivedTimestamp;
        double                 averageRtcpInterval;
        unsigned long long     headerBytesReceived;
        unsigned long long     fecPacketsReceived;
        unsigned long long     fecPacketsDiscarded;
        unsigned long long     bytesReceived;
        unsigned long long     packetsFailedDecryption;
        unsigned long long     packetsDuplicated;
        record<USVString, unsigned long long> perDscpPacketsReceived;
        unsigned long          nackCount;
        unsigned long          firCount;
        unsigned long          pliCount;
        unsigned long          sliCount;
        DOMHighResTimeStamp    estimatedPlayoutTimestamp;
        double                 jitterBufferDelay;
        unsigned long long     jitterBufferEmittedCount;
        unsigned long long     totalSamplesReceived;
        unsigned long long     samplesDecodedWithSilk;
        unsigned long long     samplesDecodedWithCelt;
        unsigned long long     concealedSamples;
        unsigned long long     silentConcealedSamples;
        unsigned long long     concealmentEvents;
        unsigned long long     insertedSamplesForDeceleration;
        unsigned long long     removedSamplesForAcceleration;
        double                 audioLevel;
        double                 totalAudioEnergy;
        double                 totalSamplesDuration;
```

```
        unsigned long       framesReceived;
        DOMString           decoderImplementation;
};
```

RTCInboundRtpStreamStats 包含如下属性。

❑ trackId：媒体轨道统计对象的 ID 值。用于定位 RTCReceiverAudioTrackAttachment-
Stats 或 RTCReceiverVideoTrackAttachmentStats 对象。

❑ receiverId：接收媒体流的统计对象的 ID 值。用于查找 RTCAudioReceiverStats 或者
RTCVideoReceiverStats 对象。

❑ remoteId：用于查找远端 RTCRemoteOutboundRtpStreamStats 对象。

❑ framesDecoded：表示 RTP 流已经解码的帧的总数，仅对视频有效。

❑ keyFramesDecoded：表示 RTP 流已经解码的关键帧的总数，仅对视频有效，该值包
含在 framesDecoded 中。

❑ frameWidth：表示最近一帧的宽度，仅对视频有效。

❑ frameHeight：表示最近一帧的高度，仅对视频有效。

❑ frameBitDepth：表示最近一帧每像素的位深，仅对视频有效。可选值是 24、30 或者
36 位。

❑ framesPerSecond：表示最近 1 秒的解码帧数量，仅对视频有效。

❑ qpSum：已解码帧的量化参数（QP）总数。QP 值由编码格式定义，如 VP8 的 QP 值
定义在帧头的 y_ac_qi 元素中。

❑ totalDecodeTime：解码帧花费的总时长，单位为秒。使用该值除以 framesDecoded
的值可以得到解码的平均时长。

❑ totalInterFrameDelay：连续解码的帧之间的延迟总和，单位为秒。

❑ totalSquaredInterFrameDelay：连续解码的帧之间的延迟平方和，单位为秒。

❑ voiceActivityFlag：表示 RTP 数据包的最近一帧是否包含语音活动，该值取决于扩
展头是否存在 V 位，仅对音频有效。

❑ lastPacketReceivedTimestamp：表示收到最近一个 RTP 数据包的时间戳，不同于
timestamp，timestamp 代表的是本地端点生成统计信息的时间。

❑ averageRtcpInterval：表示两个连续的复合 RTCP 数据包之间的平均间隔。复合数据
包至少包含 RTCP RR 或 SR 块以及带有 CNAME 项的 SDES 数据包。

❑ headerBytesReceived：表示接收的 RTP 标头和填充字节的总数，不包括 IP 或 UDP
等传输层标头的大小。headerBytesReceived + bytesReceived 等于有效载荷字节数。

❑ fecPacketsReceived：表示接收的 RTP FEC 数据包总数。当接收带媒体数据包（例如
Opus）的带内 FEC 数据包时，此计数器也可以递增。

❑ fecPacketsDiscarded：表示丢弃的 RTP FEC 数据包总数。它是 fecPacketsReceived
的子集。

- ❏ bytesReceived：表示接收的总字节数。
- ❏ packetsFailedDecryption：表示未能成功解密的 RTP 数据包的累积数量。这些数据包不计入 packetsDiscarded。
- ❏ packetsDuplicated：表示因重复而丢弃的数据包的累积数量。复制的数据包具有与此前接收的数据包相同的 RTP 序列号和内容。如果收到一个数据包的多个副本，则全部计数，但是重复的数据包不计入 packetsDiscarded。
- ❏ perDscpPacketsReceived：每个差分服务代码点（DSCP）收到的数据包总数。DSCP 以字符串形式表示十进制整数。请注意，由于网络重新映射等原因，这些数字可能与发送时看到的数字不一致，并非所有操作系统都提供此信息。
- ❏ nackCount：表示此接收器发送的 NACK 数据包的总数。
- ❏ firCount：表示此接收器发送的 FIR 数据包的总数，仅对视频有效。
- ❏ pliCount：表示此接收器发送的 PLI 数据包的总数，仅对视频有效。
- ❏ sliCount：表示此接收器发送的 SLI 数据包的总数，仅对视频有效。
- ❏ estimatedPlayoutTimestamp：表示此接收器上媒体轨道的预估播放时长。播放时长是最后一个媒体样本的 NTP 时间戳，由播放经过的时长决定。该值用于估算同一来源音频轨道和视频轨道的不同步时长。
- ❏ jitterBufferDelay：表示每个音频样本或视频帧从接收到退出抖动缓冲区花费的时间，单位为秒。
- ❏ jitterBufferEmittedCount：表示来自抖动缓冲区的音频样本或视频帧总数（增加 jitterBufferDelay 的值）。可以通过计算 jitterBufferDelay/jitterBufferEmittedCount 得到平均抖动缓冲器的延迟时间。
- ❏ totalSamplesReceived：表示此 RTP 流上已接收的样本总数，包括隐藏样本 concealedSamples，仅对音频有效。
- ❏ samplesDecodedWithSilk：表示由 Opus 编解码器的 SILK 部分解码的样本总数，仅对编解码器为 Opus 的音频有效。
- ❏ samplesDecodedWithCelt：表示由 Opus 编解码器的 CELT 部分解码的样本总数，仅对编解码器为 Opus 的音频有效。
- ❏ concealedSamples：表示隐藏样本的总数。隐藏样本是在播放之前被本地生成的合成样本所替换的样本。必须隐藏的样本包括丢失的数据包样本（packetsLost）和因延迟而无法播放的数据包样本（packetsDiscarded），仅对音频有效。
- ❏ silentConcealedSamples：表示静音隐藏样本的总数。播放静音样本会出现静音。它是 concealedSamples 的子集，仅对音频有效。
- ❏ concealmentEvents：表示隐藏事件的数量。多个连续的隐藏样本会增加 concealedSamples 的值，但只会增加一次隐藏事件。仅对音频有效。
- ❏ insertedSamplesForDeceleration：表示播放速度降低时，接收到的采样数与播放的采样数之差。如果由于样本的插入操作导致播放速度降低，则该值为插入样本的数量。
仅对音频有效。

❑ removedSamplesForAcceleration：表示加快播放速度时接收到的样本数与播放的样
本数之差。如果通过删除样本实现了加速，则该值为删除的样本数。仅对音频有效。

❑ audioLevel：表示接收轨道的音量。有关本地轨道的音量，请参阅本节 RTCAudio-
SourceStats 的介绍。该值介于 0 和 1 之间，其中 0 表示静音，1 表示最大音量。仅对
音频有效。

❑ totalAudioEnergy：表示接收轨道的音频能量，仅对音频有效。

❑ totalSamplesDuration：表示接收轨道的音频持续时间，仅对音频有效。

❑ framesReceived：表示在此 RTP 流上接收的完整帧的总数。收到完整帧后，该值将
递增。仅对视频有效。

❑ decoderImplementation：表示使用的解码器实现。

（1）RTCReceivedRtpStreamStats

RTCReceivedRtpStreamStats 是 RTCInboundRtpStreamStats 的父类，其定义如代码清
单 8-8 所示。

代码清单8-8　RTCReceivedRtpStreamStats的定义

```
dictionary RTCReceivedRtpStreamStats : RTCRtpStreamStats {
            unsigned long long    packetsReceived;
            long long             packetsLost;
            double                jitter;
            unsigned long long    packetsDiscarded;
            unsigned long long    packetsRepaired;
            unsigned long long    burstPacketsLost;
            unsigned long long    burstPacketsDiscarded;
            unsigned long         burstLossCount;
            unsigned long         burstDiscardCount;
            double                burstLossRate;
            double                burstDiscardRate;
            double                gapLossRate;
            double                gapDiscardRate;
            unsigned long         framesDropped;
            unsigned long         partialFramesLost;
            unsigned long         fullFramesLost;
};
```

RTCReceived RtpStreamStats 包含的属性说明如下。

❑ packetsReceived：表示接收的 RTP 数据包总数。

❑ packetsLost：表示丢失的 RTP 数据包总数。

❑ jitter：表示数据包抖动（以秒为单位）。

❑ packetsDiscarded：表示抖动缓冲区丢弃的 RTP 数据包的总数。由于重复而丢弃的
RTP 数据包不在此指标内。

- ❑ packetsRepaired：应用错误恢复机制修复的 RTP 数据包的总数。
- ❑ burstPacketsLost：在丢失突发期间丢失的 RTP 数据包的总数。
- ❑ burstPacketsDiscarded：在丢弃突发期间丢弃的 RTP 数据包的总数。
- ❑ burstLossCount：丢失的 RTP 数据包的累积突发数。
- ❑ burstDiscardCount：丢弃的 RTP 数据包的累积突发数。
- ❑ burstLossRate：在丢失突发期间丢失的 RTP 数据包占突发期间 RTP 数据包总数的比例。
- ❑ burstDiscardRate：在丢失突发期间丢弃的 RTP 数据包占突发期间 RTP 数据包总数的比例。
- ❑ gapLossRate：在间隔时间内丢失的 RTP 数据包的百分比。
- ❑ gapDiscardRate：在间隔时间内丢弃的 RTP 数据包的百分比。
- ❑ framesDropped：在解码之前丢失或丢弃的总帧数。丢弃的原因是该帧错过了此接收器的截止时限。仅对视频有效。
- ❑ partialFramesLost：丢失部分帧的累积数量。如果在解码之前通过重传等机制接收并恢复了部分帧，则会增加 frameReceived 计数器。仅对视频有效。
- ❑ fullFramesLost：丢失完整帧的累计数量。仅对视频有效。

（2）RTCRtpStreamStats

RTCRtpStreamStats 是 RTCReceivedRtpStreamStats 的父类，其定义如代码清单 8-9 所示。

代码清单8-9　RTCRtpStreamStats的定义

```
dictionary RTCRtpStreamStats : RTCStats {
        unsigned long      ssrc;
        DOMString          kind;
        DOMString          transportId;
        DOMString          codecId;
};
```

RTCRtpStreamStats 的属性说明如下。

- ❑ ssrc：是一个 32 位的无符号整数值，用于标识此统计信息对象关联的 RTP 数据包的源。
- ❑ kind：媒体种类，取值为 audio 或 video，必须与关联的媒体轨道 kind 属性一致。
- ❑ transportId：与 RTP 流关联的 RTCTransportStats 的唯一标识。
- ❑ codecId：与 RTP 流关联的 RTCCodecStats 的唯一标识。

4. RTCOutboundRtpStreamStats

RTCOutboundRtpStreamStats 代表本地流出方向的 RTP 流统计对象，其定义如代码清单 8-10 所示。

代码清单8-10　RTCOutboundRtpStreamStats的定义

```
dictionary RTCOutboundRtpStreamStats : RTCSentRtpStreamStats {
        DOMString          trackId;
        DOMString          mediaSourceId;
```

```
DOMString              senderId;
DOMString              remoteId;
DOMString              rid;
DOMHighResTimeStamp    lastPacketSentTimestamp;
unsigned long long     headerBytesSent;
unsigned long          packetsDiscardedOnSend;
unsigned long long     bytesDiscardedOnSend;
unsigned long          fecPacketsSent;
unsigned long long     retransmittedPacketsSent;
unsigned long long     retransmittedBytesSent;
double                 targetBitrate;
unsigned long long     totalEncodedBytesTarget;
unsigned long          frameWidth;
unsigned long          frameHeight;
unsigned long          frameBitDepth;
double                 framesPerSecond;
unsigned long          framesSent;
unsigned long          hugeFramesSent;
unsigned long          framesEncoded;
unsigned long          keyFramesEncoded;
unsigned long          framesDiscardedOnSend;
unsigned long long     qpSum;
unsigned long long     totalSamplesSent;
unsigned long long     samplesEncodedWithSilk;
unsigned long long     samplesEncodedWithCelt;
boolean                voiceActivityFlag;
double                 totalEncodeTime;
double                 totalPacketSendDelay;
double                 averageRtcpInterval;
RTCQualityLimitationReason              qualityLimitationReason;
record<DOMString, double> qualityLimitationDurations;
unsigned long          qualityLimitationResolutionChanges;
record<USVString, unsigned long long> perDscpPacketsSent;
unsigned long          nackCount;
unsigned long          firCount;
unsigned long          pliCount;
unsigned long          sliCount;
DOMString              encoderImplementation;
};
```

RTCOutboundRtpStreamStats 包含的各成员属性说明如下。

❑ trackId：媒体轨道统计对象的 ID 值，用于定位 RTCSenderAudioTrackAttachment Stats 或 RTCSenderVideoTrackAttachmentStats 对象。

❑ mediaSourceId：与 RTP 发送者关联的媒体轨道统计对象标识，用于定位 RTCMedia-SourceStats 对象。

❑ senderId：RTP 发送者统计对象标识，用于定位 RTCAudioSenderStats 或 RTCVideo-SenderStats 对象。

❑ remoteId：用于定位 RTCRemoteInboundRtpStreamStats 统计对象。

❑ rid：此 RTP 流的 rid 编码参数。

❑ lastPacketSentTimestamp：表示发送最近一个数据包的时间戳。

❑ headerBytesSent：表示发送的 RTP 标头和填充字节的总数，不包括 IP 或 UDP 等传输层标头的大小。headerBytesSent + bytesSent 等于传输有效载荷发送的字节数。

❑ packetsDiscardedOnSend：丢弃的 RTP 数据包总数。产生丢弃的原因有很多种，包括缓冲区已满或没有可用的内存。

❑ bytesDiscardedOnSend：丢弃的字节总数。

❑ fecPacketsSent：表示发送的 RTP FEC 数据包总数。

❑ retransmittedPacketsSent：表示重传的数据包总数，是 packetsSent 的子集。

❑ retransmittedBytesSent：表示重传的字节总数，仅包括有效载荷字节，是 bytesSent 的子集。

❑ targetBitrate：表示目标比特率。通常，目标比特率是提供给编解码器的配置参数，它不计算 IP 或其他传输层（如 TCP 或 UDP）的大小，单位是 bps。

❑ totalEncodedBytesTarget：每次对帧进行编码后，此值都会增加目标帧的大小（以字节为单位），实际上帧的大小可能大于或小于此数字。framesEncoded 上升时该值上升。

❑ frameWidth：表示最近一个编码帧的宽度，仅对视频有效。

❑ frameHeight：表示最近一个编码帧的高度，仅对视频有效。

❑ frameBitDepth：表示最近一帧每像素的位深，仅对视频有效。取值是 24、30 或 36。

❑ framesPerSecond：表示最近 1 秒的解码帧数量，仅对视频有效。

❑ framesSent：表示此 RTP 流发送的帧总数，仅对视频有效。

❑ hugeFramesSent：表示此 RTP 流发送的巨帧的总数。所谓巨帧是指编码大小为帧平均大小 2.5 倍以上的帧，仅对视频有效。

❑ framesEncoded：表示为此 RTP 媒体流成功编码的帧总数，仅对视频有效。

❑ keyFramesEncoded：表示成功为此 RTP 媒体流编码的关键帧总数，例如 VP8 的关键帧或 H.264 的 IDR 帧，仅对视频有效，是 framesEncoded 的子集。

❑ framesDiscardedOnSend：由于套接字错误而丢弃的视频帧总数。产生丢弃的原因有很多种，包括缓冲区已满或没有可用的内存。

❑ qpSum：RTP 发送者编码的帧的 QP 值之和。QP 值的定义取决于编解码器，对于 VP8，QP 值是作为语法元素 "y_ac_qi" 在帧头中携带的值，其范围是 0 到 127，仅对视频有效。

❑ totalSamplesSent：通过此 RTP 流发送的样本总数，仅对音频有效。

❑ samplesEncodedWithSilk：由 Opus 编解码器的 SILK 部分编码的样本总数，仅对音频有效，并且音频编解码器应为 Opus。

❑ samplesEncodedWithCelt：由 Opus 编解码器的 CELT 部分编码的样本总数。仅对音频有效，并且音频编解码器应为 Opus。

❑ voiceActivityFlag：发送的最后一个 RTP 数据包是否包含语音活动，这取决于扩展头中 V 位是否存在，仅对音频有效。

❑ totalEncodeTime：编码 framesEncoded 帧所花费的总秒数。该值除以 framesEncoded 值的结果即为平均编码时间。

❑ totalPacketSendDelay：数据包传输到网络之前在本地缓存的总秒数。指的是从 RTP 打包程序发出数据包开始，到将数据包移交给 OS 网络套接字为止的这段时间。

❑ averageRtcpInterval：两个连续的复合 RTCP 数据包之间的平均 RTCP 间隔。复合数据包必须包含 RTCP RR（或 SR）块以及 SDES 数据包。

❑ qualityLimitationReason：当前限制分辨率或帧率的原因，如果没有限制，则为 none，仅对视频有效。

❑ qualityLimitationDurations：流处于质量限制状态下的总时长，单位为秒，仅对视频有效。

❑ qualityLimitationResolutionChanges：流处于质量限制状态下，分辨率变更的次数。计数器最初为零，随着分辨率变化而增加。例如，如果将 720p 作为 480p 发送一段时间，然后恢复到 720p，则 qualityLimitationResolutionChanges 的值为 2。仅对视频有效。

❑ perDscpPacketsSent：每个 DSCP 发送的数据包总数，DSCP 以字符串形式标识为十进制整数。

❑ nackCount：表示此 RTP 发送者接收到的 NACK 数据包的总数。

❑ firCount：表示此 RTP 发送者接收到的 FIR 数据包的总数，仅对视频有效。

❑ pliCount：表示此 RTP 发送者接收到的 PLI 数据包的总数，仅对视频有效。

❑ sliCount：表示此 RTP 发送者接收到的 SLI 数据包的总数，仅对视频有效。

❑ encoderImplementation：表示此 RTP 使用的编码器。

RTCSentRtpStreamStats 是 RTCOutboundRtpStreamStats 的父类，其定义如代码清单 8-11 所示。

代码清单8-11　RTCSentRtpStreamStats的定义

```
dictionary RTCSentRtpStreamStats : RTCRtpStreamStats {
        unsigned long      packetsSent;
        unsigned long long bytesSent;
};
```

RTCSentRtpStreamStats 的属性说明如下。

❑ packetsSent：表示发送的 RTP 数据包总数。

❑ bytesSent：表示发送的字节总数。

5. RTCRemoteInboundRtpStreamStats

RTCRemoteInboundRtpStreamStats 代表远端流入方向 RTP 媒体流的统计对象，定义如代码清单 8-12 所示。

代码清单8-12　RTCRemoteInboundRtpStreamStats的定义

```
dictionary RTCRemoteInboundRtpStreamStats : RTCReceivedRtpStreamStats {
          DOMString               localId;
          double                  roundTripTime;
          double                  totalRoundTripTime;
          double                  fractionLost;
          unsigned long long      reportsReceived;
          unsigned long long      roundTripTimeMeasurements;
};
```

RTCRemoteInboundRtpStreamStats 包含的各成员属性说明如下。

❑ localId：用于定位与其对应的本地流出方向的统计对象 RTCOutboundRtpStreamStats。

❑ roundTripTime：基于 RTCP 时间戳估算的数据包往返时长，单位为秒。

❑ totalRoundTripTime：表示自会话开始以来所有往返时间的累积总和（以秒为单位）。

❑ fractionLost：表示丢包率。

❑ reportsReceived：表示接收的 RTCP RR 块总数。

❑ roundTripTimeMeasurements：表示已接收到的、包含有效往返时间的 RTCP RR 块总数。

6. RTCRemoteOutboundRtpStreamStats

RTCRemoteOutboundRtpStreamStats 代表远端流出方向的 RTP 流统计对象，定义如代码清单 8-13 所示。

代码清单8-13　RTCRemoteOutboundRtpStreamStats的定义

```
dictionary RTCRemoteOutboundRtpStreamStats : RTCSentRtpStreamStats {
          DOMString           localId;
          DOMHighResTimeStamp remoteTimestamp;
          unsigned long long  reportsSent;
};
```

RTCRemoteOutboundRtpStreamStats 包含的各成员属性说明如下。

❑ localId：用于定位与其对应的本地流入方向的统计对象 RTCInboundRtpStreamStats。

❑ remoteTimestamp：表示远端发送这些统计信息的远程时间戳。不同于 timestamp，remoteTimestamp 来自 RTCP 发送者报告的 NTP 时间，该时间可能与本地时钟不同步。

❑ reportsSent：表示发送的 RTCP SR 块总数。

7. RTCMediaSourceStats

RTCMediaSourceStats 代表附加到一个或多个 RTP 发送者上的媒体源统计对象。它包含有关媒体源的信息，例如编码前的帧频和分辨率。这些信息是媒体轨道采集时的属性，传递给了 RTP 发送者。相对来讲，RTCOutboundRtpStreamStats 的部分成员属性也包含类似的信息，但 RTCOutboundRtpStreamStats 中的信息是在编码后获取的。也就是说，该对象反映的数据是在应用了媒体约束之后，在编码器进行编码之前采集的。

例如，从高分辨率摄像机捕获一条媒体轨道，因为设定了媒体约束，所以帧被缩减，随后由于 CPU 和网络条件的限制，在编码阶段帧被进一步缩减。第一次帧缩减的结果通过 RTCMediaSourceStats 反映，而第二次帧缩减的结果通过 RTCOutboundRtpStreamStats 反映。

RTCMediaSourceStats 对象有两个子类：RTCVideoSourceStats 和 RTCAudioSourceStats。依据媒体轨道的 kind 值来决定具体的子类。

RTCMediaSourceStats 的定义如代码清单 8-14 所示。

代码清单8-14　RTCMediaSourceStats的定义

```
dictionary RTCMediaSourceStats : RTCStats {
        DOMString        trackIdentifier;
        DOMString        kind;
};
```

RTCMediaSourceStats 包含的各成员属性说明如下。

❑ trackIdentifier：媒体轨道的 ID 属性值。

❑ kind：媒体轨道的 kind 值，取值为 audio 或 video。如果取值为 audio，则此统计对象的类型为 RTCAudioSourceStats；如果取值为 video，则此统计对象的类型为 RTCVideoSourceStats。

（1）RTCVideoSourceStats

RTCVideoSourceStats 表示附加在一个或多个 RTP 发送者上的视频轨道统计对象，定义如代码清单 8-15 所示。

代码清单8-15　RTCVideoSourceStats的定义

```
dictionary RTCVideoSourceStats : RTCMediaSourceStats {
        unsigned long    width;
        unsigned long    height;
        unsigned long    bitDepth;
        unsigned long    frames;
        unsigned long    framesPerSecond;
};
```

RTCVideoSourceStats 包含的各成员属性说明如下。

❑ width：最近一帧的宽度（以像素为单位）。

❑ height：最近一帧的高度（以像素为单位）。

❑ bitDepth：最近一帧的位深。

❑ frames：帧总数。

❑ framesPerSecond：每秒帧数。

（2）RTCAudioSourceStats

RTCAudioSourceStats 表示附加在一个或多个 RTP 发送者上的音频轨道统计对象，定义如代码清单 8-16 所示。

代码清单8-16　　RTCAudioSourceStats的定义

```
dictionary RTCAudioSourceStats : RTCMediaSourceStats {
        double          audioLevel;
        double          totalAudioEnergy;
        double          totalSamplesDuration;
        double          echoReturnLoss;
        double          echoReturnLossEnhancement;
};
```

RTCAudioSourceStats 包含的各成员属性说明如下。

❑ audioLevel：表示媒体源的音量级别，值介于 0 和 1 之间。

❑ totalAudioEnergy：表示媒体源的音频能量。

❑ totalSamplesDuration：表示媒体源的音频采样持续时长，单位为秒。

❑ echoReturnLoss：表示回声回波损耗，仅当媒体轨道来自支持回声消除的话筒时才存在，单位为 dB。

❑ echoReturnLossEnhancement：表示回声回波损耗增强，仅当媒体轨道来自支持回声消除的话筒时才存在，单位为 dB。

8. RTCRtpContributingSourceStats

RTCRtpContributingSourceStats 代表 RTP 流贡献源（CSRC）的统计对象。贡献源生成了 RTP 数据，混合器将其组合成单个 RTP 数据包流，以便于 WebRTC 端点接收。在 CSRC 列表或收到的 RTP 数据包标头扩展中可以获取贡献源的信息，定义如代码清单 8-17 所示。

代码清单8-17　　RTCRtpContributingSourceStats的定义

```
dictionary RTCRtpContributingSourceStats : RTCStats {
        unsigned long contributorSsrc;
        DOMString     inboundRtpStreamId;
        unsigned long packetsContributedTo;
        double        audioLevel;
};
```

RTCRtpContributingSourceStats 包含的各成员属性说明如下。

❑ contributorSsrc：贡献源的 SSRC 标识符。它是一个 32 位无符号整数，出现在该源生成的 RTP 数据包的 CSRC 列表中。

❑ inboundRtpStreamId：贡献源生成的 RTP 流对应的统计对象 RTCInboundRtpStreamStats 的 ID 值。

❑ packetsContributedTo：贡献源生成的 RTP 数据包的总数。

❑ audioLevel：最近一个 RTP 数据包中的音频音量级别。

9. RTCPeerConnectionStats

RTCPeerConnectionStats 代表对等连接 RTCPeerConnection 的统计对象，定义如代码清单 8-18 所示。

代码清单8-18　RTCPeerConnectionStats的定义

```
dictionary RTCPeerConnectionStats : RTCStats {
        unsigned long dataChannelsOpened;
        unsigned long dataChannelsClosed;
        unsigned long dataChannelsRequested;
        unsigned long dataChannelsAccepted;
};
```

RTCPeerConnectionStats 包含的各成员属性说明如下。

❑ dataChannelsOpened：表示在其生命周期内，所有曾经进入"打开"状态的数据通道数量。通过 dataChannelsOpened 减去 dataChannelsClosed 计算得到当前处于打开状态的数据通道数。此结果始终为正。

❑ dataChannelsClosed：表示在其生命周期内，由于对等端或者底层传输关闭，从"打开"状态变更为"关闭"状态的数据通道数量，不包含从"正在连接"转换为"关闭"或从未打开过的数据通道。

❑ dataChannelsRequested：表示成功调用 createDataChannel() 方法返回的数据通道数量。

❑ dataChannelsAccepted：表示 datachannel 触发事件建立的数据通道数量。

10. RTCDataChannelStats

RTCDataChannelStats 代表数据通道的统计数据，定义如代码清单 8-19 所示。

代码清单8-19　RTCDataChannelStats的定义

```
dictionary RTCDataChannelStats : RTCStats {
        DOMString            label;
        DOMString            protocol;
        long                 dataChannelIdentifier;
        DOMString            transportId;
        RTCDataChannelState  state;
        unsigned long        messagesSent;
        unsigned long long   bytesSent;
        unsigned long        messagesReceived;
        unsigned long long   bytesReceived;
};
```

RTCDataChannelStats 包含的各成员属性说明如下。

❑ label：表示 RTCDataChannel 对象的 label 值。

❑ protocol：表示 RTCDataChannel 对象的 protocol 值。

❑ dataChannelIdentifier：表示 RTCDataChannel 对象的 ID 属性。

❑ transportId：表示 RTCDataChannel 对象底层传输通道的唯一标识。

❑ state：表示 RTCDataChannel 对象的 readyState 值。

❑ messagesSent：表示通过数据通道发出的消息数量。

❑ bytesSent：表示通过数据通道发出的字节数。

❑ messagesReceived：表示通过数据通道收到的消息数量。

❑ bytesReceived：表示通过数据通道接收到的字节数。

11. RTCMediaHandlerStats

RTCMediaHandlerStats 代表媒体轨道统计数据的基类，定义如代码清单 8-20 所示。

代码清单8-20　　RTCMediaHandlerStats的定义

```
dictionary RTCMediaHandlerStats : RTCStats {
        DOMString            trackIdentifier;
        boolean              remoteSource;
        boolean              ended;
        DOMString            kind;
        RTCPriorityType      priority;
};
```

RTCMediaHandlerStats 包含的各成员属性说明如下。

❑ trackIdentifier：表示媒体轨道的 ID 属性。

❑ remoteSource：表示媒体轨道是否来自远端。true 表示来自远端，false 表示来自本地。

❑ ended：表示媒体轨道的 ended 状态。

❑ kind：表示媒体轨道的 kind 属性。

❑ priority：表示媒体轨道的优先级。

（1）RTCSenderAudioTrackAttachmentStats

代表与 RTP 发送器关联的音频轨道统计对象，定义如代码清单 8-21 所示。

代码清单8-21　　RTCSenderAudioTrackAttachmentStats的定义

```
dictionary RTCSenderAudioTrackAttachmentStats : RTCAudioSenderStats {
};
dictionary RTCAudioSenderStats : RTCAudioHandlerStats {
        DOMString            mediaSourceId;
};
dictionary RTCAudioHandlerStats : RTCMediaHandlerStats {
};
```

RTCSenderAudioTrackAttachmentStats 继承自 RTCAudioSenderStats，RTCAudioSenderStats 又继承自 RTCAudioHandlerStats，增加了 mediaSourceId 属性，RTCAudioHandlerStats 继承自 RTCMediaHandlerStats。

属性 mediaSourceId 表示与 RTP 发送器关联的媒体轨道统计对象的 ID 值。

（2）RTCSenderVideoTrackAttachmentStats

代表与 RTP 发送器关联的视频轨道统计对象，定义如代码清单 8-22 所示。

代码清单8-22 RTCSenderVideoTrackAttachmentStats的定义

```
dictionary RTCSenderVideoTrackAttachmentStats : RTCVideoSenderStats {
};
dictionary RTCVideoSenderStats : RTCVideoHandlerStats {
        DOMString                mediaSourceId;
};
dictionary RTCVideoHandlerStats : RTCMediaHandlerStats {
};
```

RTCSenderVideoTrackAttachmentStats 继承自 RTCVideoSenderStats，RTCVideoSenderStats
继承自 RTCVideoHandlerStats，增加了 mediaSourceId 属性，RTCVideoSenderStats 又继承自
RTCMediaHandlerStats。

属性 mediaSourceId 表示与 RTP 发送器关联的媒体轨道统计对象的 ID 值。

（3）RTCAudioSenderStats

RTP 发送器 RTCRtpSender 相关的统计数据，其关联的媒体轨道 kind 值是 audio，定义
如代码清单 8-23 所示。

代码清单8-23 RTCAudioSenderStats的定义

```
dictionary RTCAudioSenderStats : RTCAudioHandlerStats {
        DOMString                mediaSourceId;
};
dictionary RTCAudioHandlerStats : RTCMediaHandlerStats {
};
```

RTCAudioSenderStats 拥有成员属性 mediaSourceId，继承自 RTCAudioHandlerStats，
RTCAudioHandlerStats 继承自 RTCMediaHandlerStats。

成员属性 mediaSourceId 表示与 RTP 发送器关联的媒体轨道统计对象的 ID 值。

（4）RTCVideoSenderStats

RTP 发送器 RTCRtpSender 相关的统计数据，其关联的媒体轨道 kind 值是 video，定义
如代码清单 8-24 所示。

代码清单8-24 RTCVideoSenderStats的定义

```
dictionary RTCVideoSenderStats : RTCVideoHandlerStats {
        DOMString                mediaSourceId;
};
dictionary RTCVideoHandlerStats : RTCMediaHandlerStats {
};
```

RTCVideoSenderStats 拥有成员属性 mediaSourceId，继承自 RTCVideoHandlerStats，
RTCVideoHandlerStats 继承自 RTCMediaHandlerStats。

成员属性 mediaSourceId 表示与 RTP 发送器关联的媒体轨道统计对象的 ID 值。

（5）RTCAudioReceiverStats

RTCAudioReceiverStats 代表 RTP 音频接收器的统计对象。当调用 addTrack() 或者

addTransceiver() 方法向对等连接加入 RTCRtpReceiver 时，即产生统计对象，定义如代码清单 8-25 所示。

代码清单8-25　RTCAudioReceiverStats的定义

```
dictionary RTCAudioReceiverStats : RTCAudioHandlerStats {
};
dictionary RTCAudioHandlerStats : RTCMediaHandlerStats {
};
```

RTCAudioReceiverStats 继承自 RTCAudioHandlerStats，RTCAudioHandlerStats 继承自 RTCMediaHandlerStats。无新增成员属性。

（6）RTCVideoReceiverStats

RTCVideoReceiverStats 代表 RTP 视频接收器的统计对象。当调用 addTrack() 或者 addTransceiver() 方法向对等连接加入 RTCRtpReceiver 时，该统计对象即产生，定义如代码清单 8-26 所示。

代码清单8-26　RTCVideoReceiverStats的定义

```
dictionary RTCVideoReceiverStats : RTCVideoHandlerStats {
};
dictionary RTCVideoHandlerStats : RTCMediaHandlerStats {
};
```

RTCVideoReceiverStats 继承自 RTCVideoHandlerStats，RTCVideoHandlerStats 继承自 RTCMediaHandlerStats。无新增成员属性。

12. RTCRtpTransceiverStats

RTCRtpTransceiverStats 代表 RTCRtpTransceiver 的统计对象，定义如代码清单 8-27 所示。

代码清单8-27　RTCRtpTransceiverStats的定义

```
dictionary RTCRtpTransceiverStats {
  DOMString senderId;
  DOMString receiverId;
  DOMString mid;
};
```

RTCRtpTransceiverStats 包含的各成员属性说明如下。

❑ senderId：表示 RTCRtpSender 对应的统计对象的 ID 值。

❑ receiverId：表示 RTCRtpReceiver 对应的统计对象的 ID 值。

❑ mid：表示 RTCRtpTransceiver 的 mid 值。

13. RTCTransportStats

RTCTransportStats 代表 RTCDtlsTransport 和底层 RTCIceTransport 对应的统计对象，

定义如代码清单 8-28 所示。

代码清单8-28　RTCTransportStats的定义

```
dictionary RTCTransportStats : RTCStats {
        unsigned long long    packetsSent;
        unsigned long long    packetsReceived;
        unsigned long long    bytesSent;
        unsigned long long    bytesReceived;
        DOMString             rtcpTransportStatsId;
        RTCIceRole            iceRole;
        RTCDtlsTransportState dtlsState;
        DOMString             selectedCandidatePairId;
        DOMString             localCertificateId;
        DOMString             remoteCertificateId;
        DOMString             tlsVersion;
        DOMString             dtlsCipher;
        DOMString             srtpCipher;
        DOMString             tlsGroup;
        unsigned long         selectedCandidatePairChanges;
};
```

RTCTransportStats 包含的各成员属性说明如下。

❑ packetsSent：表示通过此传输通道发送的数据包总数。

❑ packetsReceived：表示通过此传输通道接收到的数据包总数。

❑ bytesSent：表示通过此传输通道发送的字节数。

❑ bytesReceived：表示通过此传输通道接收到的字节数。

❑ rtcpTransportStatsId：如果未对 RTP 和 RTCP 进行多路复用，则为 RTCP 组件对应的统计对象的 ID 值，此时该对象只包含 RTP 组件统计信息。

❑ iceRole：表示 RTCDtlsTransport 中 transport 对应的 role 属性值。

❑ dtlsState：表示 RTCDtlsTransport 的 state 属性值。

❑ selectedCandidatePairId：表示与该传输通道关联的 RTCIceCandidatePairStats 的 ID 值。

❑ localCertificateId：表示与该传输通道关联的本地证书 ID 值。

❑ remoteCertificateId：表示与该传输通道关联的远端证书 ID 值。

❑ tlsVersion：表示 TLS 的版本号。

❑ dtlsCipher：表示用于 DTLS 传输层的加密算法名称。

❑ srtpCipher：表示用于 SRTP 传输层的加密算法名称。

❑ tlsGroup：表示用于 TLS 加密的组名称。

❑ selectedCandidatePairChanges：表示建立传输通道时，ICE 候选对的变化次数。

14. RTCSctpTransportStats

RTCSctpTransportStats 代表 RTCSctpTransport 对应的统计对象，定义如代码清单 8-29 所示。

代码清单8-29 RTCSctpTransportStats的定义

代码清单8-29 RTCSctpTransportStats的定义

```
dictionary RTCSctpTransportStats : RTCStats {
  double smoothedRoundTripTime;
};
```

RTCSctpTransportStats 包含属性 smoothedRoundTripTime，表示最新的平滑往返时间，单位为秒。如果还没有测量往返时间，则该值不确定。

15. RTCIceCandidatePairStats

RTCIceCandidatePairStats 代表与 RTCIceTransport 关联的 ICE 候选对的统计对象，定义如代码清单 8-30 所示。

代码清单8-30 RTCIceCandidatePairStats的定义

```
dictionary RTCIceCandidatePairStats : RTCStats {
          DOMString                      transportId;
          DOMString                      localCandidateId;
          DOMString                      remoteCandidateId;
          RTCStatsIceCandidatePairState  state;
          boolean                        nominated;
          unsigned long long             packetsSent;
          unsigned long long             packetsReceived;
          unsigned long long             bytesSent;
          unsigned long long             bytesReceived;
          DOMHighResTimeStamp            lastPacketSentTimestamp;
          DOMHighResTimeStamp            lastPacketReceivedTimestamp;
          DOMHighResTimeStamp            firstRequestTimestamp;
          DOMHighResTimeStamp            lastRequestTimestamp;
          DOMHighResTimeStamp            lastResponseTimestamp;
          double                         totalRoundTripTime;
          double                         currentRoundTripTime;
          double                         availableOutgoingBitrate;
          double                         availableIncomingBitrate;
          unsigned long                  circuitBreakerTriggerCount;
          unsigned long long             requestsReceived;
          unsigned long long             requestsSent;
          unsigned long long             responsesReceived;
          unsigned long long             responsesSent;
          unsigned long long             retransmissionsReceived;
          unsigned long long             retransmissionsSent;
          unsigned long long             consentRequestsSent;
          DOMHighResTimeStamp            consentExpiredTimestamp;
          unsigned long                  packetsDiscardedOnSend;
          unsigned long long             bytesDiscardedOnSend;
};
```

RTCIceCandidatePairStats 包含的各成员属性说明如下。

❑ transportId：表示关联的 RTCTransportStats 对象的 ID 值。

❑ localCandidateId：表示关联的本地候选 RTCIceCandidateStats 的 ID 值。

❏ remoteCandidateId：表示关联的远端候选 RTCIceCandidateStats 的 ID 值。

❏ state：表示一对本地和远端候选对的状态。

❏ nominated：表示 nominated 标识。

❏ packetsSent：表示当前候选对发送的数据包总数。

❏ packetsReceived：表示当前候选对接收的数据包总数。

❏ bytesSent：表示当前候选对发送的字节数。

❏ bytesReceived：表示当前候选对接收的字节数。

❏ lastPacketSentTimestamp：表示当前候选对最近一次发送数据包的时间戳。

❏ lastPacketReceivedTimestamp：表示当前候选对最近一次接收数据包的时间戳。

❏ firstRequestTimestamp：表示当前候选对第一次发送 STUN 请求的时间戳。

❏ lastRequestTimestamp：表示当前候选对最近一次发送 STUN 请求的时间戳。

❏ lastResponseTimestamp：表示当前候选对最近一次收到 STUN 响应的时间戳。

❏ totalRoundTripTime：表示自会话开始以来，以秒为单位的所有往返时间测量值
的总和，基于 STUN 连接检查响应（responsesReceived）。平均往返时间可以通过
responsesReceived/totalRoundTripTime 来计算。

❏ currentRoundTripTime：表示从两个 STUN 连接检查计算得出的最新往返时间（以秒
为单位）。

❏ availableOutgoingBitrate：表示当前候选对流出方向的比特率，包括所有使用当前候
选对发出的 RTP 流。该比特率测量不包括 IP 层及传输层（如 TCP 或 UDP）的大小。

❏ availableIncomingBitrate：表示当前候选对流入方向的比特率，包括所有使用当前
候选对接收到的 RTP 流。该比特率测量不包括 IP 层及传输层（如 TCP 或 UDP）的
大小。

❏ circuitBreakerTriggerCount：表示针对特定 5 元组触发断路器的次数。

❏ requestsReceived：表示接收到的连接检查请求总数（包括重传）。由于无法区分连通
性检查请求和同意请求，所有接收到的请求都被计算在内。

❏ requestsSent：表示发送的连接检查请求的总数（不包括重传）。

❏ responsesReceived：表示收到的连通性检查响应总数。

❏ responsesSent：表示发送的连接性检查响应总数。由于无法区分连通性检查请求和
同意请求，所有发出的响应都被计算在内。

❏ retransmissionsReceived：表示接收到的连接检查请求重传的次数。重传定义为具有
TRANSACTION_TRANSMIT_COUNTER 属性的连接性检查请求，其中 [req] 字段
大于 1。

❏ retransmissionsSent：表示已发送的连接检查请求重发的总数。

❏ consentRequestsSent：表示已发送的同意请求总数。

❏ consentExpiredTimestamp：表示最近一次有效的 STUN 响应的时间戳。

❑ packetsDiscardedOnSend：表示由于套接字错误而被丢弃的数据包总数。导致套接字
错误的原因包括缓冲区已满或没有可用的内存。

❑ bytesDiscardedOnSend：由于套接字错误而丢弃的字节数，指的是将数据包传递给
套接字时发生了套接字错误。导致套接字错误的原因包括缓冲区已满或没有可用的
内存。

16. RTCIceCandidateStats

RTCIceCandidateStats 代表 RTCIceCandidate 的统计对象，定义如代码清单 8-31 所示。

代码清单8-31　　RTCIceCandidateStats的定义

```
dictionary RTCIceCandidateStats : RTCStats {
        DOMString                transportId;
        DOMString?               address;
        long                     port;
        DOMString                protocol;
        RTCIceCandidateType      candidateType;
        long                     priority;
        DOMString                url;
        DOMString                relayProtocol;
};
```

RTCIceCandidateStats 包含的各成员属性说明如下。

❑ transportId：表示关联的 RTCTransportStats 对象的 ID 值。

❑ address：表示候选者的地址。

❑ port：表示候选者的端口。

❑ protocol：表示候选者的协议，取值为 udp 或者 tcp。

❑ candidateType：表示候选者的种类，我们在第 4 章介绍过 RTCIceCandidateType。

❑ priority：表示候选者的优先级。

❑ url：对于本地候选者，这是 ICE 服务器的 URL 地址；对于远程候选者，该值为空。

❑ relayProtocol：表示与 TURN 服务器的通信协议，仅用于本地候选者。有效值为 udp、
tcp 或者 tls。

17. RTCCertificateStats

RTCCertificateStats 代表 TLS 证书对应的统计对象，定义如代码清单 8-32 所示。

代码清单8-32　　RTCCertificateStats的定义

```
dictionary RTCCertificateStats : RTCStats {
        DOMString fingerprint;
        DOMString fingerprintAlgorithm;
        DOMString base64Certificate;
        DOMString issuerCertificateId;
};
```

RTCCertificateStats 包含的各成员属性说明如下。

❏ fingerprint：表示证书的指纹。

❏ fingerprintAlgorithm：表示用于计算证书指纹的哈希函数，如 sha-256。

❏ base64Certificate：证书的 DER 编码的 base-64 表示形式。

❏ issuerCertificateId：指向下一个证书对应的统计对象。如果当前证书是最后一个，则该值为空。

18. RTCIceServerStats

RTCIceServerStats 代表 ICE 服务器的统计对象，定义如代码清单 8-33 所示。

代码清单8-33　RTCIceServerStats的定义

```
dictionary RTCIceServerStats : RTCStats {
        DOMString url;
        long port;
        DOMString protocol;
        unsigned long totalRequestsSent;
        unsigned long totalResponsesReceived;
        double totalRoundTripTime;
};
```

RTCIceServerStats 包含的各成员属性说明如下。

❏ url：表示 ICE 服务器（TURN 或 STUN）的 URL 地址。

❏ port：表示连接 ICE 服务器时，客户端使用的端口号。

❏ protocol：表示连接 ICE 服务器时，客户端使用的协议，有效值为 tcp 或 udp。

❏ totalRequestsSent：表示发送给 ICE 服务器的请求总数。

❏ totalResponsesReceived：表示从 ICE 服务器接收到的响应总数。

❏ totalRoundTripTime：表示已发请求的往返时长。

8.3　实时码率监测

下面我们使用本章介绍的统计数据 API 实时监测音视频码率，并将其显示在动态更新的图表上。我们使用 Chart.js 绘制动态图表，Chart.js 是一个开源绘图工具，可以生成各种漂亮的数据图表。

本示例完整的代码见 GitHub 地址。

```
https://github.com/wistingcn/dove-into-webrtc/tree/master/stats
```

使用以下方式获取代码并运行示例。

```
git clone https://github.com/wistingcn/dove-into-webrtc.git
cd dove-into-webrtc/stats
cnpm install
sudo npm start
```

运行成功后，在浏览器打开如下地址。

```
https://localhost/
```

为了演示实时码率的效果，推荐使用 Chrome 浏览器，在至少两个浏览器窗口打开以上地址。

8.3.1 使用 Chart.js

从 GitHub 地址下载最新版本的 Chart.js。

```
https://github.com/chartjs/Chart.js/releases
```

在 index.html 中引用 Chat.js 文件。

```
<script type="text/javascript" src="Chart.js"></script>
```

Chart.js 使用 canvas 绘制图表时，需要在 index.html 中事先声明。

```
<div class="statsChart">
  <canvas id="myChart" width="400" height="200"></canvas>
</div>
```

在 peerclient.js 文件中，声明绘制图表需要的变量，如代码清单 8-34 所示。

代码清单8-34　声明图表变量

```
// Chart.js图表对象
let myChart = null;
// X轴显示数据
let chartLabels = [];
// 视频发送码率
let chartVideoSent = [];
// 视频接收码率
let chartVideoReceive = [];
// 音频发送码率
let chartAudioSent = [];
// 音频接收码率
let chartAudioReceive = [];

// 图表使用的颜色定义
const chartColors = {
  red: 'rgb(255, 99, 132)',
  orange: 'rgb(255, 159, 64)',
  yellow: 'rgb(255, 205, 86)',
  green: 'rgb(75, 192, 192)',
  blue: 'rgb(54, 162, 235)',
  purple: 'rgb(153, 102, 255)',
  grey: 'rgb(201, 203, 207)'
};
// 绘制图表
drawChart();
```

我们在 drawChart() 函数中构造了 myChart 对象，并绘制了图表的框架。这时候图表还没有填充数据，我们需要在获取码率数据后更新图表，以便将数据在图表中显示出来。drawChart() 函数的实现如代码清单 8-35 所示。

代码清单8-35 drawChart()函数的实现

```
function drawChart() {
    const ctx = document.getElementById('myChart').getContext('2d');

    myChart = new Chart(ctx, {
        type: 'line',

        data: {
            labels: chartLabels,
            datasets: [
                {
                    label: 'Video Sent',
                    backgroundColor: chartColors.red,
                    borderColor: chartColors.red,
                    fill: false,
                    data: chartVideoSent
                },
                {
                    label: 'Video Receive',
                    backgroundColor: chartColors.orange,
                    borderColor: chartColors.orange,
                    fill: false,
                    data: chartVideoReceive
                },
                {
                    label: 'Audio Sent',
                    backgroundColor: chartColors.green,
                    borderColor: chartColors.green,
                    fill: false,
                    data: chartAudioSent
                },
                {
                    label: 'Audio Receive',
                    backgroundColor: chartColors.blue,
                    borderColor: chartColors.blue,
                    fill: false,
                    data: chartAudioReceive
                }
            ]
        },

        options: {
            responsive: true,
            hoverMode: 'index',
            stacked: false,
            title: {
```

```
      display: true,
      text: '实时码率(kbps)'
    },
    scales: {
      yAxes: [{
        type: 'linear',
        display: true,
        position: 'left',
      }],
    }
  }
});
}
```

在 drawChart() 函数中，我们将代码清单 8-35 中定义的 4 个码率数组与图表数据关联起来，后续会调用统计数据 API 填充这些数组，并调用 myChart.updata() 方法更新图表。

8.3.2 获取码率数据

当 WebRTC 建立连接成功后，连接状态变为 connected 时，调用 updateStats() 函数获取码率数据，如代码清单 8-36 所示。

代码清单8-36　调用updateStats()函数的时机

```
function handleConnectionStateChange() {
  log("*** Connection state changed to: " + pc.connectionState);
  switch (pc.connectionState) {
    case 'connected' :
      isConnected = true;
      updateStats();
      break;
    case 'disconnected' :
      isConnected = false;
      break;
    case 'failed' :
      log("Connection failed, now restartIce()...");
      pc.restartIce();
      setTimeout(()=> {
        if(pc.iceConnectionState !== 'connected') {
          error("restartIce failed! close video call!" + "Connection state:" +
            pc.connectionState);
          closeVideoCall();
        }
      }, 10000);
      break;
  }
}
```

updateStats() 函数设置了定时器，会每秒获取一次音视频码率数据并更新图表，然后将数据展示到图表上，如代码清单 8-37 所示。

代码清单8-37　updateStats()函数实现

```
function updateStats() {
  let receivedAudioBytes = 0;
  let receivedVideoBytes = 0;
  let sentAudioBytes = 0;
  let sentVideoBytes = 0;

  let startTime = 0;

  setInterval(async () => {
    const rtpReceivers = pc.getReceivers();
    const rtpVideoReceiver = rtpReceivers.find(rece => rece.track.kind === 'video');
    const rtpAudioReceiver = rtpReceivers.find(rece => rece.track.kind === 'audio');

    const rtpSenders = pc.getSenders();
    const rtpVideoSender = rtpSenders.find(sender => sender.track.kind === 'video');
    const rtpAudioSender = rtpSenders.find(sender => sender.track.kind === 'audio');

    const receVideoStats = await rtpVideoReceiver.getStats();
    const receAudioStats = await rtpAudioReceiver.getStats();
    const sendVideoStats = await rtpVideoSender.getStats();
    const sendAudioStats = await rtpAudioSender.getStats();

    let inboundAudioRtpStat;
    let inboundVideoRtpStat;
    let outboundAudioRtpStat;
    let outboundVideoRtpStat;

    receVideoStats.forEach(stat => {
      if(stat.type === 'inbound-rtp') {
        log(`trackId: ${stat.trackId}`);
        inboundVideoRtpStat = stat;
      }
    });

    receAudioStats.forEach(stat => {
      if(stat.type === 'inbound-rtp') {
        log(`trackId: ${stat.trackId}`);
        inboundAudioRtpStat = stat;
      }
    });

    sendVideoStats.forEach(stat => {
      if(stat.type === 'outbound-rtp'){
        outboundVideoRtpStat = stat;
      }
    });

    sendAudioStats.forEach(stat => {
      if(stat.type === 'outbound-rtp'){
        outboundAudioRtpStat = stat;
      }
```

```
        });

        const receAudioRate = inboundAudioRtpStat.bytesReceived - receivedAudioBytes;
        const receVideoRate = inboundVideoRtpStat.bytesReceived - receivedVideoBytes;
        const sentAudioRate = outboundAudioRtpStat.bytesSent - sentAudioBytes;
        const sentVideoRate = outboundVideoRtpStat.bytesSent - sentVideoBytes;
        receivedAudioBytes = inboundAudioRtpStat.bytesReceived;
        receivedVideoBytes = inboundVideoRtpStat.bytesReceived;
        sentAudioBytes = outboundAudioRtpStat.bytesSent;
        sentVideoBytes = outboundVideoRtpStat.bytesSent;

        // 将startTime递增，转换为字符串，追加到chartLabels数组中
        chartLabels.push(+startTime++);

        chartVideoReceive.push(Math.floor(receVideoRate * 8 / 1024));
        chartVideoSent.push(Math.floor(sentVideoRate * 8 / 1024));
        chartAudioReceive.push(Math.floor(receAudioRate * 8 / 1024));
        chartAudioSent.push(Math.floor(sentAudioRate * 8 / 1024));

        // 更新图表
        myChart.update();
    }, 1000);
}
```

updateStats() 函数采用了 RTP 媒体管理 API 获取 RTCStatsReport。在开发过程中使用 RTCStatsReport 经常遇到如下问题。

❑ 不区分 RTP 发送器和 RTP 接收器。比如尝试在 RTP 发送器中获取 RTCInboundRtp-StreamStats 对象，或者在 RTP 接收器中获取 RTCOutboundRtpStreamStats 对象，这些操作都会产生错误，因为 RTP 发送器里只包含流出的 RTP 数据，不包含流入的数据；而 RTP 接收器则只包含流入的数据，不包含流出的数据。

❑ 不区分音频和视频。音频和视频对应不同的 RTP 对象，需要根据 kind 值进行区分。在音频 RTP 中查找视频数据，或者在视频 RTP 中查找音频数据都将产生错误。

由于 getStats() 是一个异步调用，返回 Promise 对象，所以这里使用了 await 语法，同时需要将传给 setInterval 的匿名函数声明为 async。

WebRTC 统计数据 API 没有包含获取码率数据的接口，实际上这个数据需要通过计算得到。比如，每秒读取一次接收到的总字节数，两次总字节数的差值即每秒收到的字节数，也就是码率值。发送码率也通过同样的方式计算。

接收到的总字节数由 RTCInboundRtpStreamStats 对象提供，属性名称为 bytesReceived；发送的总字节数由 RTCOutboundRtpStreamStats 对象提供，属性名称为 bytesSent。这两个统计对象都来自成功调用 getStats() 函数时返回的 RTCStatsReport 对象。可以通过属性 type 的取值来区分 RTCStatsReport 包含的 RTCStats 及其子对象：当 type 值是 inbound-rtp 时，表示统计对象是 RTCInboundRtpStreamStats；当 type 值是 outbound-rtp 时，表示统计对象是 RTCOutboundRtpStreamStats。

8.4 本章小结

从应用程序的角度看，WebRTC 内部的运行机制是一个黑盒。幸运的是，WebRTC 提供了丰富的统计数据接口，用于监测 WebRTC 的运行。可以说，这些接口提供的统计数据在 WebRTC 应用程序的监控与问题诊断方面起着非常重要的作用，几乎每一个 WebRTC 应用程序都会用到。

我们在本章对这些接口进行了详细的介绍，同时还对每个接口提供的成员数据进行了详细的说明，方便读者选择自己需要的数据。最后我们结合示例，调用统计数据 API 接口获取收发数据并计算码率，并将结果实时呈现在 Web 图表上。我们在示例中还重点说明了使用这些接口的注意事项，相信这些经验可以帮助读者打造更加适合应用需求的监控系统。

移动端 WebRTC

WebRTC 能用于移动端吗？答案是肯定的。尽管 WebRTC 更多强调的是基于浏览器的无插件实时通信，但它实际上能够很好地支持移动端开发，包括 Android 和 iOS 平台。

本章我们将对开发移动端 WebRTC 应用的几种技术进行对比，并详细介绍如何开发 WebRTC 移动应用。

9.1　原生应用与混合应用

所谓原生应用（Native App）是指使用专为特定平台设计的编程语言和 UI 框架编写的应用，比如在 Android 环境下使用 Java/Kotlin 语言及开发包开发的 App，或者在 iOS 环境下使用 Objective-C/Swift 语言及开发包开发的 App。

混合应用（Hybrid App）是指基于 WebView 技术，同时使用原生语言和 Web 技术（HTML、CSS、JavaScript 等）开发的移动应用程序。在某些开发框架的支持下，也可以单独使用 Web 技术构建混合应用。

这两种技术都可以用来构造 WebRTC 应用。混合应用自不必说，WebRTC 对此提供了大量支持。而针对原生应用，WebRTC 也提供了开发包和示例代码。在 Android 环境下提供了基于 Java 语言的 SDK 包，在 iOS 环境下提供了基于 Objective-C 语言的 SDK 包。

使用两种技术构造 WebRTC 应用各有优缺点，混合应用有如下优点。

❑ 移动操作系统内嵌的 WebView 采用了与浏览器相同的内核，能够很好地支持 WebRTC。

❑ 使用 WebRTC API 的方式与基于 Web 的应用完全一致。

❑ 因为生成的 App 不包含 WebRTC 库，所以安装包较小。

❑ 使用 Web 技术，无须切换技术。

❑ 代码复用度高，一套代码可同时用于 Android 和 iOS 环境。

❑ 支持热更新。

混合应用的缺点也比较明显，如下所示。

❑ 部分手机自带的 WebView 版本低，导致不支持 WebRTC 最新标准。这时需要下载新版 WebView 进行替换。

❑ 通常来讲，基于 WebView 的 App 性能稍逊于原生 App。但是对于 WebRTC 应用来讲，差距并不明显，这是因为 WebRTC 的性能主要体现在音视频编解码上，而在编解码方面，WebView 的性能并不差。

❑ 用户体验不如原生 App。

❑ 扩展性和灵活性不如原生 App，对于需要使用其他原生技术的场景，通常要编写插件。

原生应用的优缺点基本上与混合应用相反，原生应用能够很好地弥补混合应用的不足，但其自身又有代码复用度低、开发工作量大、安装包大等缺点。

9.2　原生开发环境

在原生开发环境下开发 WebRTC 应用，需要先做一些准备工作，我们下面具体介绍 Android 和 iOS 原生开发环境的搭建。

9.2.1　Android 原生开发环境

在 Android 环境下开发 WebRTC 应用最简单的方式是使用 Google 官方发布的预编译包，下载地址：https://bintray.com/google/webrtc/google-webrtc。

在该地址下载 aar 文件，并导入项目，然后在开发环境中加入依赖。

```
// Android Studio 3
implementation 'org.webrtc:google-webrtc:1.0.+'
// Android Studio 2
compile 'org.webrtc:google-webrtc:1.0.+'
```

在 build.gradle 文件中加入以下内容。

```
ndk {
  abiFilters 'armeabi-v7a', 'arm64-v8a'
}
```

打开 AndroidManifest.xml 文件，加入权限声明，如代码清单 9-1 所示。

代码清单9-1　Android权限声明

```
<uses-feature android:name="android.hardware.camera" />
  <uses-feature android:name="android.hardware.camera.autofocus" />
  <uses-permission android:name="android.permission.CAMERA" />
  <uses-permission android:name="android.permission.CHANGE_NETWORK_STATE" />
  <uses-permission android:name="android.permission.MODIFY_AUDIO_SETTINGS" />
```

```
<uses-permission android:name="android.permission.RECORD_AUDIO" />
<uses-permission android:name="android.permission.BLUETOOTH" />
<uses-permission android:name="android.permission.INTERNET" />
<uses-permission android:name="android.permission.WRITE_EXTERNAL_STORAGE" />
<uses-permission android:name="android.permission.ACCESS_NETWORK_STATE" />

<uses-permission android:name="android.permission.READ_PHONE_STATE" />
<uses-permission android:name="android.permission.READ_EXTERNAL_STORAGE" />
```

除了使用官方发布的预编译包，还可以直接从代码进行编译，WebRTC 只支持在 Linux 环境下编译源代码。编译过程比较简单，按照官方指南进行编译就可以了。编译源代码需要下载大约 16GB 的数据，但是由于网络环境的限制，再加上数据量较大，经常会遇到编译失败的情况。除非改动了 WebRTC 源代码、需要重新编译，否则推荐使用官方发布的预编译包开发。

Google 官方提供了一个 Android WebRTC 示例程序，地址如下：https://webrtc.googlesource.com/src/webrtc。也可以从 GitHub 上获取示例程序：https://github.com/wistingcn/webrtc/tree/master/examples/androidapp。

由于 WebRTC Android SDK 的官方文档不够完善，目前只能参照上述示例代码进行 WebRTC 应用的开发。

9.2.2 iOS 原生开发环境

官方发布的 iOS 预编译包支持 Objective-C 语言接口，地址如下：https://cocoapods.org/pods/GoogleWebRTC。

在 podfile 文件中加入以下内容。

```
source 'https://github.com/CocoaPods/Specs.git'
target 'YOUR_APPLICATION_TARGET_NAME_HERE' do
  platform :ios, '9.0'
  pod 'GoogleWebRTC'
end
```

podfile 文件参数解释如下。

❏ source：指定库文件的下载地址。

❏ target：指定项目的名称，需要替换为当前项目的名称。

❏ platform：指定运行平台及其版本号。

❏ pod：指定需要安装的库名称。

在当前目录下执行 pod install 命令，该命令将下载 WebRTC 预编译包，并生成一个新的工作空间。

这样就完成了 iOS WebRTC 开发环境的搭建，可以开始编写 WebRTC 业务代码了。

Google 官方同样提供了 iOS 应用程序的例子，GitHub 地址如下：https://github.com/wistingcn/webrtc/tree/master/examples/objc。

官方目前没有提供 iOS 库的文档，需要参照该地址的示例代码开发 WebRTC 应用。

9.3　WebView

WebView 是嵌入移动 App 内部的浏览器。它可以像插入 iframe 一样将网页内容呈现到原生应用中。

运行在 WebView 中的 JavaScript 有能力调用原生的系统 API，并且不会受到传统浏览器安全沙盒的限制。图 9-1 展示了 WebView 与传统浏览器在技术架构方面的差异。

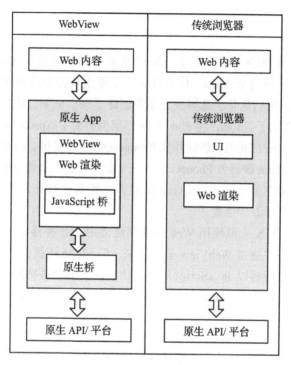

图 9-1　WebView 与浏览器的对比

WebView 调用原生 API 的方式称为桥（bridge）。通过 JavaScript 桥和原生桥，JavaScript 代码可以调用传感器、存储、日历 / 联系人等系统级功能。

WebView 的应用场景如下。

❑ App 内置浏览器。这是 WebView 最常见的用途之一。WebView 通过在原生应用内加载链接呈现网页内容，无须在应用外打开链接。

❑ 混合应用。从技术角度来看，混合应用仍然是原生应用。事实上，应用所做的唯一原生操作就是托管 WebView，而 WebView 又加载了 Web 内容和用户交互的所有 UI。混合应用提高了开发人员的生产力，这是它大受欢迎的原因之一。从部署和更新的角度来看，混合应用非常方便，它支持热更新，同样可以打包并上架到应用程序商店中。

在 iOS 环境下使用的 WebView 是 WKWebView，它在底层使用了 WebKit，和 Safari 相

同。由于苹果官方的限制，Chrome 实际上也使用了 WebKit，而没有使用自己的 Blink。

在 Android 环境下使用的 WebView 是 Blink。Blink 是 WebKit 的一个分支，Chrome 团队对其进行了深度定制。

对于 Windows、Linux 和 macOS 这些更为宽松的桌面平台，选择 WebView 的渲染引擎具有很大的灵活性。Chrome 还使用了 Blink，而 IE 浏览器使用了 Trident。

9.4　Cordova

2008 年底，加拿大 Web 开发公司 Nitobi 的几名工程师参加了 Adobe 组织的 iPhone 开发营。期间他们萌生了使用 WebView 作为外壳，在原生环境中运行 Web 应用程序的想法。在接下来的几个月里，他们优化了此解决方案并创建了一个框架，将其命名为 PhoneGap。

2011 年，Adobe 收购了 Nitobi，将 PhoneGap 框架捐赠给了 Apache 基金会，Apache 将该项目改名为 Cordova。Adobe 目前仍在继续开发 PhoneGap，也就是说，Cordova 和 PhoneGap 同时存在。我们可以将 Cordova 理解为 PhoneGap 的一个分支，它们就像 Blink 和 WebKit 的关系。

这两个项目的主要区别在于 PhoneGap 提供了一些商业服务，比如 PhoneGap Build 服务，而 Cordova 则完全开源、免费。

Cordova 框架允许开发人员使用 Web 技术创建适用于各种移动平台的应用程序。它将 Web 内容保存到本地，并通过 WebView 呈现出来。Cordova 还提供了一组设备相关的 API，应用程序使用这些 API 能够以 JavaScript 的方式访问原生的设备功能，如摄像头、话筒等。

Cordova 支持的平台包括 Android、iOS、Windows Phone、Ubuntu Phone OS 等，架构如图 9-2 所示。

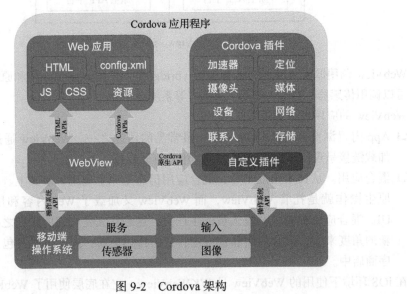

图 9-2　Cordova 架构

下列开发者均是 Apache Cordova 的拥趸。

❑ 希望将自己的 App 移植到其他平台，但是又不想使用其他平台的语言及 SDK 重新
实现的移动应用开发者。

❑ 已经拥有了 Web 应用、希望开发 Web 应用的移动端 App 并上架到各个平台的应用
商店的 Web 开发者。

❑ 对混合开发感兴趣或者想开发一个原生和 WebView 组件之间的插件接口的移动应用
开发者。

9.4.1 编译环境

Cordova 运行于 Node.js 环境，在 OS X 和 Linux 环境中，使用 npm 命令进行全局安装。

```
$ sudo npm install -g cordova
```

安装完成后，使用 cordova create 命令创建项目。

```
$ cordova create doveintowebrtc
```

进入项目目录，添加平台。

```
$ cd doveintowebrtc
$ cordova platform add android
$ cordova platform add ios
```

添加平台后，使用以下命令可以检查平台设置。

```
$ cordova platforms -l
```

为了构建和运行应用程序，需要为每个平台安装开发平台和 SDK。运行 cordova requirements
命令可以查看开发环境是否满足要求。

```
$ cordova requirements
Requirements check results for android:
Java JDK: installed 1.8.0
Android SDK: installed true
Android target: installed android-30,android-28
Gradle: installed

Requirements check results for ios:
Apple macOS: installed darwin
Xcode: installed 11.6
ios-deploy: installed 1.10.0
CocoaPods: installed 1.9.3
```

Android 和 iOS 开发环境的安装与原生开发环境一致，这里不再赘述。

使用 cordova create 命令创建一个骨架应用，该应用启动页面为 www/index.html，所有
的操作都应该在 www/js/index.js 文件的 deviceready 事件句柄中执行。

执行以下命令为 Android 平台构建应用。

```
$ cordova build android
```

如果构建成功，生成的 apk 文件应位于 platforms/android/app/build/outputs/apk/debug/ 目录下。

我们没有对骨架应用做任何改动，而是使用了 Cordova 的默认设置，Cordova 提供了丰富的选型定制应用，这些选型位于全局配置文件 config.xml 中。

在 iOS 平台，执行以下命令构建项目工程。

```
% cordova build ios
```

构建成功的项目工程位于 platforms/ios 目录下，推荐使用 Xcode 打开项目，在 Xcode 中执行编译。

9.4.2 全局配置 config.xml

config.xml 是 Cordova 项目的全局配置文件，可以控制整个项目的全局性配置。为了方便 Cordova CLI 命令行的使用，config.xml 放在了项目根目录下。

```
app/config.xml
```

当使用 CLI 构建项目时，该文件被复制到不同的平台子目录。

```
app/platforms/ios/AppName/config.xml
app/platforms/blackberry10/www/config.xml
app/platforms/android/res/xml/config.xml
```

代码清单 9-2 是一个 config.xml 的示例，下面我们对它包含的各个字段进行详细说明。

代码清单9-2　config.xml示例

```
<?xml version='1.0' encoding='utf-8'?>
<widget id="io.cordova.hellocordova" version="0.0.1" xmlns="http://www.w3.org/ns/
widgets" xmlns:cdv="http://cordova.apache.org/ns/1.0">
  <name>HelloCordova</name>
  <description>
    A sample Apache Cordova application that responds to the deviceready event.
  </description>
  <author email="dev@cordova.apache.org" href="http://cordova.io">
    Apache Cordova Team
  </author>
  <content src="index.html" />
  <plugin name="cordova-plugin-whitelist" spec="1" />
  <access origin="*" />
  <allow-intent href="http://*/*" />
  <allow-intent href="https://*/*" />
  <allow-intent href="tel:*" />
  <allow-intent href="sms:*" />
  <allow-intent href="mailto:*" />
  <allow-intent href="geo:*" />
  <platform name="android">
    <allow-intent href="market:*" />
```

```
  </platform>
  <platform name="ios">
    <allow-intent href="itms:*" />
    <allow-intent href="itms-apps:*" />
  </platform>
</widget>
```

widget 是 config.xml 文档的根元素，它包含如下属性。

❑ id(string)：必选字段，是应用程序的标识，通常为反顺序的域名，如 io.cordova. hellocordova。

❑ version(string)：必选字段，是应用程序的全版本号，形式为主版本 / 次版本 / 补丁，如 0.0.1。

❑ android-versionCode(string)：当发布为 Android 安装包时使用的版本号。

❑ ios-CFBundleVersion(string)：当发布为 iOS 安装包时使用的版本号。

❑ osx-CFBundleVersion(string)：当发布为 OS X 安装包时使用的版本号。

❑ windows-packageVersion(string)：当发布为 Windows 安装包时使用的版本号。

❑ android-packageName(string)：为 Android 平台指定的包名称，如果指定则覆盖 id 字段。

❑ ios-CFBundleIdentifier(string)：iOS 应用标识，如果指定则覆盖 id 字段。

❑ packageName(string)：为 Windows 平台指定的包名称，默认值是 Cordova.Example。

❑ defaultlocale：指定应用程序使用的默认语言文字标记，取值是 IANA 语言文字编码。

❑ android-activityName(string)：为 Android 应用的 AndroidManifest.xml 文件指定的活动名称，仅在加入 Android 平台时设置一次。

❑ xmlns(string)：必选字段，config.xml 的命名空间。

❑ xmlns:cdv(string)：必选字段，config.xml 命名空间的前缀。

widget 还包含以下标签。

❑ name：指定了应用程序的正式名称，该名称显示在设备主屏幕和 App 商店界面中。该标签还包含了一个属性 short，用于在空间受限的情况下显示一个简短的名称。

```
<widget ...>
  <name short="HiCdv">HelloCordova</name>
</widget>
```

❑ description：指定在 App 商店中显示的描述信息。

❑ author：指定在 App 商店中显示的作者联系方式，包含作者邮件地址（email）和作者的网址（href）这两个必选属性。

❑ content：指定应用程序的启动页面，默认是 index.html。必选属性 src 表示页面地址。

❑ access：指定了允许应用程序与之通信的外部域名，默认可以访问任意服务器。必选属性 origin 表示外部域名。

❑ allow-navigation：指定允许 WebView 导航的地址。必选属性 href 表示外部地址。

```
<!-- 允许导航到example.com -->
<allow-navigation href="http://example.com/*" />
<!-- 也可以使用通配符 -->
<allow-navigation href="*://*.example.com/*" />
```

❑ allow-intent：指定允许打开的 URL 地址，默认不允许打开外部地址。必选属性 href
指定了具体地址。

```
<allow-intent href="http://*/*" />
<allow-intent href="https://*/*" />
<allow-intent href="tel:*" />
<allow-intent href="sms:*" />
```

❑ config-file：修改指定的文件，加入 xml 片段，config-file 包含的子属性如下。
   ○ target：需要修改的文件名称。
   ○ parent：一个 XPATH 路径选择器，用于定位被修改文件中的 xml 元素，xml 片
     段将以子元素的形式追加到该元素之下。
   ○ after：指定在何处添加 xml 片段。
   ○ device-target：仅用于 Windows 平台，可接受的值有 win、phone、all。构建目标
     平台时才可以修改配置文件。
   ○ versions：仅用于 Windows 平台。当版本匹配时，替换相应的 manifests 文件。

```
<config-file target="AndroidManifest.xml" parent="/manifest/application">
  <activity android:name="com.foo.Foo" android:label="@string/app_name">
    <intent-filter>
    </intent-filter>
  </activity>
</config-file>
```

❑ edit-config：与 config-file 相似，用于修改指定的文件，加入 xml 片段。它与 config-file 的区别在于，config-file 以 xml 子标签的形式加入 xml 片段，而 edit-config 则修改 xml 元素的属性。edit-config 包含的子属性如下。
   ○ file：需要修改的文件名称。
   ○ target：一个 XPATH 路径选择器，用于定位被修改文件的 xml 元素，该元素的属性将会被修改。
   ○ mode：指定属性的修改方式。取值为 merge 时表示将指定的属性追加到元素中，取值为 overwrite 时表示替换所有元素。

```
<edit-config file="AndroidManifest.xml" target="/manifest/uses-sdk" mode="merge">
<uses-sdk android:minSdkVersion="16" android:maxSdkVersion="23" />
</edit-config>
<edit-config file="AndroidManifest.xml" target="/manifest/application/
activity[@android:name='MainActivity']" mode="overwrite">
<activity android:name="MainActivity" android:label="NewLabel"
  android:configChanges="orientation|keyboardHidden" />
</edit-config>
```

❏ engine：指定在准备期间加载的平台信息，包含两个必选属性，name 指平台名称，
spec 指将加载的平台信息。

```
<engine name="android" spec="https://github.com/apache/cordova-android.git#5.1.1" />
<engine name="ios" spec="^4.0.0" />
```

❏ plugin：指定在准备期间加载的插件信息。当使用 npm --save 命令安装插件时，将自
动在 config.xml 文件插入 plugin 信息。包含两个必选属性，name 指插件名称，spec
指将加载的插件信息。

```
<plugin name="cordova-plugin-device" spec="^1.1.0" />
<plugin name="cordova-plugin-device" spec="https://github.com/apache/cordova-
    plugin-device.git#1.0.0" />
```

❏ variable：在准备期间加载插件时传递给 CLI 命令行的变量值。注意，只有在插件加
入项目时才会使用这些变量。改变这些变量值不影响当前项目中插件使用的值。为
了使变量生效，必须将插件删除，然后运行 cordova prepare 重新加载插件。variable
包含两个必选属性，name 指变量名称，value 指变量值。

```
<plugin name="cordova-plugin-device" spec="^1.1.0">
  <variable name="MY_VARIABLE" value="my_variable_value" />
</plugin>
```

❏ preference：为 Cordova 的默认行为指定自定义值，包含大量自定义设置。

❏ feature：该属性不适用使用 CLI 命令行构建的应用。当直接使用 SDK 时，使用该属
性激活设备级 API 和外部插件。

```
<feature name="Device">
  <param name="ios-package" value="CDVDevice" />
  <param name="onload" value="true" />
</feature>
```

❏ platform：指定平台相关的 preference 行为设置。

```
<platform name="android">
  <preference name="Fullscreen" value="true" />
</platform>
```

❏ hook：表示一个回调脚本。出现特定行为时，Cordova 将执行该脚本。hook 包含两
个必选属性，type 指定特定行为，src 指定脚本地址。

```
<hook type="after_plugin_install" src="scripts/afterPluginInstall.js" />
```

❏ resource-file：指定向平台安装的资源文件。包含两个必选属性，src 指文件源地址，
target 指文件目标地址。

```
<resource-file src="FooPluginStrings.xml" target="res/values/FooPluginStrings.xml" />
```

❏ icon：指定应用程序的图标。如果没有指定该属性，将为应用程序使用 Cordova 的
图标。

9.4.3　应用程序行为 preference

config.xml 中 preference 标签用于定制 Cordova 的行为，这些行为以名称 / 值的形式出现在 preference 中。可以指定多个 preference，如代码清单 9-3 所示。

代码清单9-3　preference标签示例

```
<preference name="DisallowOverscroll" value="true"/>
<preference name="Fullscreen" value="true" />
<preference name="BackgroundColor" value="0xff0000ff"/>
<preference name="Orientation" value="landscape" />

<!-- iOS only preferences -->
<preference name="EnableViewportScale" value="true"/>
<preference name="MediaPlaybackAllowsAirPlay" value="false"/>
<preference name="MediaPlaybackRequiresUserAction" value="true"/>
<preference name="AllowInlineMediaPlayback" value="true"/>
<preference name="BackupWebStorage" value="local"/>
<preference name="TopActivityIndicator" value="white"/>
<preference name="SuppressesIncrementalRendering" value="true"/>
<preference name="GapBetweenPages" value="0"/>
<preference name="PageLength" value="0"/>
<preference name="PaginationBreakingMode" value="page"/>
<preference name="PaginationMode" value="unpaginated"/>
<preference name="UIWebViewDecelerationSpeed" value="fast" />
<preference name="ErrorUrl" value="myErrorPage.html"/>
<preference name="OverrideUserAgent" value="Mozilla/5.0 My Browser" />
<preference name="AppendUserAgent" value="My Browser" />
<preference name="target-device" value="universal" />
<preference name="deployment-target" value="7.0" />
<preference name="CordovaWebViewEngine" value="CDVUIWebViewEngine" />
<preference name="CordovaDefaultWebViewEngine" value="CDVUIWebViewEngine" />
<preference name="SuppressesLongPressGesture" value="true" />
<preference name="Suppresses3DTouchGesture" value="true" />

<!-- Android only preferences -->
<preference name="KeepRunning" value="false"/>
<preference name="LoadUrlTimeoutValue" value="10000"/>
<preference name="InAppBrowserStorageEnabled" value="true"/>
<preference name="LoadingDialog" value="My Title,My Message"/>
<preference name="ErrorUrl" value="myErrorPage.html"/>
<preference name="ShowTitle" value="true"/>
<preference name="LogLevel" value="VERBOSE"/>
<preference name="AndroidLaunchMode" value="singleTop"/>
<preference name="DefaultVolumeStream" value="call" />
<preference name="OverrideUserAgent" value="Mozilla/5.0 My Browser" />
<preference name="AppendUserAgent" value="My Browser" />
```

表 9-1 对适用于 iOS/Android 平台的属性进行了详细说明。

表 9-1　preference 属性说明

属　性	类　型	平　台	说　明
AndroidLaunchMode	string	Android	默认值：singleTop 允许值：standard、singleTop、singleTask、singleInstance 用于设置 android:launchMode 属性
android-maxSdkVersion	integer	Android	用于设置项目文件 AndroidManifest.xml 中 \<uses-sdk> 标签的 maxSdkVersion 属性
android-minSdkVersion	integer	Android	用于设置项目文件 AndroidManifest.xml 中 \<uses-sdk> 标签的 minSdkVersion 属性
android-targetSdkVersion	integer	Android	用于设置项目文件 AndroidManifest.xml 中 \<uses-sdk> 标签的 targetSdkVersion 属性
ShowTitle	boolean	Android	默认值：false 用于设置屏幕顶部显示的标题
LoadUrlTimeoutValue	milliseconds	Android	默认值：20000，表示等待加载页面的超时时长为 20s，超出设置时间则会抛出 timeout 错误
LoadingDialog	string	Android	默认值：空 用于设置加载首页时显示的对话框
LogLevel	string	Android	默认值：DEBUG 用于设置日志显示级别，可选值为 ERROR、WARN、INFO、DEBUG、VERBOSE
DefaultVolumeStream	string	Android	默认值为 default。cordova-android 3.7.0 版本加入了该属性，用于设置硬件音量按钮控制的是电话音量还是媒体音量。取值为 call 时表示控制电话音量，取值为 media 时表示控制媒体音量。default 表示在手机端取值 call，而在平板电脑上取值为 media
InAppBrowserStorage-Enabled	boolean	Android	默认值为 true。用于控制是否允许在应用内打开的外部页面访问 localStorage 和 WebSQL storage
KeepRunning	boolean	Android	默认值为 true。true 表示允许应用在后台运行，false 表示不允许
FullScreen	boolean	Android/iOS	默认值为 false。true 表示全屏效果，隐藏屏幕顶部的状态栏。推荐使用 StatusBar 插件实现同样的效果
DisallowOverscroll	boolean	Android/iOS	默认值：false。true 表示滚动页面越界时不进行用户体验反馈。默认情况下，滚动页面越界时，iOS 会有一个回弹效果，而 Android 会在页面顶部（或底部）有微弱的发光效果
OverrideUserAgent	string	Android/iOS	用于替换 WebView 的 UserAgent
ErrorUrl	URL	Android/iOS	默认值：空。用于设置错误页。如果未设置，则弹出标题为 Application Error 的窗口
AppendUserAgent	string	Android/iOS	该值将会追加到当前 WebView 的 UserAgent 之后。如果指定了 OverrideUserAgent，该值将被忽略
BackgroundColor	string	Android/iOS	用于设置应用程序的背景色

（续）

属 性	类 型	平 台	说 明
Orientation	string	Android/iOS	默认值：default。用于设置屏幕方向，可选值为 default、landscape、portrait
KeyboardDisplayRequiresUserAction	boolean	iOS	默认值：true。false 表示当调用表单 input 的 focus() 方法时显示键盘输入。true 表示不在程序调用时显示键盘，此时只有用户主动触发输入框才会显示键盘
MediaPlaybackAllows-AirPlay	boolean	iOS	默认值：true。true 表示允许使用 AirPlay，false 表示不允许
MediaPlaybackRequires-UserAction	boolean	iOS	默认值：false。false 表示允许 HTML5 播放器自动播放音视频；true 表示必须用户动作触发才能播放
PageLength	float	iOS	默认值：0。如果页面分页方式（PaginationMode）是左右方向，则该属性表示页面的宽度；如果是上下方向，则该属性表示页面的高度。0 表示基于 viewport 可视区的大小决定页面尺寸
PaginationBreaking-Mode	string	iOS	默认值：page。用于判断 CSS 属性的应用方式。可选值：page、column
PaginationMode	string	iOS	默认值：unpaginated。设置页面内容的分页方式。可选值：unpaginated、leftToRight、topToBottom、bottomToTop、rightToLeft
GapBetweenPages	float	iOS	默认值：0。指定分页的页面间距。当 PaginationMode 设置为分页模式时生效
Suppresses3DTouch-Gesture	boolean	iOS	默认值：false。设置为 true 时，表示禁用 3D touch 功能。当该属性为 true 时，SuppressesLongPressGesture 也应该为 true
SuppressesIncremental-Rendering	boolean	iOS	默认值：false。设置为 true 时，表示等待收到全面内容时再渲染页面
SuppressesLong-PressGesture	boolean	iOS	默认值：false。true 表示禁用用户长按弹框
AllowInlineMedia-Playback	boolean	iOS	默认值：false。true 表示允许 HTML5 播放器内联播放，同时需要在 <video> 元素中增加 playsinline 属性
SwiftVersion	string	iOS	设置 Swift 版本
TopActivityIndicator	string	iOS	默认值：gray。用于控制状态栏里小图标的显示。可选值为 whiteLarge、white、gray
UIWebViewDeceleration-Speed	string	iOS	默认值：normal。用于控制动量滚动的速度。normal 表示本机应用的默认速度；fast 是 Safari 的默认速度
deployment-target	string	iOS	用于设置 build 环境中的 IPHONEOSDEPLOYMENTTARGET 属性，并在生成安装包后设置 ipa 文件中的 MinimumOSVersion 字段
target-device	string	iOS	默认值：universal。该属性映射到 xcode 工程的 TARGETEDDEVICEFAMILY 属性，可选值为 handset、tablet、universal

（续）

属　性	类　型	平　台	说　明
BackupWebStorage	string	iOS	默认值为 cloud；允许值为 none、local、cloud。cloud 表示允许 icloud 备份 Web Storage 数据；local 表示只能通过 iTunes 做本地备份；none 表示不备份
CordovaWebView-Engine	string	iOS	默认值：CDVUIWebViewEngine。设置渲染 App 的 WebView 插件。插件必须是已安装的，且与 feature 标签匹配
CordovaDefault-WebView Engine	string	iOS	默认值：CDVUIWebViewEngine。设置 WebView 插件，用于兼容低版本系统。插件必须是已安装的，且与 feature 标签匹配
EnableViewportScale	boolean	iOS	默认值：false。true 表示允许使用 viewport 的 meta 标签来限制用户缩放，并灵活适配 WebView 窗口

9.4.4　应用程序图标 icon

我们使用 CLI 命令行构建 Cordova 应用，可以通过 config.xml 文件的 icon 标签指定图标。

```
<icon src="res/ios/icon.png" platform="ios" width="57" height="57" density="mdpi" />
```

icon 标签包含如下属性。

❑ src：必选属性，图标的位置。

❑ platform：可选属性，目标平台。

❑ width：可选属性，图标的像素宽度。

❑ height：可选属性，图标的像素高度。

❑ target：可选属性，用于 Windows 平台，目标文件名称。

也可以使用以下配置为所有平台指定图标。

```
<icon src="res/icon.png" />
```

针对每个平台的特点，还可以指定像素级别的图标以适配不同的屏幕分辨率。

1. Android

在 Android 平台，可以使用前景和背景两个图片创建自适应的图标，如代码清单 9-4 所示。

代码清单9-4　Android自适应图标

```
<platform name="android">
  <icon background="res/icon/android/ldpi-background.png" density="ldpi"
    foreground="res/icon/android/ldpi-foreground.png" />
  <icon background="res/icon/android/mdpi-background.png" density="mdpi"
    foreground="res/icon/android/mdpi-foreground.png" />
  <icon background="res/icon/android/hdpi-background.png" density="hdpi"
    foreground="res/icon/android/hdpi-foreground.png" />
  <icon background="res/icon/android/xhdpi-background.png" density="xhdpi"
```

```
    foreground="res/icon/android/xhdpi-foreground.png" />
  <icon background="res/icon/android/xxhdpi-background.png" density="xxhdpi"
    foreground="res/icon/android/xxhdpi-foreground.png" />
  <icon background="res/icon/android/xxxhdpi-background.png" density="xxxhdpi"
    foreground="res/icon/android/xxxhdpi-foreground.png" />
</platform>
```

Android 平台支持如下 icon 属性。

❑ background：必选属性，前景图标。

❑ foreground：必选属性，背景图标。

❑ density：可选属性，图像密度。

❑ src：可选属性，不兼容自适应图标时使用的图标。

对于不支持自适应图标的设备，如果没有设置 src，则使用前景图标，如果设置了 src，则使用 src 作为替代图标。

还可以自定义图标的背景色，方法如下。

在项目目录创建资源文件 res/values/colors.xml，代码如下。

```
<?xml version="1.0" encoding="utf-8"?><resources>
  <color name="background">#FF0000</color>
</resources>
```

在 config.xml 文件中加入 resource-file 标签，将资源文件复制到合适的路径，并指定背景色，代码如下。

```
<platform name="android">
  <resource-file src="res/values/colors.xml" target="/app/src/main/res/values/colors.
    xml" />

  <icon background="@color/background" density="ldpi" foreground="res/icon/
    android/ldpi-foreground.png" />
  <icon background="@color/background" density="mdpi" foreground="res/icon/
    android/mdpi-foreground.png" />
  <icon background="@color/background" density="hdpi" foreground="res/icon/
    android/hdpi-foreground.png" />
  <icon background="@color/background" density="xhdpi" foreground="res/icon/
    android/xhdpi-foreground.png" />
  <icon background="@color/background" density="xxhdpi" foreground="res/icon/
    android/xxhdpi-foreground.png" />
  <icon background="@color/background" density="xxxhdpi" foreground="res/icon/
    android/xxxhdpi-foreground.png" />
</platform>
```

Android 环境下标准图标设置如代码清单 9-5 所示。

代码清单9-5　Android标准图标

```
<platform name="android">
  <!--
    ldpi    : 36x36 px
```

```
    mdpi   : 48x48 px
    hdpi   : 72x72 px
    xhdpi  : 96x96 px
    xxhdpi : 144x144 px
    xxxhdpi : 192x192 px
  -->
  <icon src="res/android/ldpi.png" density="ldpi" />
  <icon src="res/android/mdpi.png" density="mdpi" />
  <icon src="res/android/hdpi.png" density="hdpi" />
  <icon src="res/android/xhdpi.png" density="xhdpi" />
  <icon src="res/android/xxhdpi.png" density="xxhdpi" />
  <icon src="res/android/xxxhdpi.png" density="xxxhdpi" />
</platform>
```

2. iOS

iOS 应用程序对图标的规定如表 9-2 所示。

表 9-2　iOS 平台图标规范

图像大小（像素）	文 件 名	用 途	App Store
512×512	iTunesArtwork	iTunes 应用列表	—
1024×1024	iTunesArtwork@2x	iTunes 应用列表（Retina）	—
120×120	Icon-60@2x.png	主屏显示（Retina）	必需
180×180	Icon-60@3x.png	主屏显示（Retina HD）	可选、推荐
76×76	Icon-76.png	iPad 主屏显示	可选、推荐
152×152	Icon-76@2x.png	iPad 主屏显示（Retina）	可选、推荐
167×167	Icon-83.5@2x.png	iPad Pro 主屏显示	可选、推荐
40×40	Icon-Small-40.png	Spotlight	可选、推荐
80×80	Icon-Small-40@2x.png	Spotlight（Retina）	可选、推荐
120×120	Icon-Small-40@3x.png	Spotlight（Retina HD）	可选、推荐
29×29	Icon-Small.png	设置	可选、推荐
58×58	Icon-Small@2x.png	设置（Retina）	可选、推荐
87×87	Icon-Small@3x.png	设置（Retina HD）	可选、推荐

Cordova 使用以下语法为 iOS 设置图标，如代码清单 9-6 所示。

代码清单9-6　为iOS设置图标

```
<platform name="ios">
  <!-- iOS 8.0+ -->
  <!-- iPhone 6 Plus -->
  <icon src="res/ios/icon-60@3x.png" width="180" height="180" />
  <!-- iOS 7.0+ -->
  <!-- iPhone / iPod Touch -->
  <icon src="res/ios/icon-60.png" width="60" height="60" />
```

```
<icon src="res/ios/icon-60@2x.png" width="120" height="120" />
<!-- iPad -->
<icon src="res/ios/icon-76.png" width="76" height="76" />
<icon src="res/ios/icon-76@2x.png" width="152" height="152" />
<!-- Spotlight Icon -->
<icon src="res/ios/icon-40.png" width="40" height="40" />
<icon src="res/ios/icon-40@2x.png" width="80" height="80" />
<!-- iOS 6.1 -->
<!-- iPhone / iPod Touch -->
<icon src="res/ios/icon.png" width="57" height="57" />
<icon src="res/ios/icon@2x.png" width="114" height="114" />
<!-- iPad -->
<icon src="res/ios/icon-72.png" width="72" height="72" />
<icon src="res/ios/icon-72@2x.png" width="144" height="144" />
<!-- iPad Pro -->
<icon src="res/ios/icon-167.png" width="167" height="167" />
<!-- iPhone Spotlight and Settings Icon -->
<icon src="res/ios/icon-small.png" width="29" height="29" />
<icon src="res/ios/icon-small@2x.png" width="58" height="58" />
<icon src="res/ios/icon-small@3x.png" width="87" height="87" />
<!-- iPad Spotlight and Settings Icon -->
<icon src="res/ios/icon-50.png" width="50" height="50" />
<icon src="res/ios/icon-50@2x.png" width="100" height="100" />
<!-- iPad Pro -->
<icon src="res/ios/icon-83.5@2x.png" width="167" height="167" />
</platform>
```

注意，src 指定的文件名称需要与规范要求对应，指定的 width 和 height 也要保持一致。

9.4.5　简单的 WebRTC 移动应用

本节我们开发一个 WebRTC 应用，并将其打包成能够在 Android 下运行的 apk 文件。该应用主要演示 WebRTC API 在 Cordova 中的使用，调用 getUserMedia() 方法获取本地摄像头，并显示在首页。

该应用基于 Cordova 默认创建的骨架程序，所以首先需要修改 config.xml 文件，加入应用程序信息、权限，并设置应用图标，如代码清单 9-7 所示。

代码清单9-7　应用于Android环境的config.xml文件

```
<?xml version='1.0' encoding='utf-8'?>
<widget id="cn.wisting.doveintowebrtc" version="1.0.0" xmlns="http://www.w3.org/
  ns/widgets" xmlns:cdv="http://cordova.apache.org/ns/1.0">
  <name>DoveIntoWebRTC</name>
  <description>
    A sample Apache Cordova application with webrtc support.
  </description>
  <author email="bjliwei@qq.com" href="http://www.wisting.cn">
    Liwei
  </author>
  <content src="index.html" />
```

```
<plugin name="cordova-plugin-whitelist" spec="1" />
<access origin="*" />
<allow-intent href="http://*/*" />
<allow-intent href="https://*/*" />
<allow-intent href="tel:*" />
<allow-intent href="sms:*" />
<allow-intent href="mailto:*" />
<allow-intent href="geo:*" />
<platform name="android">
    <allow-intent href="market:*" />
    <config-file parent="/*" target="AndroidManifest.xml" xmlns:android="http://
    schemas.android.com/apk/res/android">
        <uses-permission android:name="android.webkit.PermissionRequest" />
        <uses-permission android:name="android.permission.INTERNET" />
        <uses-permission android:name="android.permission.RECORD_AUDIO" />
        <uses-permission android:name="android.permission.CAMERA" />
        <uses-permission  android:name="android.permission.MODIFY_AUDIO_SETTINGS"
            />
        <uses-permission android:name="android.permission.WRITE_EXTERNAL_STORAGE"
            />
        <uses-permission android:name="android.permission.READ_EXTERNAL_STORAGE"
            />
        <uses-feature android:name="android.hardware.camera" />
    </config-file>
</platform>
<icon src="res/icon.png" />
</widget>
```

修改 config.xml 文件需要注意以下事项。

❑ 对于使用本地摄像头、话筒的应用，需要在 config.xml 文件申请相应的权限。这些权限将在安装应用时由用户进行确认，如果没有获取硬件权限，在调用 getUserMedia() 方法时会返回 NotReadableError 错误提示。

❑ 在自定义应用图标时，需要在项目根目录下创建 res 目录，并将自定义的图标放在该目录下。

❑ 如果 Android 平台已经添加，修改 config.xml 文件不会生效，想要使修改生效，需要重新添加 Android 平台，该操作会根据 config.xml 文件的内容重新生成相应的平台配置。

```
cordova platforms remove android
cordova platforms add android
```

❑ 对其他页面代码的改动也同样需要重新添加 Android 平台。

在 index.html 首页加入显示本地视频的 video 标签，如代码清单 9-8 所示。

代码清单9-8　index.html首页

```
<html>
  <head>
    <meta name="format-detection" content="telephone=no">
```

```
    <meta name="msapplication-tap-highlight" content="no">
    <meta name="viewport" content="initial-scale=1, width=device-width, viewport-
        fit=cover">
    <link rel="stylesheet" type="text/css" href="css/index.css">
    <title>Hello World</title>
  </head>
  <body>
    <div class="myapp">
      <h1>Dove Into WebRTC</h1>
      <video id="camera" autoplay></video>
    </div>
    <script type="text/javascript" src="cordova.js"></script>
    <script type="text/javascript" src="js/index.js"></script>
    <script src="js/adapter.js"></script>
  </body>
</html>
```

Cordova 移动应用有启动过程，启动完成后触发 deviceready 事件，所有的业务逻辑都应该在此事件触发之后再执行，index.js 文件如代码清单 9-9 所示。

<h3 align="center">代码清单9-9　index.js文件</h3>

```
const app = {
  initialize: function() {
    document.addEventListener('deviceready', this.onDeviceReady.bind(this), false);
  },

  onDeviceReady: function() {
    this.receivedEvent('deviceready');
    if (window.device.platform === 'iOS') {
      cordova.plugins.iosrtc.registerGlobals();
    }
  },

  receivedEvent: function(id) {
    navigator.mediaDevices.getUserMedia({
      video:true,
      audio:true
    }).then((stream) => {
      document.getElementById("camera").srcObject = stream;
    }).catch(err => {
      console.log(err);
    });
  }
};

app.initialize();
```

构建 Android 应用程序，执行以下命令生成 apk 文件。

```
cordova platforms add android
cordova build android
```

如果 Android 调试工具 adb 已经成功连接，也可以执行以下命令将 apk 安装到手机上运行。

```
cordova run android
```

执行以下命令构建 iOS 应用程序。

```
cordova plugin add cordova-plugin-iosrtc
cordova platforms add ios
cordova build ios
```

在 Xcode 中打开 platfiorms/ios 目录下的工程文件，在 Xcode 中完成 iOS 应用程序的编译。

基于 Cordova 开发 WebRTC 应用与开发其他混合移动应用的技术要点是一致的，需要注意如下几点。

❑ 申请摄像头及话筒权限。如果程序运行过程中出现无法读取摄像头的情况，需要在手机设置中查看并开启相应权限。

❑ Android WebView 的兼容性。老版本的 WebView 不能完整支持 WebRTC1.0 规范，导致获取摄像头失败，此时需要更新 WebView 版本。

❑ iOS 平台需要安装插件 cordova-plugin-iosrtc，并在设备就绪后将插件里的 WebRTC API 导入全局空间。

该示例的代码放在了本书的 GitHub 地址，该地址还放入了 v83 版本的 WebView 供读者使用，https://github.com/wistingcn/dove-into-webrtc/tree/master/cordova。

9.4.6 调试 Cordova 应用

对于 Android 应用，可以使用 PC 上的 Chrome 进行远程调试，调试步骤如下。

❑ 使用数据线将手机连接到 PC。

❑ 在手机上打开"USB 调试"选型。

❑ 使用 adb devices 命令检查手机是否成功连接。该命令将列出已连接的手机，如果未连接手机，则列表内容为空。

```
$ adb devices
* daemon not running; starting now at tcp:5037
* daemon started successfully
List of devices attached
KWG7N16420004540        device
```

❑ 在 PC 上执行命令 cordova run android，该命令将在手机上打开应用程序。

❑ 在 PC 上打开 Chrome，输入地址 chrome://inspect，在打开页面的 Remote Target 里找到应用名称，打开 inspect 链接。

❑ 打开的 Chrome 调试窗口与本地 Web 调试是一样的，可以通过 Console 查看执行日志及错误信息。

在 Chrome 上打开的 inspect 页面如图 9-3 所示。

图 9-3　Chrome inspect 页面

对于 iOS 应用，可以使用 Safari 的 Web inspector 进行远程调试，需要执行以下步骤。

❏ 在手机上开启网页检查器和远程自动化：设置→Safari→高级→远程自动化。

❏ 在 PC 上打开开发菜单：Safari→偏好设置→高级→在菜单栏中显示"开发"菜单。

❏ 手机通过数据线连接 PC。

❏ 在手机上打开应用程序。

❏ PC 上登录 Safari 可以看到设备，点击 inspect 进行远程调试。

9.5　Ionic Framework

Cordova 提供了混合 App 的构建平台，但是它没有提供原生的 UI 系统，如果需要开发具备原生 UI 外观的移动应用，则需要与 Ionic Framework、Onsen UI、Framework 7 等框架结合使用。其中，Ionic Framework 是目前最受欢迎、应用最为广泛的混合应用 UI 框架，我们在下文将其简称为 Ionic。

Ionic 是开源的，可轻松使用 Web 技术构建高质量的原生外观移动应用以及渐进式 Web 应用程序。它在 Ionic 3.0 之前只支持 Angular，从 Ionic 4.0 开始基于 Web 组件进行了重构，从而提供了对 React 和 Vue 框架的支持。但是对 Angular 的支持效果是最好的，所以本章选择 Angular 作为 Web 开发框架。

实际上，Ionic 公司还开发了一个 Cordova 的替代品，即 Capacitor。Capacitor 的原理与 Cordova 一致，而且兼容 Cordova 大部分第三方插件。Ionic 公司声称采用了最新的技术实现 Capacitor，利用了最新的 Web API，并与原生 SDK 进行了更深入的集成。但是由于 Capacitor 目前处于快速迭代阶段，还不支持 cordova-plugin-iosrtc 插件，我们仍然选择更为稳定成熟的 Cordova 平台构建移动应用。

　　Ionic 同时支持 Cordova 和 Capacitor，可以非常方便地切换两个平台。当与 Cordova 结合使用时，仍然使用 config.xml 作为项目的配置文件。Cordova 的调试方法也适用于 Ionic 应用。

　　Ionic 提供了命令行工具 ionic，该工具封装了 Cordova 的命令行工具，提供了创建、构建项目等一整套功能。

9.5.1　安装与使用

　　使用 npm 命令安装 ionic 命令行工具。

```
npm install -g @ionic/cli
```

　　使用 ionic start 命令创建一个应用程序。

```
ionic start rtcApp conference --type angular
```

　　我们使用模板 conference 创建了名为 rtcApp 的应用，该模板是 Ionic 提供的默认模板之一，Ionic 还提供了其他模板，可使用 ionic start -l 命令查看。

　　构建在浏览器运行的 Web 应用命令如下。

```
cd rtcApp
ionic serve
```

　　由于我们使用了 Angular 框架，ionic serve 命令编译 Angular 代码，生成能够在浏览器运行的 Web 应用。当修改项目代码时，该命令会自动重新编译，编译成功后强制刷新页面。

　　ionic 封装了 cordova 命令，使用如下命令构建移动应用。

```
// 构建Android应用
ionic cordova platform add android
ionic cordova build android --prod --release
// 构建iOS应用
ionic cordova platform add ios
ionic cordova build ios --prod
```

　　本质上，使用 Ionic 创建的仍然是一个 Cordova 应用，Cordova 的配置文件、调试方法都可以在 Ionic 中使用。执行 cordova run android 命令构建 apk 安装包，通过 adb 工具传输到 Android 手机，在 Android 手机自动打开应用程序，界面如图 9-4 所示。

9.5.2　开发工具

　　由于 Visual Studio Code 本身支持 TypeScript 语言，而 Ionic 和 Angular 则要求使用 TypeScript 语言开发，所以推荐在 Ionic 项目中使用 Visual Studio Code 作为开发工具。而

图 9-4　Ionic conference 示例

当需要执行编译、添加平台、添加插件等操作时，则推荐在命令行完成。

Visual Studio Code 是微软公司开源的一个跨平台代码编辑器，它整合了开发人员围绕项目进行的"编辑 – 构建 – 调试"操作，易于使用。除了提供了全面的代码编辑，它还提供了代码导航、代码理解以及轻量级调试。支持插件模式，开源社区为其提供了大量插件，将其扩展成一个支持多种语言、智能的开发环境。

在 Visual Studio Code 中打开项目的步骤是 File→Open→ 项目所在目录，或者在 Welcome 页面点击"Open folder"，如图 9-5 所示。

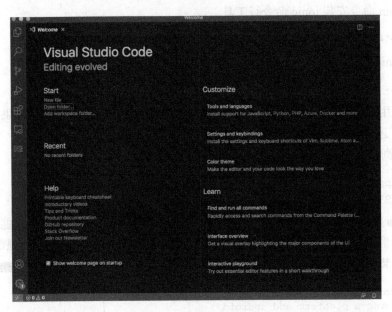

图 9-5　VSCode 打开项目

为了拥有更好的 Ionic 开发体验，推荐安装以下 Visual Studio Code 插件。

❑ Angular Language Service

❑ Debugger for Chrome

❑ TSLint

❑ Cordova Tools

构建 Android/iOS 应用程序需要安装相应的开发环境，使用 cordova requirements 命令检查是否成功安装。

9.6　基于 Ionic 的 WebRTC 移动应用

本节我们使用 Ionic 的 UI 组件开发一个 WebRTC 移动应用，该应用与之前介绍的示例使用相同的信令服务器，支持视频通话及基于数据通道的文字聊天功能。该示例主要用于演示使用 Ionic 开发 WebRTC 应用程序的方法，实现代码的地址为 https://github.com/ wistingcn/dove-into-webrtc/tree/master/ionic-webrtc。

使用以下方法获取代码并安装编译环境。

```
git clone https://github.com/wistingcn/dove-into-webrtc.git
cd dove-into-webrtc/ionic-webrtc
npm i -g cordova
npm i -g native-run
npm i -g cordova-res
npm install -g @ionic/cli
cnpm install
```

连接 Android 手机，执行以下命令编译 Android 安装包。

```
./build_android.sh
```

该命令编译成功后，自动在手机上打开应用程序，由于程序需要摄像头 / 话筒权限，请在手机设置里查看是否成功授权。

连接 iPhone 手机，执行以下命令构建 iOS 工程。

```
./build_ios.sh
```

与 Android 环境下的编译不同，该命令只生成了 iOS 工程代码，需要使用 Xcode 打开工程 platforms/ios 继续编译。

9.6.1　使用模板创建应用程序

安装好 Ionic 和 Cordova 命令行工具后，我们使用 Angular 作为 Web 框架，创建一个名为 ionic-webrtc 的项目，选择 tabs 作为模板程序，如代码清单 9-10 所示。

代码清单9-10　创建ionic-webrtc项目

```
$ ionic start ionic-webrtc --type angular

Let's pick the perfect starter template! 22m

Starter templates are ready-to-go Ionic apps that come packed with everything you
    need to build your app. To bypass this
prompt next time, supply template, the second argument to ionic start.

? Starter template: tabs
√ Preparing directory ./ionic-webrtc - done!
√ Downloading and extracting tabs starter - done!
? Integrate your new app with Capacitor to target native iOS and Android? No

Installing dependencies may take several minutes.
```

进入项目，并执行 Web 编译。

```
$ cd ionic-webrtc/
$ ionic serve
```

编译成功后，会自动在浏览器打开 Web 应用，打开 Chrome 开发者工具，点击 "Toggle device toolbar" 按钮，即可看到在移动设备上的运行效果，如图 9-6 所示。

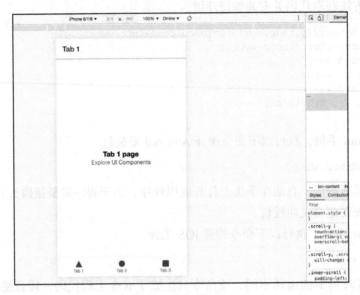

图 9-6　浏览器中显示的 Tabs 模板界面

因为我们还没有为该应用增加任何逻辑，所以现在界面非常简单。接下来我们增加一些功能，与之前章节的示例进行通信。

> 注
> 意　ionic serve 会监视当前项目中的代码，如果代码有改动，会自动执行编译，并重新加载浏览器页面，所以建议让 ionic serve 一直处于运行状态。

9.6.2　首页组件

组件（component）是 Angular 中的概念，在组件中可以处理界面相关的逻辑。

使用 ionic 命令行工具，创建登录首页组件，如代码清单 9-11 所示。

代码清单9-11　创建首页组件

```
$ ionic g component login
> ng generate component login --project=app
CREATE src/app/login/login.component.scss (0 bytes)
CREATE src/app/login/login.component.html (24 bytes)
CREATE src/app/login/login.component.spec.ts (675 bytes)
CREATE src/app/login/login.component.ts (264 bytes)
[OK] Generated component!
```

创建命令 g 是 generate 的简写，login 是组件名称。

我们希望 login.component.html 成为应用程序的首页，在该页面输入服务器的 IP 地址，并连接到 Socket.IO 服务器，如果连接成功，则显示视频及聊天页面。

修改后的 src/app/login/login.component.html 如代码清单 9-12 所示。

代码清单9-12　login.component.html文件

```html
<ion-header>
  <ion-toolbar>
    <ion-title>深入WebRTC直播技术</ion-title>
  </ion-toolbar>
</ion-header>

<ion-content fullscreen="true">
  <img src="assets/shapes.svg" class="slide-image" />

  <form [formGroup]="ipForm" (ngSubmit)="onConnect()">
    <ion-list>
      <ion-item>
        <ion-label position="stacked" color="primary">服务器IP: </ion-label>
        <ion-input
          type="text"
          spellcheck="false"
          autocapitalize="off"
          formControlName="ip"
          required
        >
        </ion-input>
      </ion-item>
    </ion-list>

    <ion-row>
      <ion-col>
        <ion-button
        type="submit"
        expand="block">连接</ion-button>
      </ion-col>
    </ion-row>
  </form>

</ion-content>
```

修改页面路由文件 app-routing.module.ts，将首页路由指向 Login 组件，如代码清单 9-13 所示。

代码清单9-13　路由文件app-routing.module.ts

```typescript
import { NgModule } from '@angular/core';
import { PreloadAllModules, RouterModule, Routes } from '@angular/router';
import { LoginComponent } from './login/login.component';

const routes: Routes = [
  {
```

```
    path: '',
    component: LoginComponent
  },
  {
    path: 'tabs',
    loadChildren: () => import('./tabs/tabs.module').then(m => m.TabsPageModule)
  }
];
@NgModule({
  imports: [
    RouterModule.forRoot(routes, { preloadingStrategy: PreloadAllModules })
  ],
  exports: [RouterModule]
})
export class AppRoutingModule {}
```

完成代码修改后，ionic serve 自动执行重新编译，这时浏览器的页面应该更新了，如图 9-7 所示。

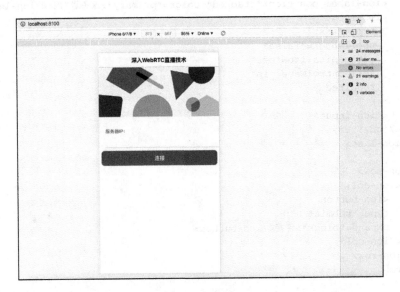

图 9-7　应用首页

我们希望与服务器成功建立 Socket.IO 连接后，跳转到视频显示页面。这个逻辑在 login. component.ts 中实现，如代码清单 9-14 所示。

代码清单9-14　login.component.ts文件

```
mport { Component, OnInit } from '@angular/core';
import { FormBuilder } from '@angular/forms';
import { ConnectService } from '../service/connect.service';
import { Router } from '@angular/router';

@Component({
```

```
    selector: 'app-login',
    templateUrl: './login.component.html',
    styleUrls: ['./login.component.scss'],
  })
  export class LoginComponent implements OnInit {

    ipForm = this.fb.group({
      ip: [''],
    });

    constructor(
      private fb: FormBuilder,
      private cs: ConnectService,
      private router: Router,
    ) { }

    ngOnInit() {
      // 收到建立连接成功事件后，跳转到tabs页面
      this.cs.connected$.subscribe((event) => {
        this.router.navigateByUrl('/tabs');
      });
    }
    // 点击 "连接"
    onConnect() {
      const ipAddr = this.ipForm.get('ip').value;
      const roomID = 'signalingtestroom';
      const peerID = this.makeRandomString(8);
      const socketURL =  `wss://${ipAddr}:443/?roomId=${roomID}&peerId=${peerID}`;
      console.log(socketURL);
      this.cs.connect(socketURL, peerID);
    }
    private makeRandomString(length) {
      let outString = '';
      const inOptions = 'abcdefghijklmnopqrstuvwxyz0123456789';
      for (let i = 0; i < length; i++) {
        outString += inOptions.charAt(Math.floor(Math.random() * inOptions.length));
      }
      return outString;
    }
  }
```

　　通过 Angular 的依赖注入机制将 ConnectService 服务注入组件，使用服务的 connect 方法建立 Socket.IO 连接。下面我们创建并实现这个服务。

9.6.3　连接管理服务

　　服务（service）是 Angular 中的概念，Angular 强调将界面与数据处理分离，界面部分在组件中实现，而数据处理部分在 service 中实现。

　　我们将在服务中实现 Socket.IO 及 WebRTC 连接管理。代码清单 9-15 使用 ionic 命令行

工具创建 connect 服务。

代码清单9-15　创建service

```
$ ionic g service service/connect
> ng generate service service/connect --project=app
CREATE src/app/service/connect.service.spec.ts (362 bytes)
CREATE src/app/service/connect.service.ts (136 bytes)
[OK] Generated service!
```

在 service 目录下创建服务，connect.service.ts 是服务文件，数据处理的逻辑在这个文件中实现，connect.service.spec.ts 是对应的测试文件。

connect.service.ts 文件如代码清单 9-16 所示，在该文件的 ConnectService 类中实现了以下逻辑。

❑ Socket.IO 的连接及事件处理。

❑ 创建 RTCPeerConnection 对象，并处理 ICE 协商相关的事件。

❑ 建立数据通道，收发数据。

❑ 使用 rxjs 进行异步事件通知。

代码清单9-16　connect.service.ts文件

```
import { Injectable } from '@angular/core';
import * as io from 'socket.io-client';
import { Device } from '@ionic-native/device/ngx';
import { Subject } from 'rxjs';

@Injectable({
  providedIn: 'root'
})
export class ConnectService {

  socket = null;
  pc: RTCPeerConnection;
  isConnected = false;
  peerId = '';
  fromUser;
  stream: MediaStream;
  webcamStream: MediaStream;
  channel: RTCDataChannel;
  remotePeers;
  connected$ = new Subject();

  chatMessages = [];
  inputMsg;

  constructor(
    private device: Device,
  ) {
  }
```

```
connect(uri: string, peerId: string) {
  this.peerId = peerId;

  this.socket = io.connect(uri);
  this.socket.on('connect', async () => {
    this.onConnected();
  });

  this.socket.on('disconnect', () => {
    console.error('*** SocketIO disconnected!');
  });

  this.socket.on('notification', async (notification) => {
    const msg = notification.data;
    this.fromUser = this.remotePeers.find((user) => user.id === msg.from);
    const toUser = this.remotePeers.find((user) => user.id === msg.to);

    switch (notification.method) {
      case 'newPeer':
        this.remotePeers.push(msg);
        break;
      case 'sdpAnswer':
        await this.pc.setRemoteDescription(msg.sdp).catch((err) => {
          console.error(err.name + ':' + err.message);
        });
        break;
      case 'sdpOffer':
        if (this.pc.signalingState !== 'stable') {
          await Promise.all([
            this.pc.setLocalDescription({ type: 'rollback' }),
            this.pc.setRemoteDescription(msg.sdp),
          ]);
          return;
        } else {
          await this.pc.setRemoteDescription(msg.sdp);
        }

        if (!this.webcamStream) {
          try {
            this.webcamStream = await navigator.mediaDevices.getUserMedia({
                video: true,
                audio: true
              }
            );
          } catch (err) {
            console.error(`${err.name}: ${err.message}`);
            return;
          }

          try {
            this.webcamStream.getTracks().forEach((track) => this.pc.addTrack(track,
              this.webcamStream));
          } catch (err) {
```

```
          console.error(`${err.name}: ${err.message}`);
          return;
        }
      }

      await this.pc.createAnswer().then(offer => {
        return this.pc.setLocalDescription(offer);
      });

      this.sendRequest('sdpAnswer', {
        from: this.peerId,
        to: this.fromUser.id,
        sdp: this.pc.localDescription,
      });
      break;
    case 'newIceCandidate':
      try {
        await this.pc.addIceCandidate(msg.candidate);
      } catch (err) {
        console.error(`${err.name}: ${err.message}`);
      }
      break;
    }
  });
}

sendRequest(method, data = null) {
  return new Promise((resolve, reject) => {
    if (!this.socket || !this.socket.connected) {
      reject('No socket connection.');
    } else {
      this.socket.emit('request', { method, data },
        this.timeoutCallback((err, response) => {
          if (err) {
            console.error('sendRequest %s timeout! socket: %o', method);
            reject(err);
          } else {
            resolve(response);
          }
        })
      );
    }
  });
}

timeoutCallback(callback) {
  let called = false;

  const interval = setTimeout(() => {
    if (called) {
      return;
    }
    called = true;
```

```
      callback(new Error('Request timeout.'));
    }, 5000);

    return (...args) => {
      if (called) {
        return;
      }
      called = true;
      clearTimeout(interval);

      callback(...args);
    };
  }

  async onConnected() {
    const allusers = await this.sendRequest('join', {
      displayName: this.peerId + '-' + 'ionic'
    }) as any;

    if (allusers.peers && allusers.peers.length) {
      this.remotePeers = allusers.peers;
      this.createPeerConnection();
    } else if (allusers.joined) {
      alert('You have joined!');
    }

    this.connected$.next();
  }

  createPeerConnection() {
    this.pc = new RTCPeerConnection();
    this.pc.onconnectionstatechange = () => {
      switch (this.pc.connectionState) {
        case 'connected':
          this.isConnected = true;
          break;
        case 'disconnected':
          this.isConnected = false;
          break;
        case 'failed':
          (this.pc as any).restartIce();
          setTimeout(() => {
            if (this.pc.iceConnectionState !== 'connected') {
              console.error(
                'restartIce failed! close video call!' +
                  'Connection state:' +
                  this.pc.connectionState
              );
            }
          }, 10000);
          break;
      }
    };
```

```
this.pc.onicecandidate = (event) => {
  if (event.candidate) {
    this.sendRequest('newIceCandidate', {
      from: this.peerId,
      to: this.fromUser.id,
      candidate: event.candidate
    });
  }
};

this.pc.onnegotiationneeded = async () => {
  if (this.pc.signalingState !== 'stable') {
    return;
  }

  try {
    await this.pc.createOffer().then(offer => {
      return this.pc.setLocalDescription(offer);
    });

    this.sendRequest('sdpOffer', {
      from: this.peerId,
      to: this.fromUser.id,
      sdp: this.pc.localDescription,
    });
  } catch (err) {
    console.error(`*** The following error occurred while handling the
      negotiationneeded event, ${err.name} : ${err.message}`);
  }
};

this.pc.ontrack = (event: RTCTrackEvent) => {
  this.stream = event.streams[0];
};

this.pc.ondatachannel = (event: RTCDataChannelEvent) => {
  this.channel = event.channel;
  this.channel.binaryType = 'arraybuffer';

  this.setupDataChannelEvent(this.channel);
  console.log(`handle data channel event,${this.channel.id}, ${this.channel.
    binaryType}`);
};
}

setupDataChannelEvent(channel) {
  channel.onopen = () => {
    console.log(`Data Channel opened !!! - '${channel.protocol}'`);
  };

  channel.onmessage = (event) => {
    const msg = JSON.parse(event.data);
    const from = this.remotePeers.find(user => user.id === msg.id);
```

```
      const time = new Date();
      const timeString = `${time.getHours()}:${time.getMinutes()}`;
      this.chatMessages.push({
        ...msg,
        timeString,
        type: 'rece',
        displayName: from.displayName
      });
    };
  }

  sendMsg() {
    const data = {
      text: this.inputMsg,
      method: 'message',
      id: this.peerId
    };

    this.channel.send(JSON.stringify(data));

    const time = new Date();
    const timeString = `${time.getHours()}:${time.getMinutes()}`;
    this.chatMessages.push({
      ...data,
      timeString,
      type: 'send'
    });

    this.inputMsg = '';
  }
}
```

9.6.4　视频与聊天组件

我们直接在模板的 tabs 页面增加视频及聊天组件。修改 tabs.page.html 页面，加入以下内容。

❑ 当 WebRTC 未建立连接时，提示从 PC 端建立连接。

❑ WebRTC 建立连接后，显示本地及远端视频流。

❑ 显示聊天消息。聊天消息使用 flex 布局，使本地输入的消息在右侧显示，接收到的消息在左侧显示。

tabs.page.html 文件内容如代码清单 9-17 所示。

代码清单9-17　tabs.page.html文件

```
<ion-header [translucent]="true">
  <ion-toolbar color="primary">
    <ion-title>
      视频与数据通道
    </ion-title>
```

```
        </ion-toolbar>
    </ion-header>

    <ion-content [fullscreen]="true">
        <div *ngIf="!cs.webcamStream" class="ion-text-center">
            <h3>请从PC端建立WebRTC连接! </h3>
        </div>
        <div class="videobox" *ngIf="cs.webcamStream">
            <video class="localVideo" autoplay playsinline [srcObject]="cs.webcamStream">
                </video>
            <video class="remoteVideo" autoplay playsinline [srcObject]="cs.stream"></video>
        </div>
        <div class="chatbox">
            <ng-container *ngFor="let msg of cs.chatMessages">
                <div class="sentMessage" *ngIf="msg.type === 'send'">
                    <div>
                        <span style="font-size: x-small">{{msg.timeString}}</span>
                        <b> 我</b>
                    </div>
                    <div>
                        <span class="sentText">{{msg.text}}</span>
                    </div>
                </div>
                <div *ngIf="msg.type === 'rece'">
                    <div>
                        <b>{{msg.displayName}} </b>
                        <span style="font-size: x-small">{{msg.timeString}}</span>
                    </div>
                    <div>
                        <span class="receivedText">{{msg.text}}</span>
                    </div>
                </div>
            </ng-container>
        </div>

    </ion-content>
    <ion-footer>
        <ion-toolbar>
            <ion-input placeholder="说点什么吧..."
                autofocus="true"
                clearInput="true"
                inputmode="text"
                [(ngModel)]="cs.inputMsg"
                (keyup.enter)="cs.sendMsg()"
                type="text"
            ></ion-input>
            <ion-buttons slot="end">
                <ion-button (click)="cs.sendMsg()">
                    发送
                </ion-button>

            </ion-buttons>
        </ion-toolbar>
    </ion-footer>
```

由于数据处理都已经在 ConnectService 服务中实现了，该组件对应的 tabs.page.ts 文件则较为简单，仅须引入 ConnectService 服务并注入组件，如代码清单 9-18 所示。

代码清单9-18　　tabs.page.ts文件

```
import { Component } from '@angular/core';
import { ConnectService } from '../service/connect.service';

@Component({
  selector: 'app-tabs',
  templateUrl: 'tabs.page.html',
  styleUrls: ['tabs.page.scss']
})
export class TabsPage {

  constructor(
    public cs: ConnectService
  ) {}
}
```

在首页点击"连接"后，跳转到 tabs 页面，如图 9-8 所示。

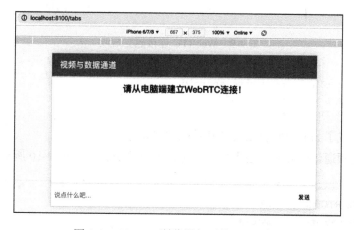

图 9-8　Chrome 浏览器打开的 tabs 页面

按照提示从 PC 端建立连接，当 WebRTC 连接建立成功后，界面显示如图 9-9 所示。

我们完成了所有的代码，并在 Chrome 浏览器中测试通过，接下来将代码编译为可以在 Android 环境下运行的应用程序。

9.6.5　构建 Android 应用程序

我们开发的移动应用需要申请摄像头、话筒权限，因此需要修改 config.xml 文件，改动方法参见 9.4.5 节。

将 Android 手机连接到 PC，使用 adb devices 命令检查是否成功连接，然后在项目根目录执行以下命令，为 Android 环境打包。

图 9-9 WebRTC 连接建立成功

```
ionic cordova platforms remove android
ionic cordova platforms add android
ionic cordova run android
```

上述命令生成了 apk 包并自动发送到手机端启动。

为了演示视频通话的效果，还需要在浏览器上打开页面，如图 9-10 所示。

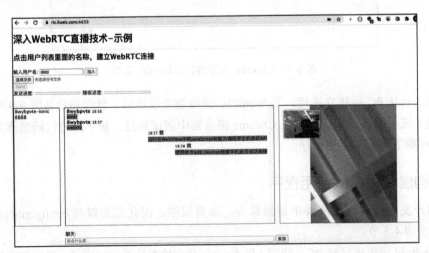

图 9-10 在浏览器上打开页面

在手机端输入同样的域名,连接 Socket.IO 成功后即跳转到视频页面。在浏览器端点击 ionic 对应的用户名称,即建立 WebRTC 连接,连接建立后可以进行视频及文字聊天,手机端效果如图 9-11 所示。

图 9-11　手机端运行效果

9.6.6　构建 iOS 应用程序

使用插件 cordova-plugin-iosrtc 可以发布能够在 iOS 环境运行的安装包,该插件将 WebRTC 最新标准的 API 导入 Cordova 项目。在项目根目录使用如下命令安装该插件。

```
ionic cordova plugin add cordova-plugin-iosrtc
```

设备就绪后,将插件的 API 导入全局空间,如代码清单 9-19 所示。

代码清单9-19　导入cordova-plugin-iosrtc插件API

```
this.platform.ready().then(() => {
    this.statusBar.styleDefault();
    this.splashScreen.hide();
    if (this.platform.is('ios')) {
        cordova.plugins.iosrtc.registerGlobals();
        cordova.plugins.iosrtc.debug.enable('*', true);

        // load adapter.js
        const adapterVersion = 'latest';
        const script = document.createElement('script');
        script.type = 'text/javascript';
        script.src = 'https://webrtc.github.io/adapter/adapter-' + adapterVersion + '.js';
```

```
    script.async = false;
    document.getElementsByTagName('head')[0].appendChild(script);
  }
});
```

执行以下命令构建 iOS 项目工程。

```
ionic cordova build ios
```

构建成功后，Xcode 项目工程位于 platforms/ios 目录下，使用 Xcode 打开该工程，执行编译并连接 iPhone。

与 PC 端浏览器建立连接，在 iPhone 上的运行效果如图 9-12 所示。

图 9-12　手机端运行效果

9.7　本章小结

开发移动端 WebRTC 应用程序有原生和混合两种方法。原生应用程序需要使用平台语言进行开发，混合应用则主要基于 Web 技术。本章对这两种开发方法进行了对比和分析，混合开发由于技术统一，一套代码能够在多个平台运行，尤其适合构建 WebRTC 应用，所以本章对混合开发进行了较为深入的探讨。

基于之前介绍的 WebRTC API，本章演示了使用 Ionic 开发 WebRTC 混合应用的方法，该应用支持基本的通话和文字聊天功能，能够在 Web、Android 和 iOS 平台上运行。

第 10 章 *Chapter 10*

从 0 到 1 打造多人视频会议系统

至此，我们已经介绍了 WebRTC 技术的方方面面，是时候使用这些技术打造一个真实、可用的系统了。

本章将结合笔者的开源项目 WiLearning 详细介绍多人视频会议系统的打造及优化方法。WiLearning 是一个多人视频会议及在线学习系统，已发布在 GitHub 及 Gitee 上，完全免费。WiLearning 采用了最新的 WebRTC 技术，能够实现多人实时音视频互动，还支持共享屏幕、共享文档、白板、文字聊天等功能。

WiLearning 还在持续更新中，计划在后续版本中增加人脸识别、情绪识别、专注力检查等与 AI 结合的功能。WiLearning 的部署非常简单，使用一条 build 脚本命令就可以完成编译和部署，完整代码的 GitHub 及 Gitee 地址如下。

```
https://github.com/wistingcn/WiLearning
https://gitee.com/wisting/WiLearning
```

10.1 整体设计

在设计一个多人视频会议系统时，需要考虑以下内容。

1. WebRTC 网络结构

在 Mesh、MCU 和 SFU 网络结构中，Mesh 结构成本最低，但是没有对多人实时互动场景提供很好的支持；MCU 支持多人实时互动，但是对服务器要求高，因此成本也最高，其时延也是 3 种结构中最高的；SFU 更像是一个折中方案，由于不需要在服务器端对媒体流进行编解码，因此降低了对服务器的要求，而且 SFU 也能够支持多人实时互动。

目前在 WebRTC 应用中使用 SFU 已经成为主流。一些大型的视频会议系统（如 ZOOM）

采用了 Mesh+SFU 的混合结构，参与人数较少时采用 Mesh 结构，参与人数较多时采用 SFU 结构。

2. WebRTC 媒体服务器

WebRTC 媒体服务器实际上是 WebRTC 协议在服务器端的实现，其行为相当于 WebRTC 的一个对等端，但是增加了对媒体进行额外处理的能力。我们在下文会单独介绍开源 WebRTC 媒体服务器。

经过综合分析，WiLearning 选择了 Mediasoup 作为媒体服务器，使用了 SFU 网络结构。

3. 视频编码格式

在 WebRTC 应用中，可以使用的主流编码格式有 VP8、VP9、H264、H265 和 AV1。我们在第 5 章已经介绍过这些编码格式了。就兼容性来说，VP8 是最好的，支持 WebRTC 协议的终端都支持 VP8；其次是 H264，新版本的浏览器（包括 Safari）都提供了对 H264 的支持；只有部分平台（Chrome、Firefox）提供了对 VP9、H265、AV1 的支持。H264 和 H265 支持硬件加速，在使用过程中比 VP8、VP9 更加省电，设备也不容易发热。目前大多数 WebRTC 应用选择了 H264 作为默认的编码格式。

几种编码格式各有特点，在实际使用中，我们需要结合应用特点进行选择，只有适合的才是最好的。

4. 编程语言与 Web 框架

可以选择前端开发语言 TypeScript 和 JavaScript 开发 WebRTC 的 Web 客户端，任何后端开发语言都可以用于开发 WebRTC 服务器端。在选择开发语言时需要注意与使用的媒体服务器匹配，比如 WiLearning 选择了 Mediasoup 作为媒体服务器，因为 Mediasoup 只能作为 Node.js 的模块嵌入 Node.js 应用中，所以开发语言也就只能使用 Node.js。使用 Node.js 还有一个好处，它支持使用 TypeScript 进行开发，这样就做到了前后端一致、技术栈统一。

关于 Angular、React、Vue 三大 Web 框架孰优孰劣的争论较多，WiLearing 使用的是 Angular。选择 Angular 一方面是出于统一技术栈的考虑（Angular 使用 TypeScript），另一方面是因为 Angular 提供了完整的 Web 开发框架，适合构建大型 Web 应用。

5. 信令系统

基于 WebRTC 的应用在建立通话时，必须进行 SDP 信息的交换与协商，这就决定了不管是哪种网络结构（Mesh、MCU 还是 SFU），都必须拥有一个信令系统。我们在第 6 章针对信令系统进行过讨论，第 6 章的内容也适用于 SFU 和 MCU。

信令系统仅作为数据交换通道，比较简单，建议根据业务特点自行实现。有的媒体服务器提供了集成的信令系统，反倒使得数据交换过程不够透明，增加了系统复杂度，出现问题时难以排查。

不管采用哪种语言开发信令系统，如果要支持大规模并发，都要求信令系统支持异步操作。在传输协议方面，信令系统通常采用 WebSocket 协议。

6. 原生与混合

当需要开发 WebRTC 移动端应用时，通常需要在原生和混合中做选择。我们在第 9 章中详细介绍过这两种移动端开发技术。如果团队有相应的原生开发人员，而且技术实力较强，推荐使用原生开发方式；如果团队人员能力有限，也可以使用混合开发方式。

不管是原生开发还是混合开发，实际上都是对 libwebrtc 库进行封装，在音视频编解码性能方面并没有明显差异。

10.2　媒体服务器

开源社区里可用的 WebRTC 媒体服务器有 Licode、OWT、Kurento、Jitsi、Janus、Medooze 和 Mediasoup。其中，能够作为 MCU 使用的有 Licode、OWT、Kurento、Medooze，能够作为 SFU 使用的有 Licode、OWT、Kurento、Jitsi、Janus、Mediasoup。

下面我们对其中几个具有代表性的媒体服务器进行介绍。

10.2.1　OWT

OWT（Open WebRTC Toolkit）是 Intel 在 2014 年推出的针对 WebRTC 的开发套件。该套件包含了优化 Intel 硬件的服务器和客户端 SDK。Intel 持续为该套件增加新的特性，并于 2018 年将该套件开源。

OWT 既可以充当多点控制单元（MCU），又可以作为选择性转发单元（SFU）使用。它还提供了对媒体进行解码、处理和重新编码后再将其发送回客户端的能力。

OWT 包含的主要功能如下。

- ❏ 多方视频会议。尽管大多数 WebRTC 应用程序使用 SFU 作为主要的网络架构，但是在客户端能力受限的情况（如 IoT 设备）下，仍然需要使用 MCU 模式。OWT 支持这两种模式。
- ❏ 转码。OWT 支持对音视频进行转码，以适应不同的应用场景。
- ❏ 将 WebRTC 转成其他视频格式。OWT 支持将 WebRTC 的 RTP 流转换为 RTSP、RTMP、HLS 等格式，以便非 WebRTC 接入的客户端也能观看实时流。
- ❏ 录制。OWT 支持将音频及视频存储到磁盘。
- ❏ SIP 网关。OWT 可以作为 SIP 网关使用。
- ❏ 视频分析。OWT 支持使用机器学习对视频内容进行分析。

OWT 应用层使用 Node.js 开发，媒体处理层使用了 C++ 语言，数据库使用 MongoDB，消息通信使用了 RabbitMQ。

OWT 还提供了全平台的客户端 SDK，可以方便地整合到业务之中。

10.2.2　Kurento

Kurento 开源项目包含了一个 WebRTC 媒体服务器（KMS）和一组与之通信的客户端

API。使用 Kurento 可以简化 Web 及移动端音视频应用程序的开发过程。Kurento 提供的功能包括音视频实时通信、实时转码、服务器端录制、合流、广播等。

Kurento 的特性有以下几个。

1. 动态 WebRTC 媒体管道

Kurento 允许使用自定义媒体管道连接到 WebRTC 对等设备，例如 Web 浏览器和移动应用程序。这些媒体管道包括播放器、记录器、混音器等，即使在媒体已经连通的情况下，也可以在任何时间点对这些媒体管道进行组合、激活或停用。

2. 客户端 / 服务器架构

使用 Kurento 开发的应用程序遵循客户端 / 服务器架构。Kurento 媒体服务器（KMS）提供了支持 Kurento 协议的 WebSocket 接口，该接口允许客户端应用程序定义管道拓扑。

3. Java 和 JavaScript 客户端应用程序

KMS 部署的典型示例包括 3 层体系结构，其中用户的浏览器通过中间客户端应用程序与 KMS 服务器交互。有几个官方的 Kurento 客户端库，支持在客户端应用程序中使用 Java 和 JavaScript。遵循 WebSocket 协议，可以轻松开发自己的客户端 SDK。

4. 第三方模块

Kurento 媒体服务器具有基于插件的可扩展结构，该结构允许第三方自定义模块。通过自定义模块，可以将任何媒体处理算法集成到 WebRTC 应用程序中，例如集成计算机视觉、增强现实、视频索引和语音分析等。

Kurento Media Server 的代码是开源的，根据 Apache License Version 2.0 的条款发布，可在 GitHub 上免费获得。

10.2.3 Janus

采用 C 语言实现的 Janus 是一个 Linux 风格编写的 WebRTC 媒体服务器开源项目，支持在 Linux/MacOS 下编译、部署，但不支持 Windows 环境。

Janus 分为两层：插件层和传输层。Janus 插件的设计类似于 Nginx，用户可以根据自己的需要动态加载或卸载插件，也可以根据自身业务需要编写自己的插件。Janus 默认支持的插件如下。

- ❑ SIP：该插件提供了对 SIP 协议的支持，使得 WebRTC 协议与 SIP 协议可以相互通信。
- ❑ TextRoom：该插件使用 DataChannel 实现了一个文字聊天室应用。
- ❑ Streaming：允许 WebRTC 终端观看 / 收听由其他工具预先录制生成的文件或媒体。
- ❑ VideoRoom：实际上就是一个音视频路由器，实现了视频会议的 SFU 服务。
- ❑ VideoCall：这是一个简单的视频呼叫应用，允许两个 WebRTC 终端相互通信，它与 WebRTC 官网的例子（https://apprtc.appspot.com）相似，不同之处在于这个插件要经过服务器端进行音视频流中转，而 WebRTC 官网的例子是 P2P 直连。

❏ RecordPlay：该插件有两个功能，一个是将发送给 WebRTC 的数据录制下来，另一个是通过 WebRTC 进行回放。

媒体数据传输层主要实现了 WebRTC 中的流媒体及其相关协议，如 DTLS、ICE、SDP、RTP、SRTP、SCTP 等。

信令传输层用于处理 Janus 的各种信令，支持的信令传输协议包括 HTTP/HTTPS、WebSocket/WebSockets、NanoMsg、MQTT、PfUnix 和 RabbitMQ。不过需要注意的是，有些协议是可以通过编译选项控制是否安装的，也就是说这些协议并不是默认全部安装的。另外，Janus 的所有信令都采用 JSON 格式。

Janus 整体架构采用了插件的方案，这种架构方案非常优秀，用户可以根据自己的需要，非常方便地在上面编写应用程序。Janus 支持的功能非常多，比如 SIP、RTSP、音视频文件的播放和录制等，所以在融合性上比其他系统有非常大的优势。另外，Janus 的底层代码是由 C 语言编写的，性能非常强大。Janus 的开发、部署手册非常完善，因此它是一个非常优秀的开源项目。

10.2.4　Mediasoup

Mediasoup 是一个较新的 WebRTC 媒体服务器，其底层采用 C++ 实现，外层使用 Node.js 进行封装。Mediasoup 服务器端以 Node.js 模块的形式提供。

Mediasoup 及其客户端库的设计目标如下。

❏ 成为一个 WebRTC SFU。

❏ 支持 WebRTC 协议，并支持输入、输出普通的 RTP 流。

❏ 在服务器端提供一个 Node.js 模块。

❏ 在客户端提供小型 JavaScript 和 C++ 库。

❏ 极简主义：只需处理媒体层。

❏ 与信令无关：不强制使用任何信令协议。

❏ 仅提供底层 API。

❏ 支持所有现有的 WebRTC 协议。

❏ 支持与其他开源多媒体库 / 工具进行集成。

Mediasoup 支持 Simulcast 和 SVC，底层使用 C++ 开发，使用 libuv 作为异步 IO 事件处理库，保证了数据传输的高效性。Mediasoup 的实现逻辑非常清晰，它不关心上层应用如何做，只关心底层数据的传输，并将其做到极致。

与 Janus 相比，Mediasoup 更关注数据传输的实时性、高效性和简洁性，而 Janus 相对来讲更加复杂一些。

10.2.5　媒体服务器的选择

开源社区的几个媒体服务器各有特色，在实际应用中应根据项目需要进行选择。当需要采用 MCU 方案时，推荐使用 OWT；当需要在服务器端对媒体流进行处理，比如增加人脸识别等功能时，推荐使用 Kurento；当构建通用的 WebRTC 平台时，Janus 基于插件的模式更为合适；如果希望打造单一的视频通话应用，则推荐使用 Mediasoup。

WiLearning 项目采用 Mediasoup 作为 SFU 媒体服务器，理由如下。

❑ 相比于其他媒体服务器，Mediasoup 的编译、安装操作最为简单，无须处理复杂的依赖包问题，使用 npm 工具就可以直接安装。

❑ Mediasoup 结构清晰、合理，代码书写规范，易于理解、掌握。

❑ Mediasoup 开发较为活跃，不断有新的特性加入，支持最新的 WebRTC 规范。

❑ Mediasoup 性能好，在多核 CPU 系统上，每核运行一个 Worker 实例，每个 Worker 可以支撑 500 个消费者。

❑ Mediasoup 服务器端和客户端都支持使用 TypeScript，易于全栈开发。

与其他的 SFU 相比，Mediasoup 最大的不同是它不能作为一个独立的服务器使用，而是以 Node.js 模块的形式存在，这样做的好处是可以整合到更大的应用程序中，不受自身的限制。在服务器端引入 Mediasoup 的方式如下。

```
const mediasoup = require("mediasoup");
```

在 Node.js 模块内部，Mediasoup 可以分为两个独立的组件：一个 JavaScript 层，提供了适用于 Node.js 的现代 ECMAScript API；一组处理媒体层（ICE、DTLS、RTP 等）的 C / C ++ 子进程（Worker）。

这两个组件通过进程相互通信，但是，从开发人员的角度来看，应用程序只需要关注 JavaScript API 层。

Mediasoup 把每个实例称为一个子进程，通常在每核 CPU 上启动一个子进程。在子进程内部有多个 Router，每个 Router 相当于一个房间。在每个房间里可以有多个参与者，每个参与者在 Mediasoup 中由一个 Transport 代理。换句话说，对于 Router，一个 Transport 就相当于一个用户。

Mediasoup 分为 3 类 Transport，即 WebRtcTransport、PlainRtpTransport 和 PipeTransport。

WebRtcTransport 用于与 WebRTC 类型的客户端进行连接，如浏览器、WebRTC 移动端等。

PlainRtpTransport 用于与传统的 RTP 类型的客户端连接，通过该 Transport 可以播放多媒体文件、执行媒体录制等。

PipeTransport 用于实现 Router 之间的连接，也就是一个房间中的音视频流通过 PipeTransport 传到另一个房间。由于一个 Router 只能运行在单核上，因此借助 PipeTransport 可以充分利用多核 CPU 的特性，支持更多人同时在线。

每个 Transport 可以包含多个 Producer 和 Consumer。Producer 表示媒体流的生产者，分为两种类型，即音频生产者和视频生产者。Consumer 表示媒体流的消费者，也分为两种类型，即音频消费者和视频消费者。

10.3　Mediasoup 信令交互过程

Mediasoup 的信令交互本质上与原生 WebRTC 的信令交互是一样的。Mediasoup 在其提供的客户端及服务器端库中封装了 WebRTC 的原生 API，如 createOffer()、createAnswer() 等方法都封装在 Transport 的 API 中。Mediasoup 的信令交互如图 10-1 所示。

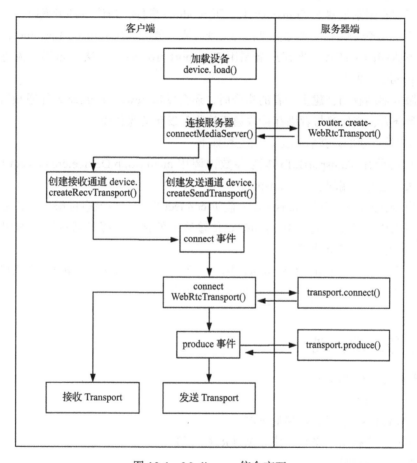

图 10-1　Mediasoup 信令交互

通常由客户端发起信令交互，流程如下。

❑ 客户端通过信令服务器获取服务器端的 RTP 能力。

❑ 客户端调用 mediasoup.Device.load() 方法传入服务器端的 RTP 能力。

❑ 客户端通过信令服务器向服务器端发送创建 WebRTC 传输通道的指令，服务器端调用 router.createWebRtcTransport() 方法创建传输通道，返回服务器端的传输通道信息 TransportInfo。

如果客户端创建的是发送通道，则进一步的流程如下。

❏ 客户端使用 TransportInfo 作为参数，调用 mediasoup.Device.createSendTransport() 方法创建客户端的发送 Transport。

❏ 客户端在刚刚创建的 Transport 上监听 connect 事件，当该事件被触发时，通过信令服务器向服务器发送连接 WebRTC 传输通道的指令，服务器端随后调用 transport. connect() 方法建立连接。

❏ 客户端在刚刚创建的 Transport 上监听 produce 事件，当该事件触发时，通过信令服务器向服务器端发送创建生产者的指令，服务器端调用 transport.produce() 方法创建服务器端的生产者。当客户端调用 Transport.produce() 方法发布媒体流时，才会触发 produce 事件。

❏ 当服务器端收到创建生产者的指令时，还会发送 newConsumer 事件通知房间中其他的参与者，其他参与者则在接收通道接收新发布的媒体流。

如果客户端创建的是接收通道，则流程如下。

❏ 客户端使用 TransportInfo 作为参数，调用 mediasoup.Device.createRecvTransport() 方法创建客户端的接收 Transport。

❏ 客户端在刚刚创建的 Transport 上监听 connect 事件，当该事件触发时，通过信令服务器向服务器端发送连接 WebRTC 传输通道的指令，服务器端随后调用 transport. connect() 方法建立连接。

❏ 如果客户端收到了 newConsumer 事件，则调用 Transport.consume() 方法接收新发布的媒体流，通过 consume.track 获取媒体轨道。

10.4　服务器端实现

服务器端需要实现以下功能。

❏ 管理房间与参与者。

❏ 调用 Mediasoup 服务器端的 API。

❏ 与客户端进行信令交互，建立 WebRTC 连接。

❏ 对外提供管理接口。

由于 Mediasoup 与信令无关，在 Mediasoup 项目中没有包含信令服务器的部分，这部分需要使用者自己实现。

为了帮助开发者使用 Mediasoup，官方提供了一个最小化的信令系统 protoo。protoo 采用 Node.js 实现，使用 WebSocket 传输信令数据。protoo 仍然以 Node.js 模块的形式提供，实际使用时需要根据业务逻辑做进一步的封装。

我们在第 6 章讨论了 WebRTC 信令服务器的实现，并基于 Node.js 和 Socket.IO 实现了一个信令系统 signaling，只需将 signaling 稍加完善就可以将其应用到 Mediasoup 中。

我们实现的 WiLearning 服务器端架构如图 10-2 所示。

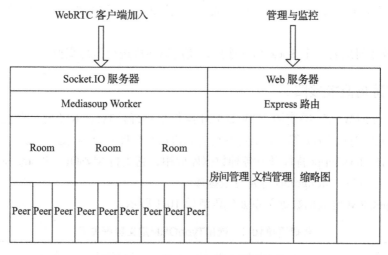

图 10-2　WiLearning 服务器端架构

10.4.1　房间与参与者

以下模块在服务器端负责管理房间和参与者。

1. Socket.IO 服务器

负责监听 Socket.IO 客户端的连接，从连接中获取 roomId（房间标识）、peerId（对等端标识）。如果存在 roomId，则根据 roomId 找到相应的 Room 对象；如果不存在 roomId，则创建新的 Room 对象。

peerId 对应 Peer 对象，在客户端连接进来时，peerId 可能是已经存在的，这种情况一般出现在断网重连后，这时候需要找到对应的 Peer 对象，替换掉底层的 Socket.IO 句柄。如果没有找到 peerId 对应的 Peer 对象，说明是第一次加入房间，这时创建新的 Peer 对象，加入房间即可。

2. Room 类

每个 Room 对象都会分配一个 Mediasoup 的 Worker，并在该 Worker 上创建一个对应的 Router，Router 与 Room 是一对一的关系。根据 CPU 的核数启动相同数量的 Worker，采用轮询的策略将 Room 分配到具体的 Worker 实例上。

在 Room 类中对 Mediasoup Router 进行设置，如设置编码格式、监听音量变化等。Room 类使用一个 Map 管理多个 Peer 对象，键值是 peerId。

Room 类还负责处理房间内的信息交换，如画笔、文字聊天等信息，也包括 Mediasoup 的信令交互。

3. Peer 类

一个 Peer 对象对应一个 WebRTC 的对等端，它包括多个 Transport（传输通道）、多个

Producer（生产者）和多个 Consumer（消费者）。当 Peer 从房间离开时，会销毁这些对象，以释放资源。

Peer 对象还对应着一个 Socket.IO 连接，使用该连接进行信息交换。

10.4.2　管理与监控接口

WiLearning 的数据库层使用了 TypeORM 操作数据库。TypeORM 是一个优秀的 Node.js ORM 框架，采用 TypeScript 编写，支持使用 TypeScript 或 JavaScript 语言进行开发。TypeORM 支持使用最新的 JavaScript 特性开发各种数据库应用，它支持 MySQL、PostgreSQL、SQLite、SQL Server、Oracle、MongoDB 等常见数据库。

使用 TypeORM 定义的数据关系如代码清单 10-1 所示。

代码清单10-1　使用TypeORM定义数据关系

```
import {Entity, PrimaryColumn, PrimaryGeneratedColumn, Column, BaseEntity,
    OneToMany, ManyToOne} from 'typeorm';

@Entity()
export class ClaRoom extends BaseEntity{
  @PrimaryColumn()
  id: string;

  @Column()
  name: string;

  @Column()
  speakerPassword: string;

  @Column()
  attendeePassword: string;

  @Column()
  description: string;

  @Column()
  createTime: string;

  @Column()
  lastActiveTime: string;
}

@Entity()
export class ClaDocs extends BaseEntity{
  @PrimaryGeneratedColumn()
  id: string;

  @Column()
  roomId: string;

  @Column()
```

```
  fileName: string;

  @Column()
  uploadTime: string;

  @OneToMany(type => ClaDocPages, page => page.doc)
  pages: ClaDocPages[];
}

@Entity()
export class ClaDocPages extends BaseEntity{
  @PrimaryGeneratedColumn()
  id: string;

  @Column()
  page: number;

  @Column()
  path: string;

  @ManyToOne(type => ClaDocs, doc=>doc.pages)
  doc: ClaDocs;
}
```

WiLearning 通过 HTTP/HTTPS 接口向外提供房间及参与者的管理接口。这些接口在 Express 的 Router 中实现，主要操作通常是对数据库进行读写。

房间的管理接口如下。

❏ 创建房间。

❏ 更新房间。

❏ 删除房间。

❏ 获取房间列表。

❏ 获取单个房间信息。

❏ 获取当前活跃的房间列表。

❏ 获取活跃房间中的参与者信息。

文档管理的接口如下。

❏ 上传文档。

❏ 获取文档信息。

❏ 获取文档页对应的图片。

以创建房间为例，如代码清单 10-2 所示。

代码清单10-2　创建房间

```
export const roomRouter = express.Router();

roomRouter.post('/createRoom', async (req: any, res) => {
```

```
logger.debug('createRoom: ' + JSON.stringify(req.body));

const { roomId, roomName, speakerPassword, attendeePassword, roomDesc } = req.body;

let dbRoom = await ClaRoom.findOne({id: roomId});
if (!dbRoom) {
    dbRoom =  new ClaRoom();
    dbRoom.id = roomId;
    dbRoom.name = roomName;
    dbRoom.speakerPassword = speakerPassword || '';
    dbRoom.attendeePassword = attendeePassword || '';
    dbRoom.description = roomDesc || '';
    dbRoom.createTime = Date.now().toString();
    dbRoom.lastActiveTime = Date.now().toString();
    await dbRoom.save();
  }

    res.status(200).send({result: 'OK'});
});
```

由于代码量较大，这里就不再一一列举了，详细代码可以在 GitHub 项目仓库中找到。

10.5　客户端实现

Mediasoup 提供了客户端的 SDK，使用以下方式调用 Mediasoup。

```
import * as mediasoup from 'mediasoup-client';
device = new mediasoup.Device();
```

device 是 Mediasoup 设备对象，使用该对象创建 Transport。

我们在 10.3 节介绍了客户端与服务器端之间的信令交互过程，其中主要使用了 device 和 Transport 对象。

这里假定交互过程已经完成了，WebRTC 的连接已经建立。接下来需要发布摄像头、话筒及媒体数据。

10.5.1　发布媒体流

在发布媒体流之前，需要使用 WebRTC 本地媒体流 API 获取本地媒体的 MediaStream，这部分内容我们在第 2 章进行过详细介绍。获取本地媒体流的代码如代码清单 10-3 所示。

代码清单10-3　获取本地媒体流

```
async getLocalCamera() {
  const supportedConstraints = navigator.mediaDevices.getSupportedConstraints();
  for (const constraint in supportedConstraints) {
    if ( constraint ) {
      this.logger.debug('supportedConstraints: %s', constraint);
    }
```

```
    }

    this.localStream = await navigator.mediaDevices.getUserMedia({
        video: {
            deviceId: this.profile.mainVideoDeviceId,
            width: VIDEORESOLUTION[this.profile.mainVideoResolution].width,
            height: VIDEORESOLUTION[this.profile.mainVideoResolution].height,
            ...videoConstrain
        },
        audio: {
            deviceId: this.profile.mainAudioDeviceId,
            ...audioConstrain
        }
    }) as ClaMedia;

    this.localStream.peer = this.profile.me;
    return this.localStream;
}
```

在获取媒体流时，使用的媒体约束如代码清单 10-4 所示。

代码清单10-4　媒体约束

```
export const videoConstrain = {
  frameRate: {
    ideal: 18,
    max:  25,
    min: 12
  },
};
export const audioConstrain = {
  autoGainControl: true,
  echoCancellation: true,
  noiseSuppression: true
};
```

将获取到的本地媒体流保存在 this.localStream 中，使用 Mediasoup 客户端 SDK 提供的 produce 方法发布该媒体流。发布视频流的代码如代码清单 10-5 所示。

代码清单10-5　发布视频流

```
async produceVideo(stream: MediaStream, src: string) {
  this.logger.debug('produce now, kind: video, id: %s.', stream.id);

  if ( ! this.media.device.canProduce('video')) {
    this.logger.error('this device can not produce video!');
    return;
  }

  const tracks = stream.getVideoTracks();
  this.logger.debug('stream tracks: %o.', tracks);
  const track = tracks[0];
  if ( ! track ) {
```

```
    this.logger.error('Do not find video track!');
    return;
}

const source =  this.profile.me.id + '_' + src + '_' + 'video';
const encodings = SIMULCASTENCODING;

const params: mediaTypes.ProducerOptions = {
    track,
    encodings,
    codecOptions : {
        videoGoogleStartBitrate : 1000
    },
    appData: {
        source
    },
    codec: this.media.device.rtpCapabilities.codecs.find(codec => codec.mimeType ===
        'video/H264')
};

const producer = await this.media.sendTransport.produce(params);

producer.on('transportclose', () => {
    this.logger.warn('video source %s transportclose !', source);
    this.producerMap.delete(source);
});

producer.on('trackended', () => {
    this.logger.debug('video source %s trackended!', source);
    this.socket.sendRequest(
        RequestMethod.closeProducer,
        {producerId: producer.id}
    );

    this.producerMap.delete(source);
});

    this.producerMap.set(source, producer);
    return producer;
}
```

我们在发布视频流时，指定了使用编码格式 video/H264，编码格式需要与服务器端的能力保持一致，这里还可以选择 VP8 或 VP9。

音频和视频需要单独发布，发布音频流的代码如代码清单 10-6 所示。

代码清单 10-6　发布音频流

```
async  produceAudio(stream: MediaStream, src: string) {
    this.logger.debug('produce now kind: audio, id: %s.', stream.id);

    if ( ! this.media.device.canProduce('audio')) {
        this.logger.error('this device can not produce audio!');
```

```
      return;
    }

    const track = stream.getAudioTracks()[0];
    if ( ! track ) {
      this.logger.error('Do not find audio track!');
      return null;
    }

    const source =  this.profile.me.id + '_' + src + '_' + 'audio';

    const producer = await this.media.sendTransport.produce({
      track,
      appData: { source }
    });

    producer.on('transportclose', () => {
      this.logger.warn('video source %s transportclose !', source);
      this.producerMap.delete(source);
    });

    producer.on('trackended', () => {
      this.logger.debug('audio source %s trackended!', source);
      this.socket.sendRequest(
        RequestMethod.closeProducer,
        {producerId: producer.id}
      );

      this.producerMap.delete(source);
    });

    this.producerMap.set(source, producer);
    return producer;
  }
```

　　当我们调用 Transport.produce() 方法发布媒体流时，将触发该 Transport 上的 produce 事件，在该事件中通过信令系统通知其他参与者有新的媒体流发布，可以进行订阅了。

10.5.2　订阅媒体流

　　参与者通过信令系统收到 newConsumer 消息，这表明有新的媒体流发布了，参与者调用 Transport.consume() 方法进行订阅，如代码清单 10-7 所示。

代码清单10-7　订阅媒体流

```
private async newConsumer(data: any) {
  const { peerId, appData, id, producerId } = data;

  const consumer = await this.media.recvTransport.consume({
    ...data,
    appData : { ...appData, peerId, producerId }
```

```
  });

consumer.on('transportclose', () => {
  this.logger.warn('transportclose !');
});

this.logger.debug('new consumer, kind: %s, consumer id: %s, producerId: %s, peerId:
  %s, appData: %s',
  consumer.kind, consumer.id, producerId, peerId, appData.source);

const appdata = appData.source as string;
const appArray = appdata.split('_'); // 0 - peerId, 1 - source ; 2-type

const source = appArray[0] + '_' + appArray[1]; // peerId_source as source id

const peerInfo = this.getPeerInfo(peerId);
peerInfo.connectVideoStatus = CONNECT_VIDEO_STATUS.Connected;

let stream = new ClaMedia();
stream.peer = peerInfo;
stream.source = source;

this.logger.debug('appdata, peerId: %s, source: %s, type: %s, peer roler: %s',
  appArray[0], appArray[1], appArray[2], peerInfo.roler);

let existStream = null;
if ( peerInfo.roler === ROLE.SPEAKER ) {
  existStream = this.speakerStreams.find(ps => ps.source === source);
  if ( existStream ) {
    stream = existStream;
  } else {
    this.speakerStreams = [...this.speakerStreams, stream];
  }
} else {
  existStream = this.peerStreams.find(ps => ps.source === source);
  if ( existStream ) {
    stream = existStream;
  } else {
    this.peerStreams = [...this.peerStreams, stream];
  }
}

stream.addTrack(consumer.track);

if ( consumer.kind === 'video' ) {
  stream.videoConsumer = consumer;
  peerInfo.enableCam = true;
} else {
  stream.audioConsumer = consumer;
  this.setupVolumeDetect(stream);
  peerInfo.enableMic = true;
```

```
      }

      // 为了避免重音, 不订阅由自己产生的音频
      if ( stream.peer.id === this.profile.me.id && consumer.kind === 'audio') {
        this.logger.debug('disable audio , peerId: %s, consumerId: %s, kind: %s',
          stream.peer.id, consumer.id, consumer.kind);
        stream.getAudioTracks()[0].enabled = false;
      }
    }
```

由于音频和视频媒体流独立发布, 在订阅媒体流时, 我们希望将同一来源的音频和视频流放入同一个 MediaStream 中, 这样便于管理。这里使用了 Mediasoup 的 appData 文件夹, 用于附加自定义数据, 便于程序根据这些数据进行额外处理。

10.5.3　共享桌面

我们为共享桌面设计了一个 DisplayMediaScreenShare 类, 在 start() 方法中启动共享桌面, 在 stop() 方法中停止共享桌面, 使用上文介绍的 produceVideo() 方法发布桌面媒体流。DisplayMediaScreenShare 类的实现如代码清单 10-8 所示。

代码清单10-8　DisplayMediaScreenShare类的实现

```
export class DisplayMediaScreenShare {
  pStream: MediaStream;
  constructor() {
    this.pStream = null;
  }

  start(constraints) {
    const navi = navigator as any;
    return navi.mediaDevices.getDisplayMedia(constraints) .then((stream) => {
      this.pStream = stream;

      return Promise.resolve(stream);
    });
  }

  stop() {
    this.pStream.getTracks().forEach((track) => {
      track.stop();
      this.pStream.removeTrack(track);
      track.dispatchEvent(new Event('ended'));
    });
    this.pStream = null;
  }
}
```

10.5.4　共享本地媒体

共享本地媒体的做法通常是将媒体播放出来, 然后使用 HTML5 媒体元素的 captureStream()

方法获取媒体流，再将媒体流发布出去，如代码清单 10-9 所示。

代码清单10-9　共享本地媒体

```
selectFile(file: File) {
  if ( !file ) {
    return;
  }

  this.logger.debug('selectFile: %o', file);
  this.bShareObjSrc = true;

  setTimeout(() => {
    const player = this.elRef.nativeElement.querySelector('video') as HTMLVideoElement;
    try {
      player.srcObject = file;
    } catch (error) {
      player.src = URL.createObjectURL(file);
    }
    player.load();
    player.addEventListener('loadeddata', () => {
      this.logger.debug('video %s loaded finished.', file.name);
      player.muted = true;
      this.exportVideo(player);
    }, true);

  }, 200);
}
exportVideo(videoElement: any) {
  const media = videoElement.captureStream();
  this.logger.debug('export media: %o.', media);

  this.peer.produceVideo(media, 'media');
  this.peer.produceAudio(media, 'media');

  this.shareVideoStream = media;
}
```

　　这种本地媒体的共享方式可以确保媒体播放的一致性，当在本地进行快进、回退、暂停等操作时，共享出去的媒体流也会同步执行快进、回退和暂停操作，因为它们具有相同的媒体源。

10.5.5　文档及白板

　　WiLearning 在浏览器端将 pdf 文档转换成图片，使用 Mozilla 开源的 PDF.js 作为转码工具，将 pdf 文件转码为分页图片。转码后的图片上传到服务器。

　　使用 PDF.js 对 pdf 文件进行转码，如代码清单 10-10 所示。

代码清单10-10　pdf文件转码

```
async openPdf(fileName: string, src: string ) {
  const loadingTask = pdfjs.getDocument(src);
```

```
    const pdf = await loadingTask.promise;

    const num = pdf.numPages;

    this.eventbus.pdftranscode$.next({
      type: EventType.pdftranscode_start,
      data: {fileName, num},
    });

    for ( let i = 1; i <= num ; i++) {
      await this.pdfTrans(fileName, pdf, i);

      const ievent = {
        type: EventType.pdftranscode_progress,
        data: { num, fileName, page: i}
      };
      this.eventbus.pdftranscode$.next(ievent);

      this.logger.debug('pdftranscode %s, %s/%s.', fileName, i, num);
    }

    this.eventbus.pdftranscode$.next({
      type: EventType.pdftranscode_end,
      data: {fileName, num},
    });
  }

  private async pdfTrans(fileName, pdf: pdfjs.PDFDocumentProxy, pageNum: number) {

    const canvas = document.createElement('canvas');
    const context = canvas.getContext('2d');

    const page = await pdf.getPage(pageNum);
    const viewport = page.getViewport({scale: 1.0});

    canvas.height = viewport.height;
    canvas.width = viewport.width;

    await page.render({ canvasContext: context, viewport }).promise;
    const blob: Blob = await new Promise(resolve => canvas.toBlob(resolve));

    const pageName = fileName + '-' + pageNum.toString();
    const file = new ClaFile(pageName, blob.size, blob);

    return this.claHttp
      .uploadFiles(file, DocImagesUrl + '/' + this.profile.roomId)
      .toPromise();
  }
```

　　转码成功后，将单页图片绘制在 Canvas 上，以便对文档进行标注等操作。对 Canvas 的操作借助了开源工具 fabric.js，使用 fabric.js 可以非常方便地进行 Canvas 绘图，并且支持导出为 SVG、JSON 格式。WiLearning 借助 fabric.js 的这个特性，实现了文档及画笔的共享。

我们将 pdf 文件转换后的图片作为背景绘制在 Canvas 上，如代码清单 10-11 所示。

代码清单10-11　在Canvas上绘制图片

```
async renderImageUrl(width, height, url) {
  this.logger.debug('render Image, width: %s, height: %s, url: %s', width, height, url);

  let recomputeWidth = width;
  let recomputeHeight = height;

  if ( width > this.divContainer.nativeElement.offsetWidth ) {
    recomputeWidth = this.divContainer.nativeElement.offsetWidth - this.widthOffset;
    recomputeHeight = height * recomputeWidth / width - this.heightOffset;
  }
  this.logger.debug('recomputeWidth: %s, recomputeHeight: %s', recomputeWidth,
    recomputeHeight);

  this.maxHeight = this.divContainer.nativeElement.offsetHeight;

  this.fabCanvas.clear();

  this.fabCanvas
    .setWidth(recomputeWidth)
    .setHeight(recomputeHeight);

  await new Promise(resolve => this.fabCanvas.setBackgroundImage(url, () => {
    this.fabCanvas.renderAll.bind(this.fabCanvas, {
      width: recomputeWidth,
      height: recomputeHeight,
      originX: 'left',
      originY: 'top'
    })();
    resolve();
  }));
}
```

fabric.js 支持在 Canvas 上绘制不同的图形及文字，不只是矩形、圆形、椭圆形、多边形，还可以绘制众多路径的复杂图形。fabric.js 还提供了自由画笔工具，可以绘制任意线条。所有这些对象都可以使用鼠标进行缩放、移动和旋转。代码清单 10-12 展示了在 Canvas 上插入文字的方法。

代码清单10-12　在Canvas上插入文字

```
private enterDrawText(e: fabric.IEvent) {
  if (e.target && e.target.type === 'i-text') {
    return;
  }

  const loc = this.fabCanvas.getPointer(e.e);
  this.logger.debug('Draw text, e: %o, x: %s, y: %s', e, loc.x, loc.y);

  this.texting = new fabric.IText('', {
```

```
    left: loc.x,
    top: loc.y,
  });

  this.texting .setColor(this.color);

  this.fabCanvas.add(this.texting);
  this.fabCanvas.setActiveObject(this.texting);
  this.texting.enterEditing();

  this.texting.on('editing:exited', () => {
    if ( !this.texting.text.length ) {
      this.fabCanvas.remove(this.texting);
    }
  });
}
```

WiLearning 在同一个 Canvas 上绘制不同的页面，当对文件进行翻页操作时，WiLearning 会保存当前的 Canvas 数据，然后再加载新的页面图片以及该页面对应的 Canvas 数据。

WiLearning 支持在课件上绘制各种图形及文字，并支持实时同步参与人的画面。为了保持多端的同步性，当进行翻页、画笔操作时，WiLearning 通过信令系统将动作数据发送给其他参与者，其他参与者则进行相应的更新。

如果没有导入 pdf 文件，则默认在白板上进行绘制。更多使用 fabric.js 绘制图形的示例参见 GitHub 中 WiLearning 的源代码。

10.5.6　文字聊天

基于 SFU 的 WebRTC 应用程序有多种方法可以实现文字聊天。

❑ 基于信令系统。可以使用 Socket.IO 实现信令系统，因为 Socket.IO 自身就非常适合实时传输文本及二进制数据。

❑ 使用 SFU 提供的数据通道（Data Channel）。Mediasoup 的数据通道也同样有生产者和消费者的概念，其使用方法与媒体流类似。

❑ 使用独立的 Mesh 结构来建立 P2P 数据通道，媒体流仍然使用 SFU 网络结构。由于数据通道对系统资源开销较小，所以通常对参与人数的限制不会像全 Mesh 结构那么严格。

WiLearning 1.0 版本使用了信令系统实现文本传输。在客户端发送文本信息的代码如代码清单 10-13 所示。

代码清单10-13　客户端发送文本信息

```
send(chatMessage: string) {
  const claMessage = new ClaMessage(
    makeRandomString(8),
    this.profile.me,
    'me',
```

```
    chatMessage,
    new Date(),
    'padding'
  );

  this.messages = [ ...this.messages, claMessage ];

  this.socket.sendRequest(
    RequestMethod.chatMessage,
    {chatMessage}
  ).then(() => {
      claMessage.sendStatus = 'ok';
  }).catch(() => {
      claMessage.sendStatus = 'failed';
    });
}
```

　　在发送给信令服务器之前，先将文本信息保存到本地的信息列表中，从而将自己发送的信息也显示在聊天框中。如果信息发送失败，则信息的状态更新为 failed，此时在 UI 界面上会给出相应的提示。

　　服务器端收到文本信息后，处理方法较为简单，将信息在房间内发给其他参与者，如代码清单 10-14 所示。

代码清单10-14　服务器端处理文本信息

```
case 'chatMessage':
{
  const { chatMessage } = request.data;
  this._notification(peer.socket, 'chatMessage', {
    peerId      : peer.id,
    chatMessage : chatMessage
  }, true);

  cb();
  break;
}
```

　　WiLearning 支持各种 emoji 表情，发送及接收 emoji 表情的方法与文本相同。

10.6　传输质量监控

　　Mediasoup 支持在服务器端自动计算生产者与消费者的传输质量，传输质量的评分值为 0～10，0 表示最差，10 表示最好。当传输质量发生变化时，触发 score 事件，通过该事件获取评分值。为了保证数据的连续性，WiLearning 每分钟额外进行一次采集，通过信令系统发送给客户端的参与者。

　　服务器端传输质量的采集过程如代码清单 10-15 所示。

代码清单10-15　服务器端传输质量的采集

```
consumer.on('score', (score) => {
    this._notification(consumerPeer.socket, 'consumerScore', { consumerId:
        consumer.id, score });
});

consumer.appData.intervalHandler = setInterval(() => {
    this._notification(consumerPeer.socket, 'consumerScore', { consumerId:
        consumer.id, score: consumer.score });
    },
60000);
```

客户端收到传输质量评分后，将质量评分保存在图表数据中，并更新图表，如代码清单 10-16 所示。

代码清单10-16　客户端更新服务质量评分

```
this.eventbus.media$.subscribe((event: IEventType ) => {
    if (event.type === EventType.media_consumerScore ) {
        const {consumerId, score } = event.data;
        if ( this.stream.videoConsumer && this.stream.videoConsumer.id === consumerId ) {
            setTimeout(() => {
                this.myChart.data.datasets[0].data = this.stream.producerScore;
                this.myChart.data.datasets[1].data = this.stream.consumerScore;
                this.myChart.data.labels = this.stream.scoreIndex;
                this.myChart.update();
            }, 1000);
        }
    }
});
```

WiLearning 还支持实时获取传输码率及帧率，使用的是我们在第 8 章介绍的 RTCStats 相关 API，这里不再赘述。

10.7　从网络故障中恢复

WiLearning 使用 Socket.IO 探测网络连接情况，并与 restartIce() 方法相结合，实现网络故障自动恢复。我们在第 4 章介绍过 WebRTC 的 restartIce() 方法，该方法主要用于在网络环境发生变化后，重新进行 ICE 协商，从而快速恢复正常通话。网络环境的变化包括短时间的断网以及网络切换。

当发生网络切换时，原有的 Socket.IO 连接将断开，触发 Socket.IO 的 disconnect 事件，Socket.IO 随后会自动重连。当网络恢复正常后，Socket.IO 重新建立连接，此时需要进行如下处理。

❑ 服务器端将新的 Socket.IO 连接与原有连接进行对应，并使用新连接替换原有连接，这样才能接收到客户端使用新连接发送的消息。

❑ 客户端在 Socket.IO 重连成功后，调用 restartIce() 方法重启 ICE 协商。

❑ 通话恢复正常。

客户端发起的 ICE 重启操作如代码清单 10-17 所示。

代码清单10-17　客户端发起restartIce

```
private async iceRestart() {
  this.logger.debug('iceRestart begin...');
  const paramsS = await this.socket.sendIceRestart(this.media.sendTransport.id) as any;
  await this.media.sendTransport.restartIce({iceParameters: paramsS.iceParameters});

  const paramsR = await this.socket.sendIceRestart(this.media.recvTransport.id) as any;
  await this.media.recvTransport.restartIce({iceParameters: paramsR.iceParameters});
}
```

服务器端对 restartIce 的处理如代码清单 10-18 所示。

代码清单10-18　服务器端处理restartIce

```
case 'restartIce':
  {
    const { transportId } = request.data;
    const transport = peer.getTransport(transportId);

    if (!transport) {
      throw new Error(`transport with id "${transportId}" not found`);
    }

    const iceParameters = await transport.restartIce();
    cb(null, { iceParameters });
    break;
  }
```

10.8　本章小结

一个成熟的 WebRTC 视频会议系统，应该做到以下几点：能自动适应网络环境的变化，始终提供稳定、可靠、高质量的音视频通话；能适应大规模的并发场景，支持多人、多房间同时通话。同时，该系统不仅应包含音视频通话功能，还应该具备共享桌面、共享媒体、文档、白板、聊天等辅助功能，这些功能可增强用户的互动体验。

本章结合开源项目 WiLearning 对视频会议系统的架构设计、技术选型及代码实现进行了全面的介绍。WiLearning 发布在 GitHub 上，它安装简单、易于使用，任何人都可以方便地使用 WiLearning 构建自己的视频会议及在线学习系统。